塑料模具设计简明教程

主　编　许红伍　王洪磊
副主编　倪红海
主　审　周晓刚

北京理工大学出版社
BEIJING INSTITUTE OF TECHNOLOGY PRESS

图书在版编目（CIP）数据

塑料模具设计简明教程/许红伍，王洪磊主编. —北京：北京理工大学出版社，2017.8

ISBN 978-7-5682-4807-5

Ⅰ.①塑… Ⅱ.①许… ②王… Ⅲ.①塑料模具-设计-高等学校-教材 Ⅳ.①TQ320.5

中国版本图书馆 CIP 数据核字（2017）第 218938 号

出版发行／北京理工大学出版社有限责任公司
社 址／北京市海淀区中关村南大街 5 号
邮 编／100081
电 话／(010)68914775(总编室)
(010)82562903(教材售后服务热线)
(010)68948351(其他图书服务热线)
网 址／http://www.bitpress.com.cn
经 销／全国各地新华书店
印 刷／北京市国马印刷厂
开 本／787 毫米×1092 毫米 1/16
印 张／12.5
字 数／295 千字
版 次／2017 年 8 月第 1 版 2017 年 8 月第 1 次印刷
定 价／49.00 元

责任编辑／孟雯雯
文案编辑／多海鹏
责任校对／周瑞红
责任印制／李志强

前　言

“塑料模具设计”是面向高等院校模具设计与制造专业或机械设计类专业的一门专业核心课程。本书遵循“简明、实用”的原则进行编写，在内容的编排和选取方面，充分考虑了学生的学习习惯和学习能力，主要体现在以下几个方面：

1．内容的编排顺序：先识图，后绘图；先抄图，后设计；先结构，后尺寸；先易，后难。

2．选取的项目源于实际生产，但根据学生特点进行了加工整理，可操作性强，重在实用。

3．每个项目或单元都有建议的教学方法及课内实践内容。

4．控制了教材内容的广度和深度，使得教材的利用率更高。

本书共分为五个项目，分别是认识注塑模具、两板模设计、双分型面注塑模具设计、侧向分型与抽芯模具设计、其他塑料成型工艺及模具认识。

本书以案例作为引导，具有从易到难、层次清晰、易于学习、实用性强等特点，可作为高等院校模具设计与制造专业或机械设计制造类相关专业的教学用书，也可以作为从事塑料模具设计与制造工作人员的参考资料。

由于编者水平有限，书中难免存在疏忽错误之处，敬请各位读者批评指正。

编　者

目　　录

项目一　认识注塑模具 ························ 1
单元一　塑料注塑成型工艺过程认识 ························ 1
1.1.1　注塑成型工艺简介 ························ 2
1.1.2　塑料成型行业现状与发展趋势 ························ 6
1.1.3　课内实践 ························ 6
单元二　典型注塑模具结构认识 ························ 6
1.2.1　注塑模具的结构组成介绍 ························ 7
1.2.2　常用的注塑模架认识 ························ 11
1.2.3　课内实践 ························ 14
项目二　两板模设计 ························ 16
单元一　简单塑料两板模模具图纸识读 ························ 16
2.1.1　注塑两板模的结构分析与工作原理 ························ 16
2.1.2　简单的模具结构三维图绘制 ························ 18
2.1.3　课内实践 ························ 25
单元二　塑件工艺分析 ························ 25
2.2.1　简单塑件图案例分析 ························ 26
2.2.2　塑件尺寸精度及结构工艺性分析 ························ 43
2.2.3　课内实践 ························ 60
单元三　分型面的选择与浇注系统的设计 ························ 60
2.3.1　简单塑件图分型面的选择与浇注系统设计 ························ 60
2.3.2　分型面的设计 ························ 61
2.3.3　浇注系统的设计 ························ 68
2.3.4　课内实践 ························ 84
单元四　成型零件的设计 ························ 84
2.4.1　成型零件的结构设计 ························ 84
2.4.2　成型零件的尺寸计算及选材 ························ 90
2.4.3　盒盖注塑模具的模仁零件设计 ························ 93
2.4.4　课内实践 ························ 93
单元五　模架及模具结构件的选择 ························ 93
2.5.1　常用模架的类型与规格介绍 ························ 94
2.5.2　模架尺寸计算与选择 ························ 94

2.5.3 模架结构件的设计 …… 95
2.5.4 课内实践 …… 99
单元六 脱模机构设计 …… 99
2.6.1 盒盖注塑模具的推出机构设计 …… 99
2.6.2 顶杆和推板的设计 …… 100
2.6.3 其他推出方式介绍 …… 103
2.6.4 课内实践 …… 103
单元七 温度调节系统的设计 …… 103
2.7.1 温度调节系统设计 …… 103
2.7.2 课内实践 …… 105
项目三 双分型面注塑模具设计 …… 106
单元一 双分型面模具基础认识 …… 106
3.1.1 双分型面模具的特点与工作原理 …… 106
3.1.2 三板模常用标准件介绍 …… 116
3.1.3 课内实践 …… 121
单元二 注塑机的选择 …… 121
3.2.1 注塑机介绍 …… 121
3.2.2 注塑机的选用实例 …… 130
3.2.3 课内实践 …… 132
单元三 双分型面模具案例设计 …… 132
3.3.1 塑件工艺分析及成型方案确定 …… 132
3.3.2 模具尺寸计算与校核 …… 134
3.3.3 模具图纸绘制 …… 135
3.3.4 注塑机的选择与校核 …… 140
3.3.5 课内实践 …… 140
项目四 侧向分型与抽芯模具设计 …… 142
单元一 侧向分型与抽芯模具设计 …… 142
4.1.1 任务概述及分析 …… 142
4.1.2 抽芯模具设计 …… 145
4.1.3 课内实践 …… 152
单元二 侧向分型与抽芯结构介绍 …… 152
4.2.1 斜导柱抽芯机构 …… 152
4.2.2 斜顶机构（斜滑块侧向分型机构） …… 163
4.2.3 课内实践 …… 167
项目五 其他塑料成型工艺及模具认识 …… 168
单元一 无流道模具介绍 …… 168
5.1.1 无流道凝料模具的基本形式 …… 169

5.1.2　热唧咀、热流道模具的注意事项 …… 171
5.1.3　课内实践 …… 175
单元二　其他塑料成型工艺介绍 …… 175
5.2.1　压缩成型工艺介绍 …… 175
5.2.2　压注成型工艺介绍 …… 180
5.2.3　挤出成型工艺介绍 …… 183
5.2.4　吹塑成型工艺介绍 …… 188
5.2.5　课内实践 …… 191
参考文献 …… 192

项目一　认识注塑模具

能力目标

1. 具备查手册及相关资料制定注塑成型工艺卡片的能力；
2. 具备看懂简单注塑模具结构的能力；
3. 具备分清各类模架及看懂模架平面图的能力。

知识目标

1. 认识注塑成型工艺过程；
2. 了解塑料行业的发展趋势；
3. 熟悉注塑工艺参数；
4. 熟悉注塑模具结构；
5. 熟悉常用模架类型。

建议教学方法

注塑机现场实践、软件操作与演示、多媒体课件讲解和手绘模架。

单元一　塑料注塑成型工艺过程认识

教学内容：

注塑成型工艺过程及塑料产品的应用。

教学重点：

注塑成型工艺过程及成型参数。

教学难点：

注塑成型工艺过程及成型参数。

目的要求：

理解注塑成型工艺过程。

建议教学方法：

演示注塑过程，结合多媒体课件讲解。

在塑料成型生产中，塑料原料、成型设备和成型所用模具是三个必不可少的物质条件，必须运用一定的技术方法，使这三者联系起来形成生产能力，这种方法称为塑料成型工艺。塑料种类很多，其成型方法也很多，表1－1列出了常用的成型加工方法与模具。

塑料的成型方法除了表 1－1 中列举的六种外，还有压延成型、浇铸成型、玻璃纤维热固性塑料的低压成型、滚塑（旋转）成型、泡沫塑料成型和快速成型等。本书着重介绍应用最广泛的注塑成型。

表 1－1　常用的成型加工方法与模具

序号	成型方法	成型模具	用　途
1	注塑成型	注塑模	如电视机外壳、食品周转箱、塑料盆和桶、汽车仪表盘等
2	压缩成型	压缩模	如电器照明用设备零件、电话机、开关插座、塑料餐具、齿轮等
3	压注成型	压注模	适用于生产小尺寸的塑件
4	挤出成型	口模	如塑料棒、管、板、薄膜、电缆护套、异形型材（扶手等）
5	中空吹塑	口模、吹塑模	适用于生产中空或管状塑件，如瓶子、容器、玩具等
6	热成型	真空成型模	适合生产形状简单的塑件，此方法可供选择的原料较少
		压缩空气成型模	

1.1.1　注塑成型工艺简介

注塑成型包括三大要素：树脂、注塑模具、注塑成型设备。图 1－1 所示为注塑成型工艺示意图。

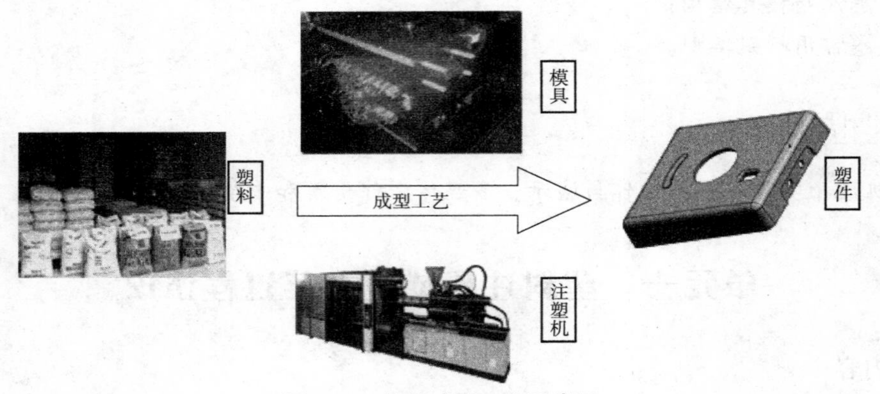

图 1－1　注塑成型工艺示意图

1. 注塑机的基本结构组成

注塑机是塑料成型加工的主要设备之一。注塑机的类型很多，主要由注塑装置、合模装置、液压传动系统和电气控制系统等组成，图 1－2 所示为常见卧式注塑机示意图。

（1）注塑装置的主要作用是将各种形态的塑料均匀地熔融塑化（塑化是指塑料在料筒内经加热达到流动状态并具有良好的可塑性的过程），并以足够的压力和速度将一定量的熔料注塑到模具的型腔内，当熔料充满型腔后，仍需保持一定的压力和作用时间，使其在合适的压力作用下冷却定型。

注塑装置主要由塑化部件（螺杆、料筒、喷嘴）和料斗、计量装置、传动装置、注塑及移动油缸等组成。

（2）合模装置的作用是实现模具的闭合并锁紧，以保证注塑时模具可靠地合紧及脱出制品。

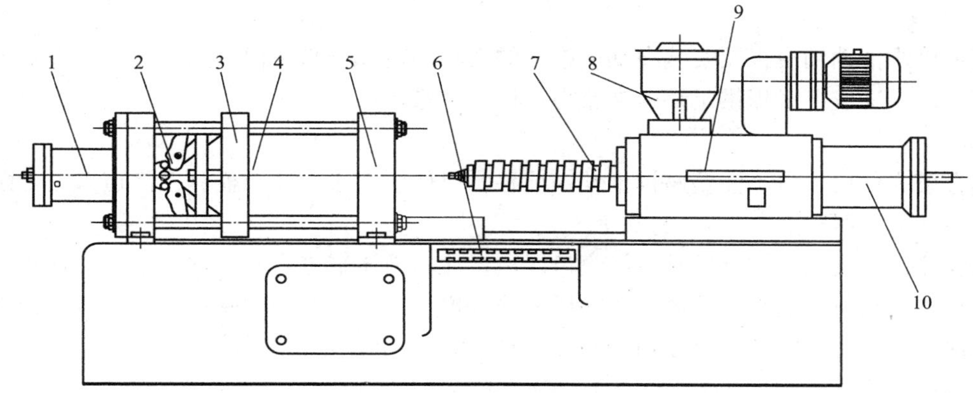

图 1－2　卧式注塑机示意图

1—锁模液压缸；2—锁模机构；3—移动模板；4—顶杆；5—固定板；6—控制台；
7—料筒；8—料斗；9—定量供料装置；10—注塑液压缸

合模装置主要由前后固定板、移动模板、连接前后固定用的拉杆、合模油缸、移动油缸、连杆机构、调模装置及塑料顶出装置等组成。

（3）液压传动和电气控制系统的作用是保证注塑机按工艺过程的动作程序和预定的工艺参数（压力、速度、温度、时间等）要求准确有效地工作。

液压传动系统主要由各种液压元件和回路及其他附属设备组成。电气控制系统则主要由各种电气仪表等组成。

2．注塑过程

注塑过程简单点说是从合模到注塑、保压、冷却、开模取件的工作循环，如图 1－3 所示。

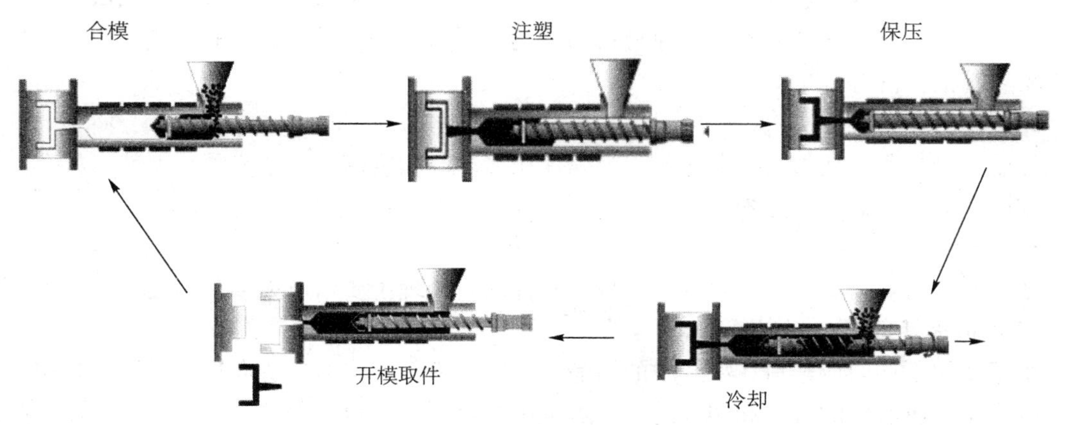

图 1－3　注塑成型过程示意图

其详细的工作工程如下：

1）加热、预塑化

螺杆在传动系统的驱动下，将来自料斗的物料向前输送、压实，在料筒外加热器、螺杆和机筒剪切、摩擦的混合作用下，物料逐渐熔融，在料筒的头部已积聚了一定量的熔融塑料，在熔体的压力下螺杆缓慢后退。后退的距离取决于计量装置依据一次注塑所需的量来调整，当达到预定的注塑量后螺杆停止旋转和后退。

2）合模和锁紧

锁模机构推动动模板及安装在动模板上的模具动模部分与定模板上的模具定模部分合模并锁紧，以保证成型时提供足够的夹紧力使模具锁紧。

3）注塑装置前移

当合模完成后，整个注塑座被推动、前移，以便注塑机喷嘴与模具主浇道口完全贴合。

4）注塑、保压

在注塑机喷嘴完全贴合模具主浇道口以后，注塑液压缸进入高压油，推动螺杆相对料筒前移，将积聚在料筒头部的熔体以足够压力注入模具的型腔。温度降低会使塑料体积产生收缩，为保证塑件的致密性、尺寸精度和力学性能，需对模具型腔内的熔体保持一定的压力，以补充塑件的收缩。

5）卸压

当模具浇口处的熔体冻结时，即可卸压。

6）注塑装置后退

一般来说，卸压完成后，螺杆即可旋转、后退，以完成下一次的加料、预塑化过程。预塑完成以后，注塑装置撤离模具的主浇道口。

7）开模、顶出塑件

模具型腔内的塑件经冷却定形后，锁模机构开模，并推出模具内的塑件。

3. 注塑成型工艺过程

注塑成型工艺过程的确定是注塑工艺规程制订的中心环节，主要有成型前的准备、注塑过程和塑件的后处理三个过程。

1）注塑成型前的准备

为了保证注塑成型过程顺利进行，使塑件产品质量满足要求，在成型前必须做好一系列准备工作，主要有原材料的检验、原材料的着色、原材料的干燥、嵌件的预热、脱模剂的选用以及料筒的清洗等。

2）注塑过程

注塑成型过程包括加料、塑化、注塑、保压、冷却和脱模等几个步骤。但就塑料在注塑成型中的实质变化而言，是塑料塑化和熔体充满型腔与冷却定型两大过程。

3）塑件的后处理

塑件脱模后常需要进行适当的后处理。塑件的后处理主要指退火或调湿处理。

（1）退火处理。

由于塑化不均匀或塑料在型腔中的结晶、定向和冷却不均匀，造成塑件各部分收缩不一致，或由于金属嵌件的影响和塑件的二次加工不当等原因，塑件内部不可避免地存在一些内应力，而内应力的存在往往导致塑件在使用过程中产生变形或开裂，因此塑件常需要进行退火处理消除残余应力。

（2）调湿处理。

刚脱模的塑件（聚酰胺类）需放在热水中隔绝空气，防止氧化，消除内应力，以加速达到吸湿平衡，稳定其尺寸，称为调湿处理。如聚酰胺类塑件脱模时，在高温下接触空气容易氧化变色，在空气中使用或存放又容易吸水而膨胀，经过调湿处理，既隔绝了空气，又使塑件快速达到吸湿平衡状态，使塑件尺寸稳定下来。

4. 注塑成型工艺参数

注塑成型工艺参数主要是指成型时的温度、时间、压力和速度。

1）温度

注塑成型过程需控制的温度有料筒温度、喷嘴温度和模具温度等。

料筒温度是决定塑料塑化质量的主要依据。料筒温度低，塑化不充分；料筒温度过高，塑料可能会发生分解。料筒温度的选择与各种塑料的特性有关，温度的分布一般应遵循前高后低的原则，即料筒后端温度最低，喷嘴处的前端温度最高。

喷嘴温度应控制在防止塑料发生“流涎”现象。喷嘴温度一般略低于料筒最高温度。

模具温度对塑料熔体的充型能力及塑件的内在性能和外观质量影响很大。模具温度高，塑料熔体的流动性就好，塑件的密度和结晶度就会提高，但塑件的收缩率和塑件脱模后的翘曲变形会增加，塑件的冷却时间会变长，生产率下降。模具温度越低，因热传导而散失热量的速度越快，熔体的温度越低，流动性越差。当采用较低的注塑速率时，这种现象尤其明显。

2）时间（成型周期）

完成一次注塑成型过程所需的时间称为成型周期，包括射出时间，保压时间，模内冷却时间，开模、脱模、喷涂脱模剂、安放嵌件和合模时间。

3）压力

注塑成型过程中的压力主要包括塑化压力、注塑压力、保压压力、锁模压力，它们直接影响着塑料的塑化和塑件质量。

（1）塑化压力又称背压，是指采用螺杆式注塑机时，螺杆头部熔料在螺杆转动后退时所受到的压力。一般操作中，塑化压力应在保证塑件质量的前提下越低越好，其具体数值随所用塑料的品种而异，但很少超过 20 MPa。

作用：提高熔体的比重；使熔体塑化均匀；使熔体中含气量降低，提高塑化质量。

（2）注塑压力是指注塑机柱塞或螺杆头部对塑料熔体所施加的压力，其大小取决于注塑机的类型、模具结构、塑料品种和塑件壁厚等。

作用：用以克服熔体从喷嘴→流道→浇口→型腔的压力损失，以确保型腔被充满，获得所需的制品。

（3）保压。从模腔填满塑胶，继续施加于模腔塑胶上的注塑压力，直至浇口完全冷却封闭的一段时间，要靠一个相当高的压力支持，这个压力叫保压。

保压的作用：补充靠近浇口位置的料量，并在浇口冷却封闭以前制止模腔中尚未硬化的塑胶在残余压力作用下倒流，防止制件收缩，避免缩水，减少真空泡；减少制件因受过大的注塑压力而产生黏模爆裂或弯曲。

（4）锁模压力是指合模系统为克服在注塑和保压阶段使模具分开的张模力而施加在模具上的闭紧力。

作用：保证注塑和保压过程中模具不致被张开；保证产品的表面质量；保证产品的尺寸精度。

5. 注塑成型工艺卡片记录

观看注塑机的操作过程，记录成型工艺卡片。

1.1.2 塑料成型行业现状与发展趋势

从最近几年的塑料行情来看，我国的塑料化工行业得到了迅猛发展，塑料加工业实现了历史性跨越。特别是党的十八大召开以后，塑料行业已被重新定位为发展中的支柱产业，塑料制品已从简单满足于民生需求而形成一种全新的配套模式，实现了从以消费品为主快速进入生产资料领域的重要转型，成为集新材料、新工艺、新技术、新装备为一体的新型制造业。因而，塑料行业的发展空间是非常大的。

塑料制品的应用：

（1）农业：薄膜、管道、片板、绳索和编织袋等，农田水利工程多选用塑料管。

（2）交通运输：门把手、方向盘、仪表板等。

（3）电气工业：电线、电缆、开关、插头、插座绝缘体、家用电器、计算机（键盘套件、显示器外壳）等及各种通信设备。

（4）通信产品：电话机、手机、传真机等外壳。

（5）日常生活用品：塑料桶、塑料盆、热水器外壳、塑料袋、航空茶杯和尼龙绳等。

（6）医疗：人工血管、输液器、输血袋、注塑器、插管、检验用品、病人用具、手术室用品等。

1.1.3 课内实践

（1）简述塑料、模具、注塑机的关系。

（2）注塑成型工艺参数有哪些？

（3）注塑成型工艺过程包含哪些内容？

（4）查资料，制定一份注塑成型工艺卡片。

（5）列举 5 个塑料件，并查资料，给列出的塑料件指定材料。

（6）查资料，整理塑料成型技术的发展方向。

单元二　典型注塑模具结构认识

教学内容：

典型注塑模具结构认识。

教学重点：

模具结构组成、模架分类及结构。

教学难点：

模架分类与结构组成。

目的要求：

熟悉模具结构组成及模架分类。

建议教学方法：

软件操作演示，结合多媒体课件讲解，手绘模架。

1.2.1　注塑模具的结构组成介绍

在学习塑料模具的生产要求之前，我们必须先了解什么是塑料模具。所谓模具，其实就是为了进行同样尺寸、性能等产品而大批量生产的工具。而用于生产塑料制品的就称为塑料模具。先举个最简单的例子——蜡烛产品及其模具，如图 1－4 和图 1－5 所示。

图 1－4 所示为我们日常生活中所常见到的蜡烛，在蜡烛的中间位置上有一条线，见图上的 A 线，这是分模线。

图 1－5 中的前模板和后模板通过两支导柱是可以合起来的，因为前模和后模上都分别有半支蜡烛的形状，合起来后，就形成一支完整的蜡烛形状，而且里面是空的，此时，我们穿过一根芯线，再倒入蜡液，经冷却后，蜡液会凝结。把前模板打开，取出凝结后的蜡块，就生产出一支完整的蜡烛了。这就是蜡烛最简单的生产过程。前模板、后模板和导柱就是一副最简单的模具，如果把蜡液改成塑料液，则此套模具就变成一套最简单的塑料模具了。从图 1－5 中可以看到：

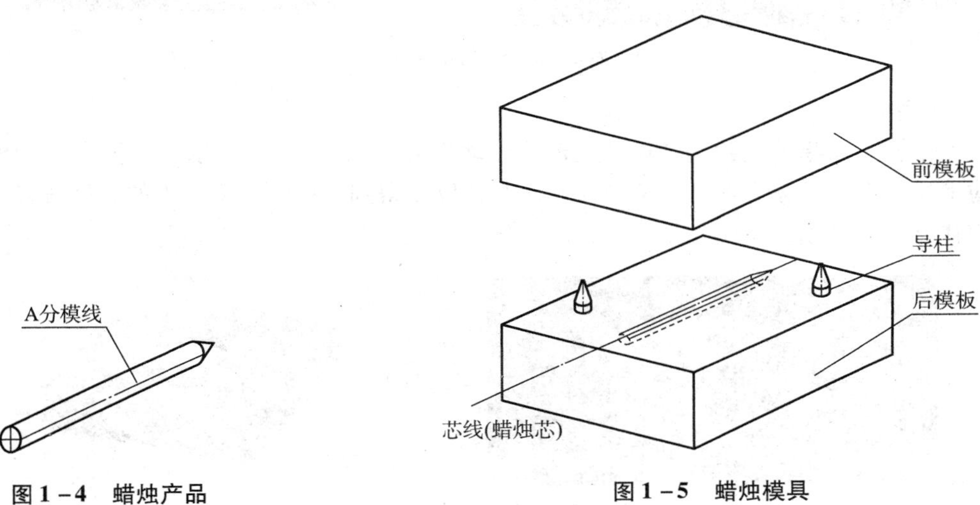

图 1－4　蜡烛产品　　　　图 1－5　蜡烛模具

（1）塑料液只能是用手工浇进去的，在现代化的今天，肯定是不符合生产需要的，必须加以改进，要想办法改成机器浇注。

（2）提起前模板的动作是由人工完成的，也是必须加以改进的，要改成用机器来完成的才行。

（3）取出产品时，只能用人工取出来，这对简单易取的产品尚可，一旦产品复杂了，留模力大了，只用人工是取不出来的，必须设法改成用机器顶出，方可适应自动化生产的要求。

（4）料液是热的，温度较高，这样不停地生产、不停地浇料，前模板、后模板会热到用手根本就不敢去碰，在这么热的情况下，料液又怎么会凝固呢？所以对前、后模板进行冷却是必需的，非要改进不可。

以上所提出的四点改进，其实就是简单塑料模具里的最基本的六大部分，即

（1）成型部件，主要是型腔部分，包括定模仁、动模仁。

（2）浇注系统，包含主流道、分流道、浇口等。

（3）模具的标准模架（也称模胚），以便装夹在注塑机上。

（4）顶出机构，以便顶出产品。

（5）温度调节系统，以便使模具能够不间断且长久地连续生产。

（6）抽芯机构，对较复杂的模具，要配备抽芯系统。

六大部分都是塑料模具的基本系统，图 1－6 所示为一个典型的塑料注射模具结构。在此单元中我们将从结构上简单认识图 1－6 所示的注塑模具。

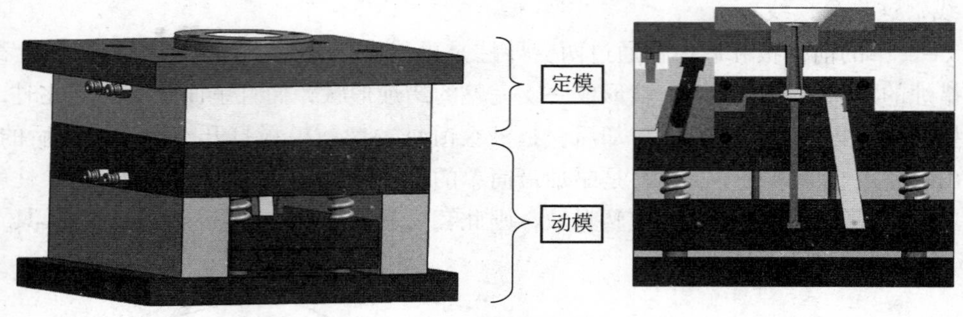

图 1－6　注塑模具视图

1．成型部件

成型部件主要指的是我们常说的定模仁、动模仁，如图 1－7 所示。定模仁和动模仁在合模时形成一个空腔，方便塑料液填充和冷却，以便得到塑件。成型部件的名称很多，定模仁又叫作型腔，动模仁又叫作型芯。

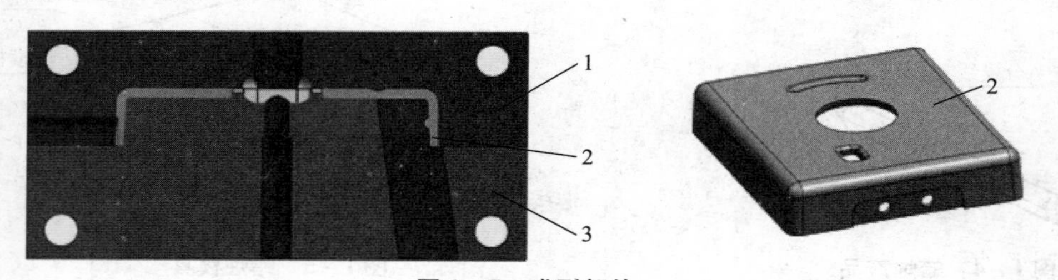

图 1－7　成型部件

1—定模仁；2—塑件；3—动模仁

2．浇注系统

浇注系统是从注塑机喷嘴到型腔的通道，如图 1－8 所示，主要由主流道、分流道、浇口和冷料穴组成。主流道在浇口套中，浇口套是标准件，在设计时我们可以根据需求选择不同型号和尺寸的浇口套。分流道的截面形式有多种，此样图中我们采用的是圆形分流道。浇口是分流道与型腔的过渡段，浇口尺寸小，方便我们分离浇注系统和塑件。冷料穴又名冷料槽，主要作用是储存流道前端冷料，一般设在主流道和分流道的末端。详细的设计将在后续项目中进行讲解。

3．抽芯机构

抽芯机构常用于成型有侧凹或侧孔的注塑模具。图 1－7 所示的塑件有侧凹及侧孔，所以采用了如图 1－9 所示的抽芯机构。抽芯机构主要由滑块小型芯、斜导柱、楔紧块组成。工作时，滑块小型芯跟着动模沿开模方向运动，同时也会顺着斜导柱运动，在塑件被推出之前完成抽芯。楔紧块的作用主要是在合模后压紧滑块小型芯。

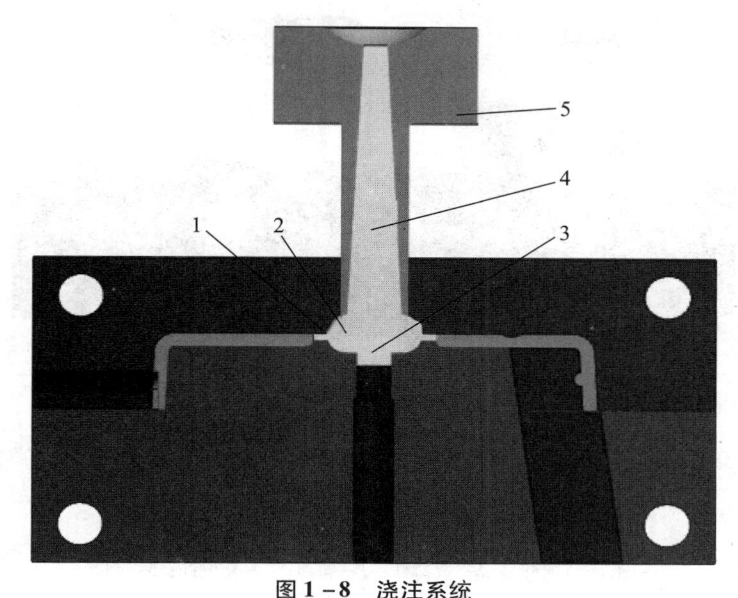

图 1－8　浇注系统

1—浇口；2—分流道；3—冷料穴（槽）；4—主流道；5—浇口套

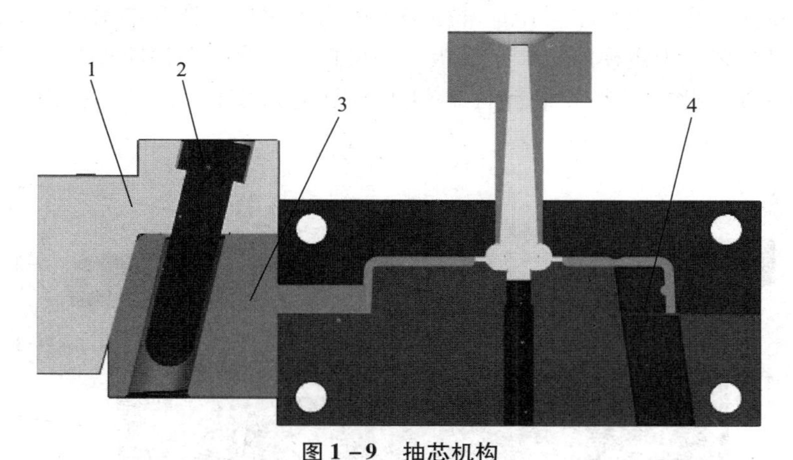

图 1－9　抽芯机构

1—楔紧块；2—斜导柱；3—滑块小型芯；4—斜顶

此塑件的特点之一是有内凸结构，所以在此模具中设置了斜顶，斜顶既可以作为抽芯机构的一部分，也可以视为推出机构的一部分。

详细的设计将在后续的项目中进行讲解。

4. 顶出机构

顶出机构需要实现顶出和复位两个功能。顶出塑件和浇注系统，最主要的有两种方式：顶杆顶出和推板推出。推出机构复位的常见方式是复位杆复位。图 1－10 中所示塑件由推杆（顶杆）顶出，浇注系统由拉料杆顶出，顶出机构的复位由复位杆加弹簧一起完成。推杆和复位杆的固定方式如图 1－10 所示，由推杆固定板和推杆垫板固定。顶出机构的形式很多，详细的设计见后续项目。

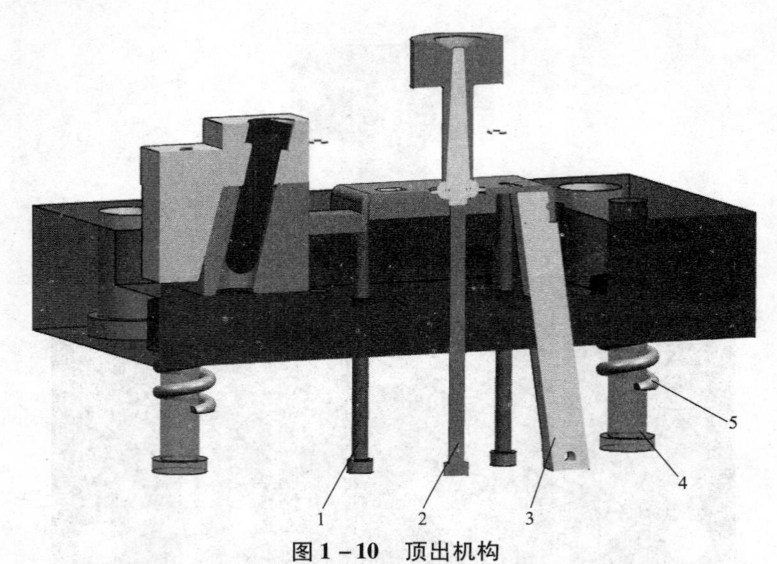

图 1-10　顶出机构

1—推杆（顶杆）；2—拉料杆；3—斜顶；4—复位杆；5—弹簧

5. 标准模架

模架又叫模胚，注塑模具多采用标准模架，分为大水口模架和细水口模架，图 1-11 所示为一副大水口模架，由定模座板、定模板、动模板、模脚、动模座板及推杆固定板、推杆垫板等组成。另外，此模具在安装到注塑机上时是通过定位圈来实现模具与注塑机的定位的。

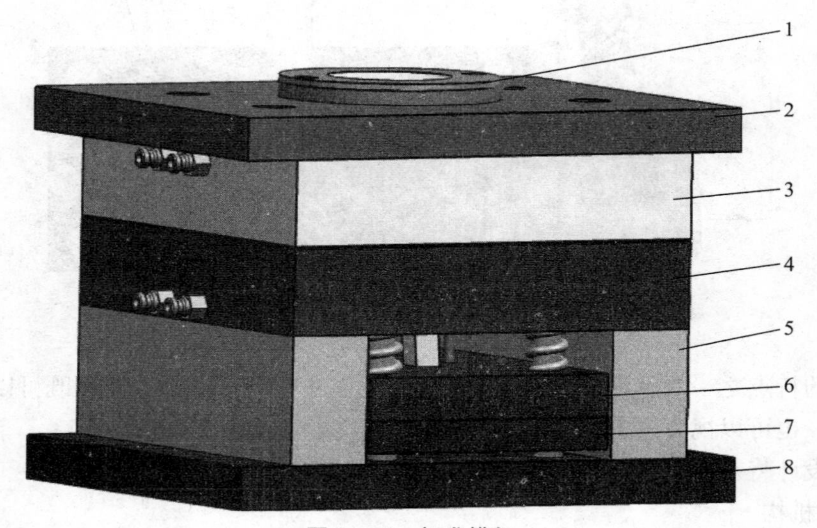

图 1-11　标准模架

1—定位圈；2—定模座板（面板）3—定模板（A 板）；4—动模板（B 板）5—模脚（C 板）；
6—推杆固定板（面针板）7—推杆垫板（底针板）；8—动模座板（底板）

在一些软件和资料上，定模座板又叫面板，定模板又叫 A 板、前模板，动模板又叫 B 板、后模板，模脚又叫 C 板，推杆固定板又叫面针板，推杆垫板又叫底针板，动模座板又叫底板。

模架的种类与选择详见后续项目。

6. 温度调节系统

温度调节系统包括冷却系统和加热系统。图 1－12 所示为冷却系统，主要目的是提高塑件在模内的冷却速度和均匀性。图 1－12 中冷却系统由三类标准件组成，即：水嘴、密封圈、堵头及连通的水路孔。水路孔是直接在 A、B 板及模仁上钻孔得到的，具体设计见后续项目。

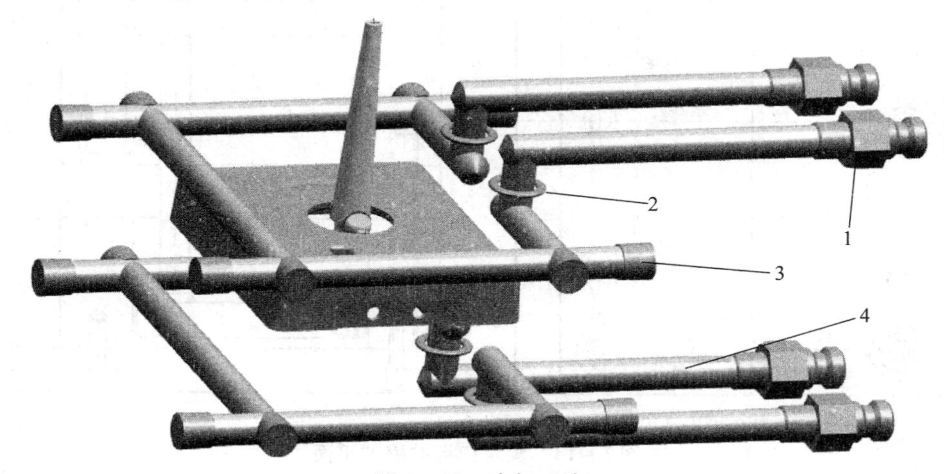

图 1－12　冷却系统

1—水嘴；2—密封圈；3—堵头；4—水路孔

1.2.2　常用的注塑模架认识

不同的产品有不同的模具结构，不同的模具结构要用不同的模架来制造。模架的结构与类型有很多种，确定模架的类型是塑料模具设计的第一关。模架类型的选择关系到产品的质量、生产的快慢、模具制造的难易、模具的寿命和成本，等等，所以它是非常重要的。要用心去想、去分析、去比较、去总结，方可真正地学会。在塑料注塑模具里共有三大类的模具，即大水口系统模具、细水口系统模具和简化细水口系统模具，相应的模架也就分为三大类，即大水口模架、细水口模架和简化细水口模架。不管是什么类型的模架，实际生产中我们都有可能碰见。

下面分别就大水口模架、细水口模架和简化细水口模架进行简单的介绍。

1. 大水口模架

大水口模架的结构及各部位名称如图 1－13 所示。图 1－13 所示为一副 BI 型大水口标准模架平面。

大水口模架又分为三大类，共 12 种类型：

（1）工字型模架，即 AI、BI、CI、DI 型共 4 种，如图 1－14 所示。此类模架是我们学习的一个重点。

（2）无面板的直身型模架，即 AH 型、BH 型、CH 型、DH 型共 4 种，如图 1－15 所示。

（3）有面板的直身型模架，即 AT 型、BT 型、CT 型、DT 型共 4 种，如图 1－16 所示。

以上所有模架类型的前模板、后模板都可以按标准自行选择，可参阅标准大水口模架资料书，推板、垫板及方铁高度也可以按标准自行选择，它们都属于标准模架。如果自行改变面板、底板、顶针面板、顶针底板等的厚度，则属于非标准模架。再者，自行另加入各功能

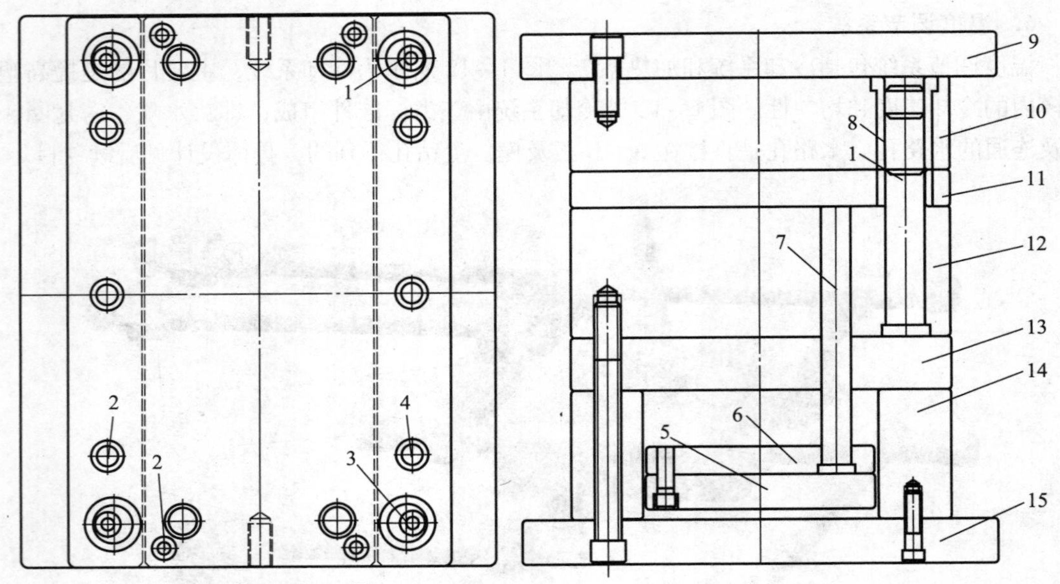

图1－13　大水口标准模架平面

1—导柱；2—螺钉；3—复位杆；4—偏位导柱；5—推杆垫板；6—推杆固定框；7—复位杆；8—导套；9—定模座板；10—定模板；11—推板；12—动模板；13—动模垫板；14—模脚；15—动模座板

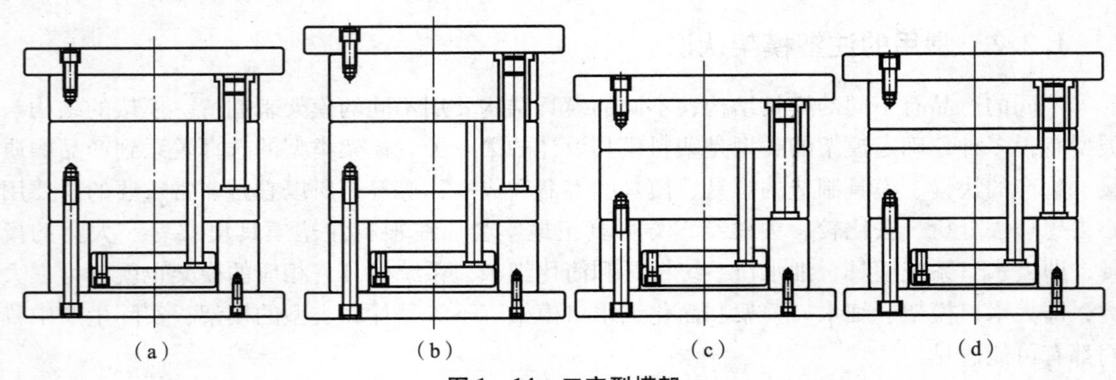

图1－14　工字型模架

(a) AI型；(b) BI型；(c) CI型；(d) DI型

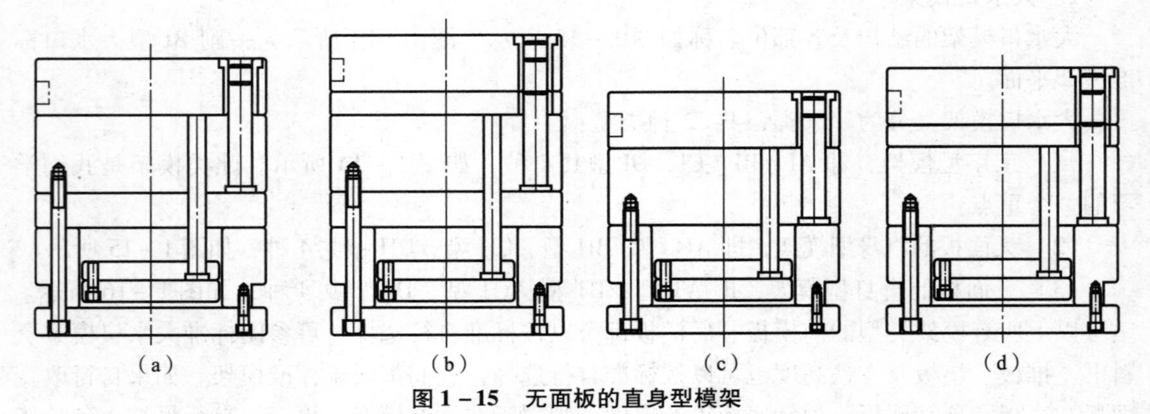

图1－15　无面板的直身型模架

(a) AH型；(b) BH型；(c) CH型；(d) DH型

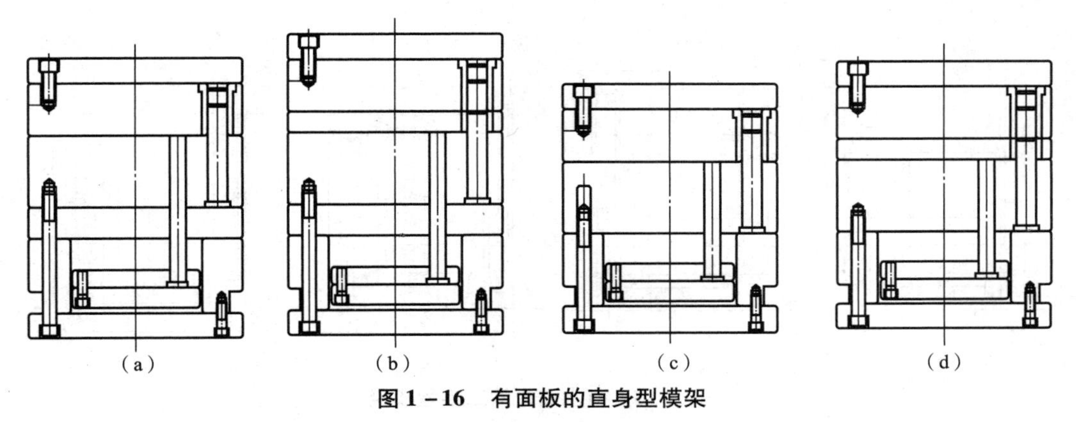

图 1－16　有面板的直身型模架

(a) AT 型；(b) BT 型；(c) CT 型；(d) DT 型

模板，或改变导柱直径、导柱孔位置、回程杆直径、回程杆位置等，也属于非标准模架。通常非标准模架的价格要比标准模架的价格高得多，所以不要轻易使用非标准模架。

2. 细水口模架

细水口模架是所有标准模架里最复杂的模架，动作控制最多，同时也是最贵的模架，应慎重选用。细水口系统模架的结构及各部位的名称如图 1－17 所示。

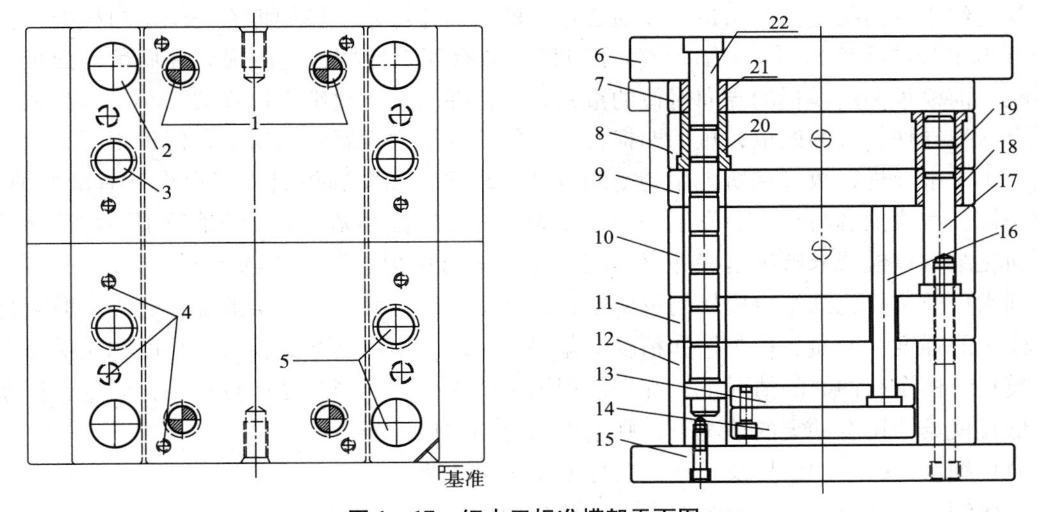

图 1－17　细水口标准模架平面图

1，16—回程杆（回针）；2，22—长导柱（水口边）；3，17—短导柱；4—杯头螺钉；5—偏孔（偏位导柱）；6—面板；7—水口板；8—前模板（A 板）；9—推板；10—后模板（B 板）；11—托板（垫板）；12—模脚（方铁）；13—顶针面板；14—顶针底板；15—底板；18，19，20，21—导套

细水口系统模架又分为四大类共 16 种型号。

（1）有水口板的工字型模架，即 DAI 型、DBI 型、DCI 型、DDI 型，如图 1－18 所示。此类模架是我们学习的一个重点。

（2）有水口板的直身型模架，即 DAH 型、DBH 型、DCH 型、DDH 型，详见各模架手册。

（3）没有水口板的工字型模架，即 EAI 型、EBI 型、ECI 型、EDI 型，详见各模架手册。

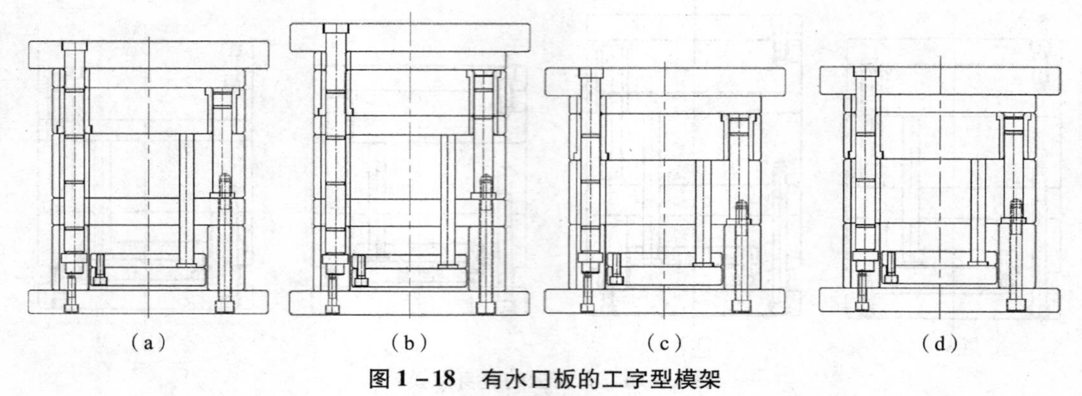

图 1-18　有水口板的工字型模架

(a) DAI 型；(b) DBI 型；(c) DCI 型；(d) DDI 型

（4）没有水口板的直身型模架，即 EAH 型、EBH 型、ECH 型、EDH 型，详见各模架手册。

在细水口模架里，以 D 型（即“D”字开头）的模架为最常用，若无特殊情况，一般不使用 E 型（即“E”字头）的模架。

3. 简化细水口模架

简化细水口模架是由细水口模架演变过来的。简化细水口模架拥有与细水口模架一样的功能（有推板的除外），但因为简化细水口模架只有四根导柱，这四根导柱肩负着面板、水口推板、前模板和后模板的导向对位的重任，导柱在力量上比细水口模架要小。因为细水口模架有八根导柱，长的四根，短的四根，导柱的承载能力无疑强大得多，但也正因为细水口模架有了八根导柱，故导柱所占用的空间也就太得多。而塑料模具上常会设计有滑块抽芯，也就是说，滑块抽芯与导柱会发生冲突，在无论怎样排位都无法避开的情况下，往往会考虑使用简化细水口模架来解决这些冲突问题，这也是简化细水口模架的最大优势之一。再者，简化细水口模架要比细水口模架的价格便宜，其也是简化细水口模架的优势之一。但简化细水口模架的强度、寿命、持久性和精度要差些，所以，当产品产量较大，精度和质量要求较高且模具结构没有冲突的情况下，优先选用细水口模架；而当产品产量较小，质量、精度要求较低且模具结构有冲突的情况下，则选用简化细水口模架。

简化细水口模架的结构及各部位名称如图 1-19 所示。

简化细水口系统模架又分为四大类，共 8 种型号。

（1）有水口板的工字型模架，即 FAI 型、FCI 型，详见各模架手册。

（2）有水口板的直身型模架，即 FAH 型、FCH 型，详见各模架手册。

（3）没有水口板的工字型模架，即 GAI 型、GCI 型，详见各模架手册。

（4）没有水口板的直身型模架，即 GAH 型、GCH 型，详见各模架手册。

1.2.3　课内实践

（1）简述模具样图的结构组成及各部分的名称。

（2）结合 3D、2D 样图，分析各模具零件的个数与位置。

（3）根据模架手册，抄绘 CI 模架平面图，并看懂。

（4）分析大水口模架与细水口模架、简易细水口模架的异同点。

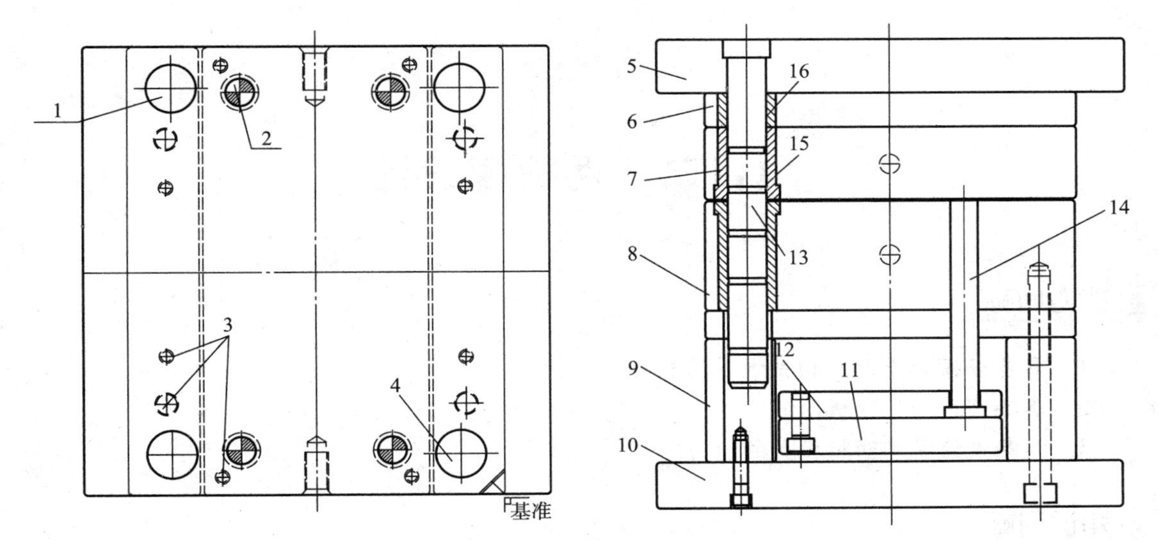

图 1－19　简化细水口标准模架平面图

1—导柱；2，14—回程杆（回针）；3—杯头螺钉；4—偏孔（偏位导柱）；5—面板；6—水口推板；7—前模板（A 板）；8—后模板（B 板）；9—模脚（方铁）；10—底板；11—顶针底板；12—顶针面板；13—长导柱（水口边）；15，16—导套

项目二　两板模设计

能力目标

1. 具备查模具手册及相关资料的能力；
2. 具备塑件工艺分析的能力；
3. 具备设计简单两板模具的能力。

知识目标

1. 熟悉模具的设计流程；
2. 熟悉塑件的工艺分析内容；
3. 熟悉模具结构设计；
4. 熟悉模具尺寸计算；
5. 熟悉模具常用绘图软件。

建议教学方法

软件操作与演示、多媒体课件讲解、手绘模具。

单元一　简单塑料两板模模具图纸识读

教学内容：

两板模的结构分析与工作原理。

教学重点：

模具结构图的抄绘，模具标准件的认识。

教学难点：

模具的结构分析与工作原理。

目的要求：

理解两板模的工作原理。

建议教学方法：

软件演示，结合多媒体课件讲解。

本单元主要根据示意图例来分析模具结构关系与工作原理。

2.1.1　注塑两板模的结构分析与工作原理

两板模具的合模状态如图 2－1 所示，其中塑料已经注满。

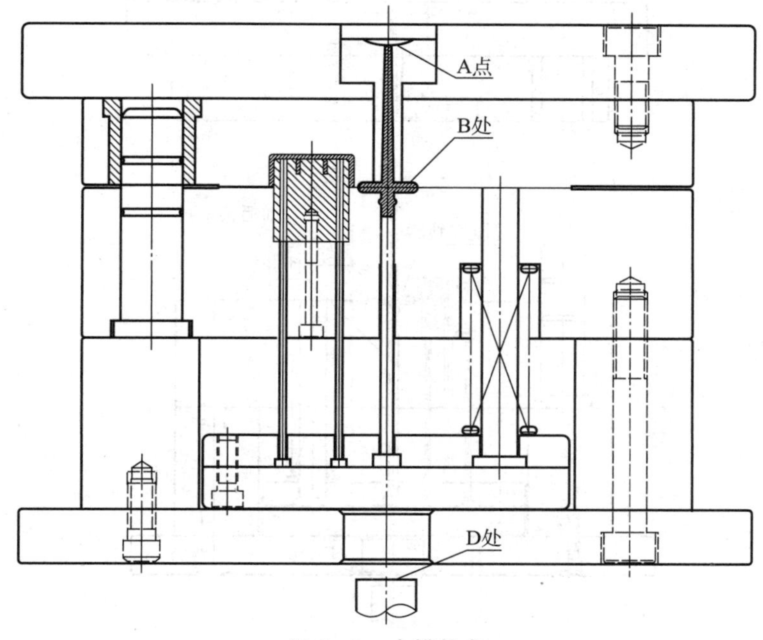

图2－1　合模状态

1. 模具各零件的连接关系

模具各零件的连接关系如图2－1所示，面板和A板通过螺钉连接，底板和C板通过螺钉连接，B板通过长螺钉也连接在底板上。型芯采用嵌入式，通过螺钉紧固在B板上，型腔是整体式，直接在A板上加工得到。动、定模通过导柱导套导向，浇口套嵌在A板中，拉料杆和推杆（顶针）、复位杆由面针板和底针板固定，在复位杆上还设有弹簧。拉料杆和复位杆与B板形成一段小的间隙配合，一段避空，与面针板避空；推杆与B板、面针板形成避空，与型芯小间隙配合；型芯与B板形成小间隙配合；浇口套与A板形成小间隙配合，与面板避空。

2. 两板模的工作原理

开模时，前、后模板（定、动模板）打开。前、后模板打开时，一般要求产品和流道留在后模上，以便在下一个动作让顶杆顶出产品；反之，如果产品留在了前模，由于前模并没有顶出系统，从而导致产品无法取出。前、后模板开模状态如图2－2所示。

因为在B处有一个R形的反扣凸料，它会产生一个很大的拉力，使水口流道在A点处断开，留在了后模，而产品后模上骨位较多，黏模力大，大过前模黏模力，从而使产品留在了后模，这样就达到了预想的设计目的。产品顶出状态如图2－3所示。

工作原理：动模后退，浇注系统被冷料槽勾住，塑件包紧型芯，跟着动模一起后退；当动模后退到一定位置时，注塑机顶杆（D处）撞上顶出机构，顶出机构停止运动；动模继续后退，相当于顶出机构向前运动，顶出塑件。合模时，动模前进，在复位弹簧的作用下，顶出机构逐渐复位，动模通过导柱导套导向与定模合模，合模结束时复位杆迫使顶出机构完全复位。

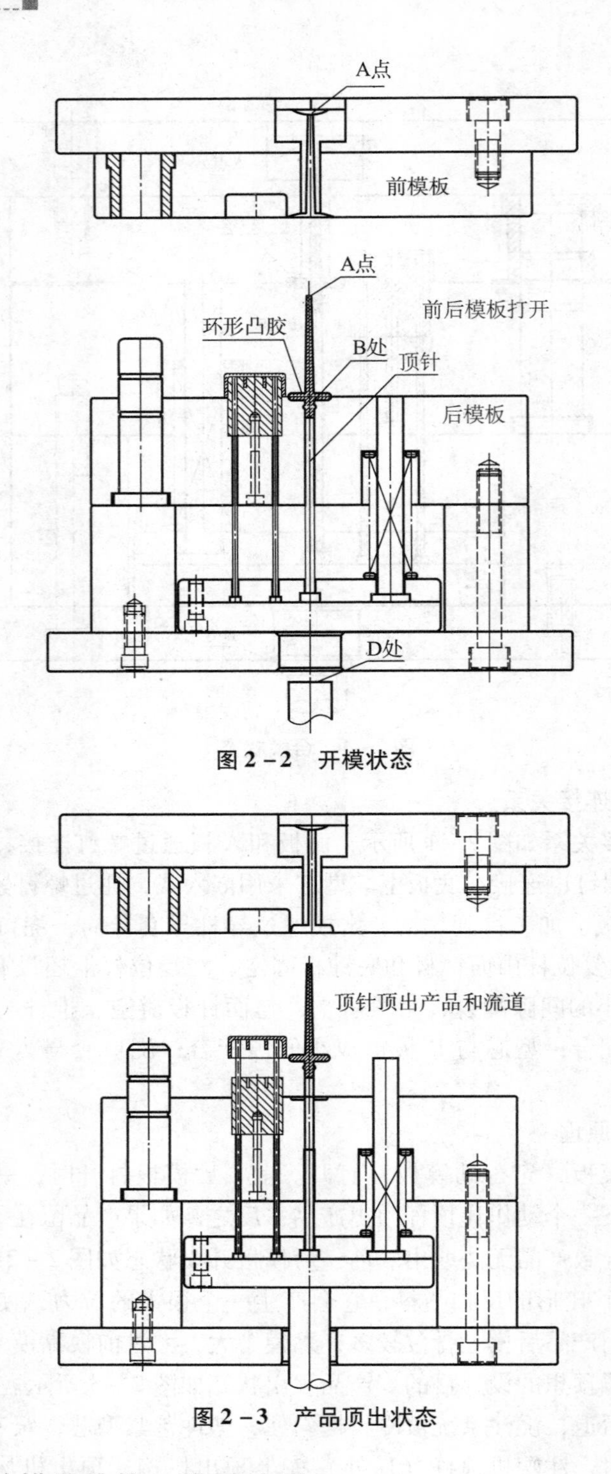

图 2－2　开模状态

图 2－3　产品顶出状态

2.1.2　简单的模具结构三维图绘制

本小节的内容重点是看懂简单两板模具的二维图，根据二维图的信息画三维图，检验学生对两板模具结构的认识及对模具绘图软件的运用。

图 2－4 所示为一个盒盖的 2D 图，需要绘制的模具 2D 参考图如图 2－5 和图 2－6 所示。

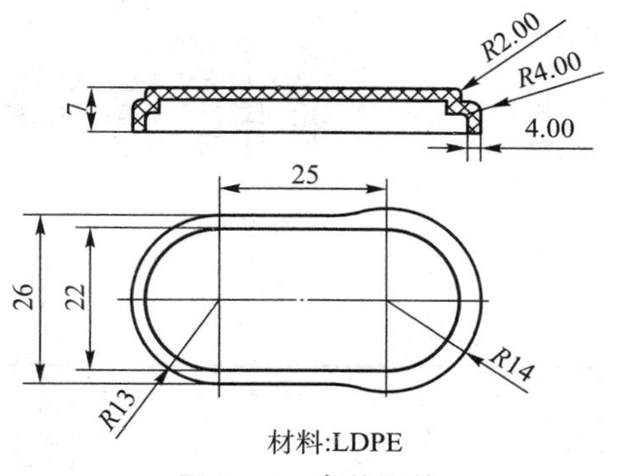

材料:LDPE

图 2-4 盒盖塑件

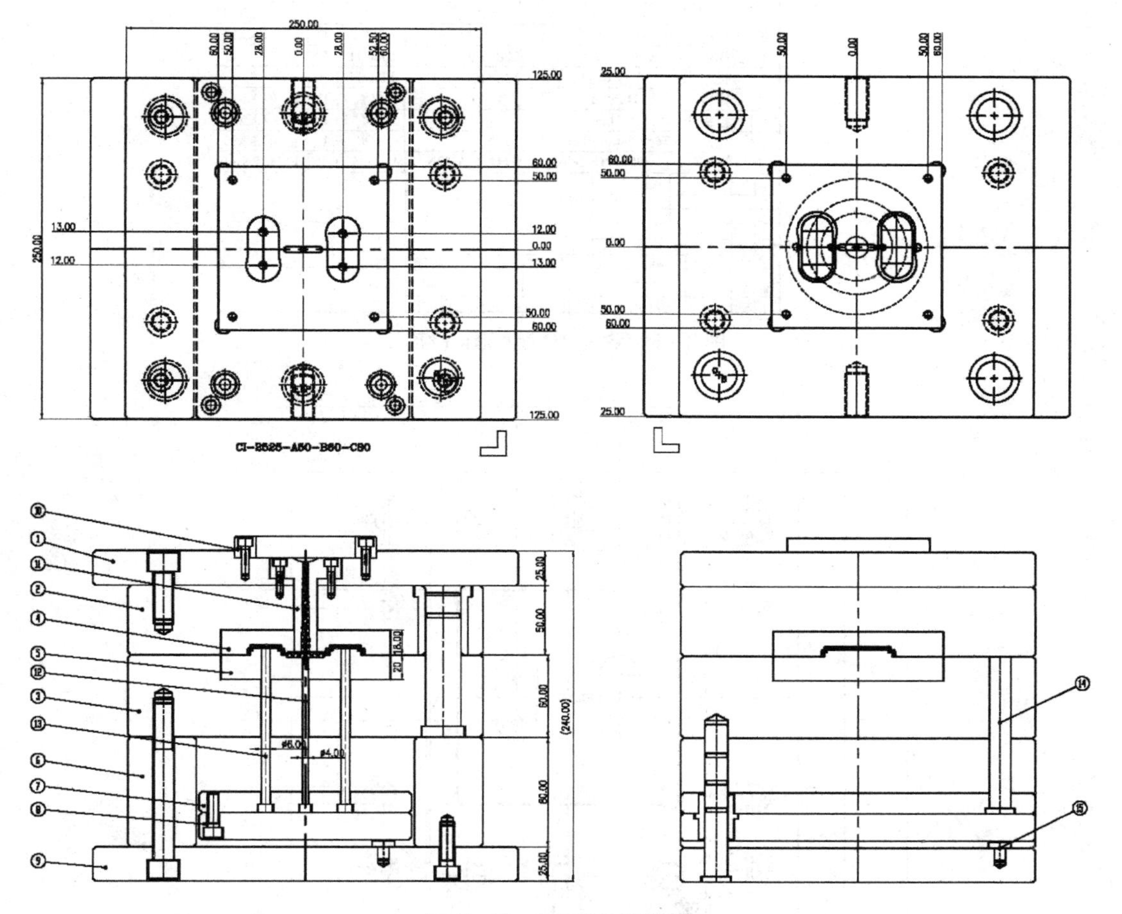

图 2-5 盒盖 2D 装配图

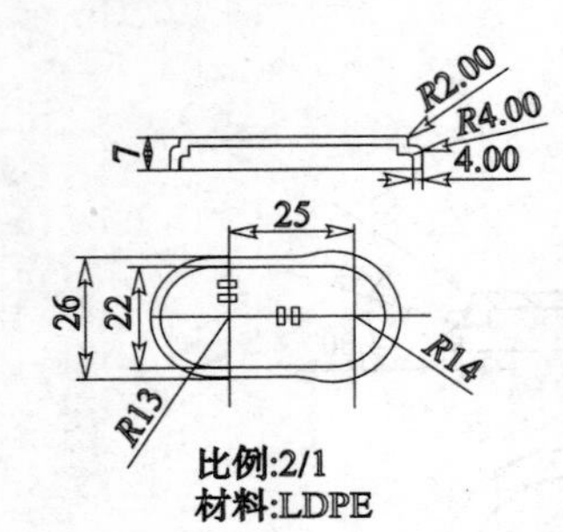

比例:2/1
材料:LDPE

技术要求

1.采用标准模架。
2. 模具所有活动部分要保证位置准确、动作可靠，不得有相对正斜和卡滞现象，固定零件不得有窜动。

ITEM	CHINESE	DESCRIPTION	SPFCIFICATION	MATERIAL	OTY	REMARK	1
15	垃圾钉	Stop Pin		45#	4	记（LKM）	
14	复位杆	Return Pin		SKD11	4	记（LKM）	
13	项针	Ejector Pin		SKD11	4	记（LKM）	
12	勾针	Sprue Pin		SKD11	1	记（LKM）	
11	唧咀	Sprue Bushing		45#	1	记（LKM）	
10	定位环	Locoting Ring		45#	1	记（LKM）	
9	定板	Bottom Clamp Plate		45#	1	记（LKM）	
8	定针板	Ejector Plate		45#	1	记（LKM）	
7	面针板	Ejector Retainer Plate		STD	1	记（LKM）	
6	方铁	Spacer Block		45#	1	记（LKM）	
5	公模仁	Core Insert	120×120×25	SKD11	1		
4	母模仁	Cavlty Insert	120×120×18	SKD11	1		
3	公模板	B Plate		45#	1	记（LKM）	
2	母模板	A Plate		45#	1	记（LKM）	
1	项板	Top Clamp Plate		45#	1	记（LKM）	

标记	处数	更改文件号	签字	日期				×××
设计		标准化		图样标记		重量	比例	
							1:1	
审核								
工艺		日期		共	页	第	页	

图 2－5　盒盖 2D 装配图（续）

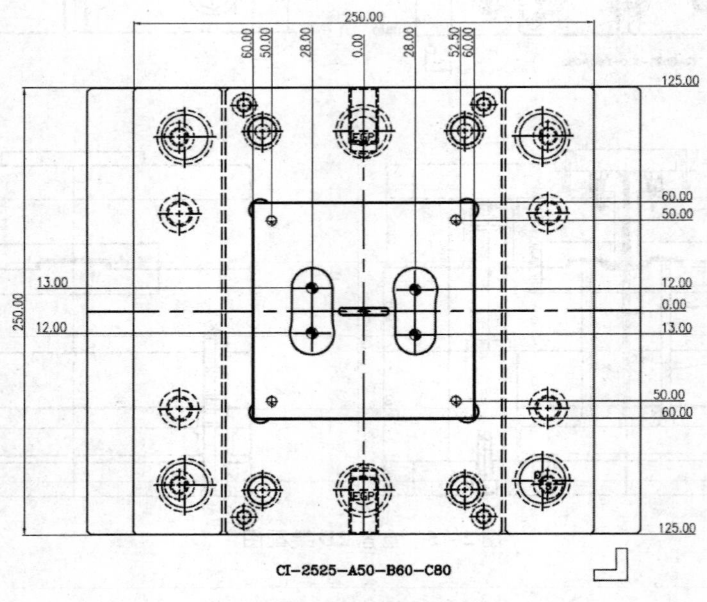

图 2－6　装配图局部视图

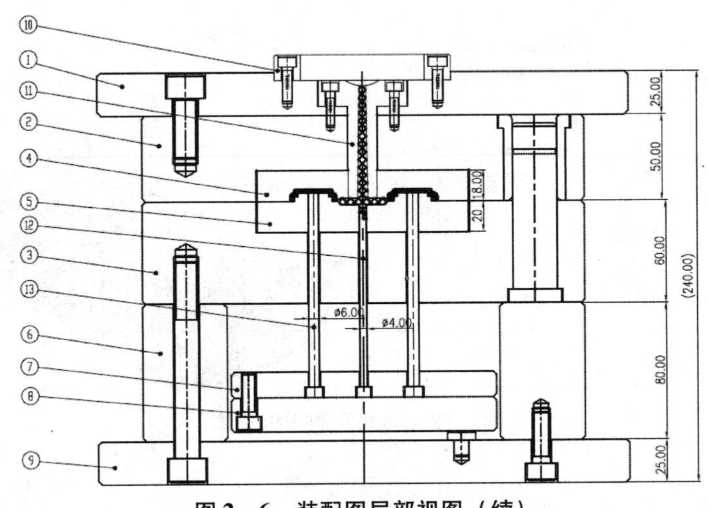

图 2-6　装配图局部视图（续）

1. 二维图识读，模具信息收集

从图 2-5 和图 2-6 可以得到一些信息，见表 2-1。

表 2-1　2D 分析信息表

模具类型	两板模，模架 CI 型
模架规格	CI-2525-A50-B60-C80，模架周界 250 mm×250 mm，A 板厚 50 mm，B 板厚 60 mm，C 板厚 80 mm
型腔布局	一模两穴侧浇口，对称布置
成型部件	型芯、型腔采用嵌入式，型芯 120 mm×120 mm×25 mm，型腔 120 mm×120 mm×18 mm，分别用 4 个 M6 螺钉紧固
浇注系统	侧浇口，圆形分流道，浇口套，定位圈尺寸按 2D 实测或采用教师推荐
顶出系统	每个塑件采用 2 根直径为 6 的顶杆，拉料杆 1 根，直径为 4，顶杆位置分别为（-28，13），（-28，-12），（28，12），（28，-13）
温度调节系统	图中未显示
其他机构	垃圾钉

2. 模具 3D 的绘制步骤

此过程只涉及看图、抄图，不针对塑件进行工艺分析，重在对绘图软件的运用及对模具结构的熟悉。

1）塑件布局及制作拆分体

打开 UG 软件，根据 2D 塑件尺寸建立 3D 模型，或直接导入塑件 3D。通过编辑命令使塑件对角对称布置 2 个，塑件的具体位置、尺寸和方位如图 2-7 所示。然后创建大方块，通过求差、拆分体、求和等命令完成拆分体制作，如图 2-7 中轴测部分。注意坐标系的方向。

2）模架调入

模架调入可以借助 UG 自带的 MOLDWIZARD 或其他外挂插件，如燕秀工具条、胡波外挂等，这些外挂插件的功能和使用方法基本相似。模架调入时选项如图 2-8 所示。AB 板开框，开框参数及结果如图 2-9 所示，完成开框后的模具结果如图 2-10 所示。

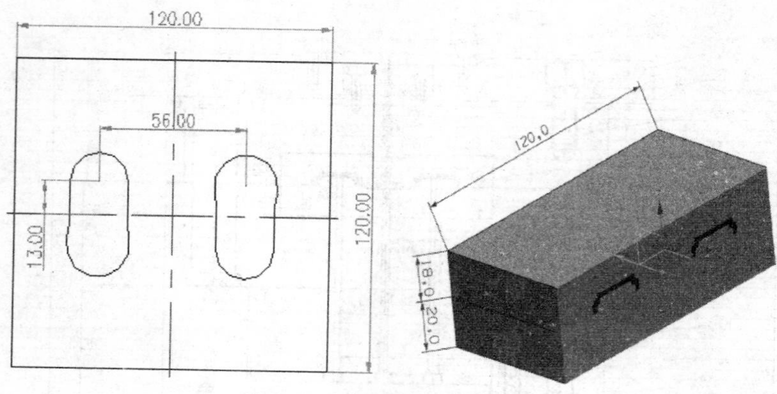

120.00
56.00
13.00
120.00
120.0
18.0
20.0

图 2－7　布局及制作拆分体

模胚类型
大水口
细水口
简化细水口
型号
AI
BI
CI
DI
AH
BH
CH
DH
AT
BT
CT
DT
模胚规格
2525
2527
2530
2535
2540
2545
2550
2730
2735
2740
2930
2935
2940
A板:
50
B板:
60
C板:
80
AB板间距:
0
垃圾钉高度:
3
导柱位置:
后模
模胚倒C角:
否
标准中托司:
否
KO孔直径:
35
CI

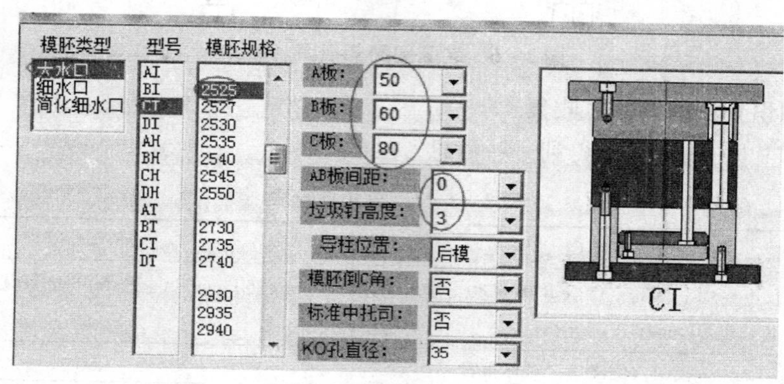

图 2－8　调入模架

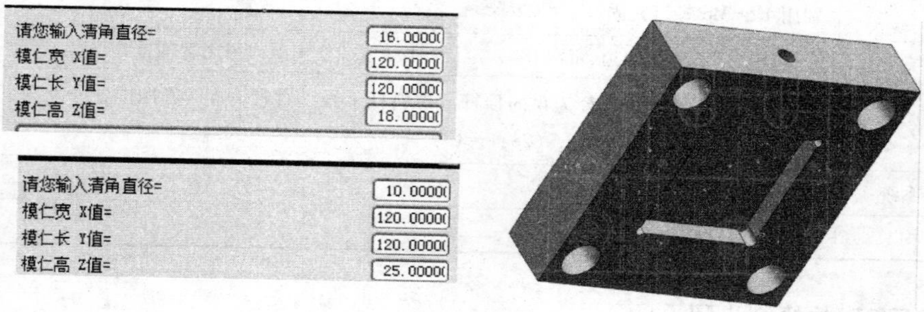

请您输入清角直径=
16.0000
模仁宽 X值=
120.0000
模仁长 Y值=
120.0000
模仁高 Z值=
18.0000
请您输入清角直径=
10.0000
模仁宽 X值=
120.0000
模仁长 Y值=
120.0000
模仁高 Z值=
25.0000

图 2－9　开框

Z
X

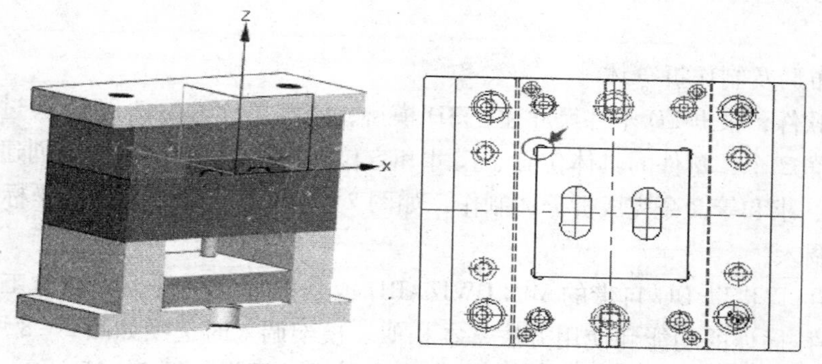

图 2－10　完成开框后的模具

3）浇注系统的创建

浇注系统的创建包括调入浇口套、调入定位圈、绘制分流道和浇口、布尔运算等。

测量 2D 尺寸，在插件中选择对应的浇口套和定位圈调入，结果如图 2－11 所示。

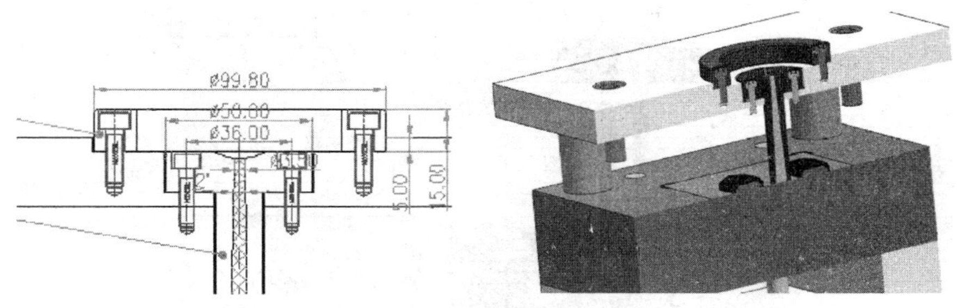

图 2－11　调入浇口套和定位圈

分流道为圆形分流道，浇口为矩形浇口，测绘 2D 图档，分流道直径为 4，按图 2－12 所示选项和参数设计好半边流道和浇口，然后通过镜像完成对称的流道和浇口设计。设计结构如图 2－13 所示。

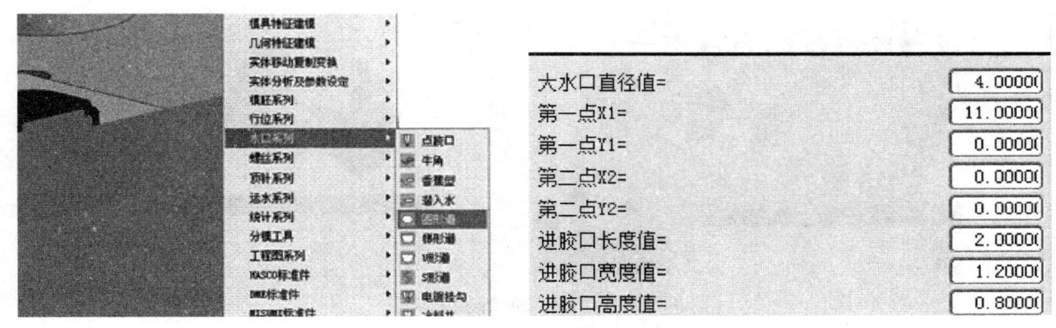

图 2－12　流道和浇口参数

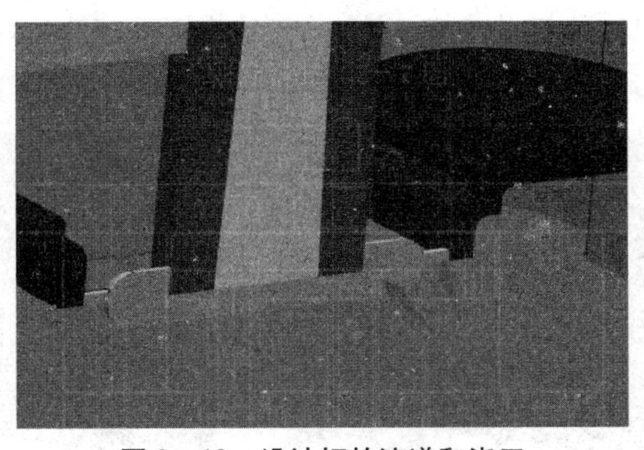

图 2－13　设计好的流道和浇口

接下来，就需要根据浇注系统对型芯型腔进行求差操作，型芯型腔的求差结构如图 2－14 所示。

4）顶出系统的创建

如 2D 图所示，此模具中有四根顶杆（D6），一根拉料杆（D4），坐标位置分别为（28，－13），（28，12），（－28，－12），（－28，13），（0，0），调用插件中的顶针模块，输入顶针的坐标值，逐个生成顶针；调用插件中的勾料针模块，在（0，0）坐标处生成勾料针，如图 2－15 所示。

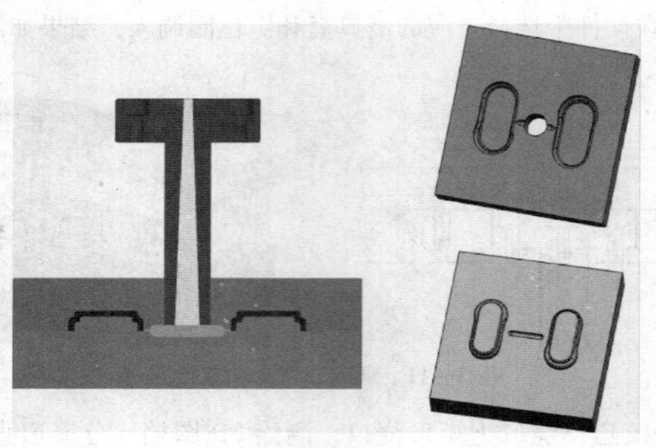

图 2－14　求差结果

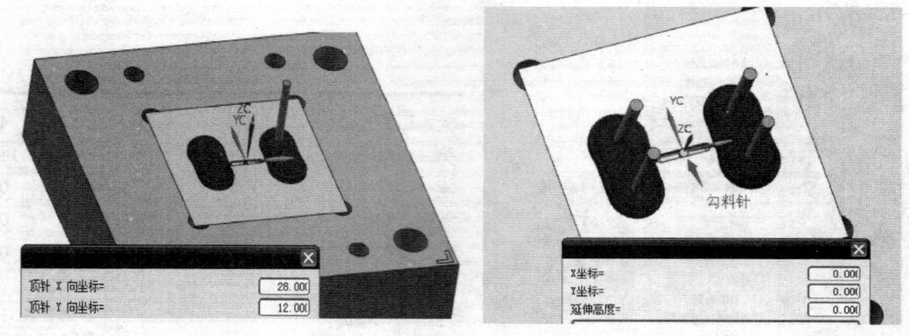

图 2－15　插入顶针和勾料针

然后，我们需要对顶杆和拉料杆进行修剪及避空之类的后处理。分别调用插件中的修剪顶针和顶针避空，完成顶针和勾料针的设计，结构如图 2－16 所示。也可以直接运用 UG 建模模块完成顶针后处理。注意观察图 2－16 中椭圆标志的配合关系。

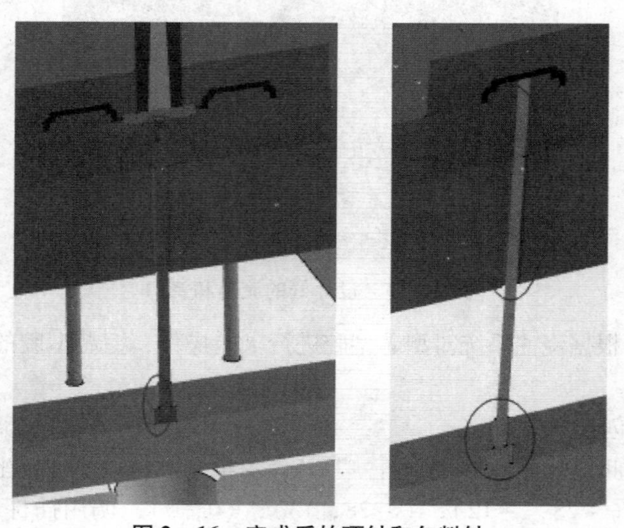

图 2－16　完成后的顶针和勾料针

5）插入模仁紧固螺钉

运用插件在距模仁边线 10 mm 的地方调入 4 个 M6 紧固螺钉，连接模仁和 A 板，运用插件，螺钉会自动修剪模仁和 A 板，效果如图 2－17 所示。同样的操作，可以完成 B 板与动模仁的连接。

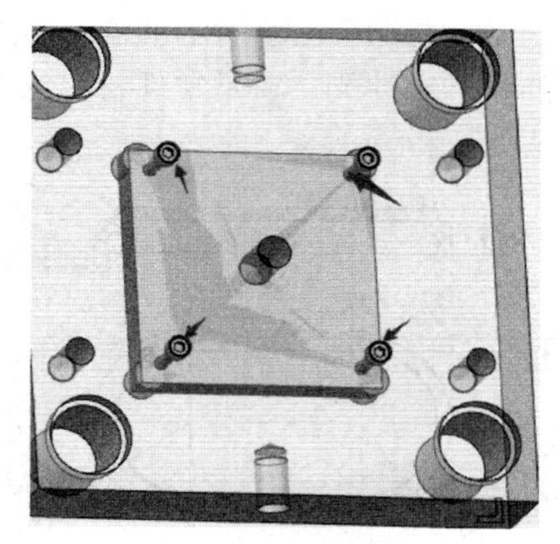

图 2－17　调入螺钉

到此，3D 部分的建模步骤已经介绍完毕。大家在熟悉流程的基础上需要巩固练习，既熟悉了模具结构，又熟悉了 UG 软件和插件。

2.1.3　课内实践

（1）如图 2－6 所示模具包含的零件种类有哪些？数量各为多少？

（2）请说明图 2－6 中各零件的连接关系。

（3）请阐述图 2－6 所示模具的工作原理。

（4）请绘制型芯的零件图（2D）。

（5）运用 UG 软件绘制图 2－6 所示模具的三维图。

（6）潜伏式浇口模具图例抄绘。

单元二　塑件工艺分析

教学内容：

塑件的工艺分析。

教学重点：

塑件的精度和结构工艺性分析。

教学难点：

塑件的结构工艺性分析。

目的要求：

能根据塑件图分析塑件工艺。

建议教学方法：

结合多媒体课件讲解，软件操作演示。

2.2.1　简单塑件图案例分析

塑件的工艺分析就是针对塑件二维图纸进行分析，挖掘图纸中的信息。分析的内容包括材料、尺寸、精度、技术要求及结构等。

本小节有三个主要内容，一是针对图2-18所示的盒盖塑件进行工艺分析，熟悉工艺分析的内容；二是简单介绍塑料的种类和性能；三是塑件材料的选用。

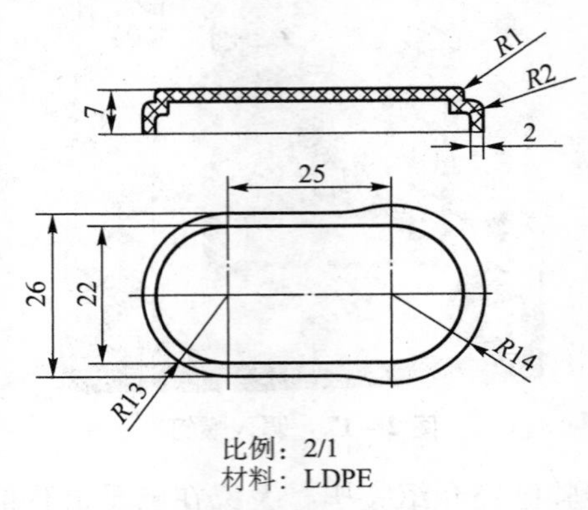

图2-18　盒盖塑件

1. 塑件工艺分析

1）塑件材料

该塑件采用的材料是LDPE，查阅资料可知，这是一种低密度聚乙烯。聚乙烯（Polyethylene，简称PE）是塑料中产量最大、日常生活中使用最普通的一种，特点是质软、无毒、价廉、加工方便。目前大量使用的PE料主要有两种，即HDPE（低压高密度聚乙烯）和LDPE（高压低密度聚乙烯）。LDPE（高压低密度聚乙烯，俗称软胶）分子结构之间有较多的支链，密度为0.910～0.925 g/cm^3，结晶度为55%～65%，易于透气透湿，有优良的电绝缘性能和耐化学性能，柔软性、伸长率、耐冲击性、透光率比HDPE好，机械强度稍差，耐热性能较差，不耐光和热老化。大量用作挤塑包装薄膜、薄片、包装容器、电线电缆包皮和软性注塑、挤塑件。

结论：该塑料易于注塑成型。

2）塑件尺寸及精度

该塑件是一个小的盒形件，高度为7 mm，壁厚为2 mm，外形包容尺寸为28 mm×52 mm×7 mm，方便注塑成型。该塑件采用未注公差，精度要求不高，这里可以取未注公差MT5，参考表2-2。该塑件的表面粗糙度也没有特别要求，通过查表2-4，可取范围为0.1～6.3 μm，这里我们可以取 Ra0.8 μm，利于注塑成型。

3）技术要求等

该塑件没有明确指出技术要求，利于注塑成型。

4）结构分析

盒盖塑件结构简单，是一个厚度为2 mm且均匀的小壳形件，外形包容尺寸为28 mm×52 mm×7 mm。

（1）壁厚。塑件的侧壁壁厚为2 mm，且塑件壁厚整体均匀，有利于塑件的成型。

（2）圆角。塑件外表面连接处分别采用了 $R1$、$R2$ 的圆角过渡，内表面无特别要求，取未注圆角 $R0.5$，有利于塑件注塑成型。

（3）其他。该塑件结构上无孔、无加强筋、无其他符号及标记等，利用注塑成型。

本塑件的工艺分析过程重在体现分析的环节，原理性的解释可参考后续知识。

2. 常用塑料的种类和性能

本部分主要介绍塑料的组成、塑料的分类、塑料的性能和常用塑料等几个方面的内容。

1）塑料的组成

塑料的主要成分是各种各样的树脂，而树脂又是一种聚合物，但塑料和聚合物是不同的，单纯的聚合物性能往往不能满足加工成型和实际使用的要求，一般不单独使用，只有加入添加剂后在工业中才有使用价值。因此，塑料是以合成树脂为主要成分，再加入其他各种各样的添加剂（也称助剂）制成的。合成树脂决定了塑料制品的基本性能，其作用是将各种助剂黏结成一个整体。添加剂是为改善塑料的成型工艺性能、改善制品的使用性能或降低成本而加入的一些物质。

塑料材料所使用的添加剂品种很多，如填充剂、增塑剂、着色剂、稳定剂、固化剂、抗氧剂等。在塑料中，树脂虽然起决定性的作用，但添加剂也有着不能忽略的作用。树脂在受热时软化，在外力作用下有流动倾向。它是塑料中最重要的成分，在塑料中起黏结作用的成分（也叫黏料）决定了塑料的类型和基本性能（如热性能、物理性能、化学性能、力学性能及电性能等）。

（1）填充剂。

填充剂又称填料，是塑料中重要的但并非每种塑料必不可少的成分。填充剂与塑料中的其他成分机械混合，与树脂牢固胶黏在一起，但它们之间不起化学反应。

在塑料中填充剂不仅可减少树脂用量，降低塑料成本，而且能改善塑料某些性能，扩大塑料的使用范围。例如在酚醛树脂中加入木粉后，既克服了它的脆性，又降低了成本。聚乙烯、聚氯乙烯等树脂中加入钙质填充剂，便成为价格低廉的具有刚性强、耐热好的钙塑料；用玻璃纤维作为塑料的填充剂，可以大幅度提高塑料的力学性能，有的填充剂还可以使塑料具有树脂所没有的性能，如导电性、导磁性、导热性等。

填充剂有无机填充剂和有机填充剂两种。常用的填充剂的形态有粉状、纤维状和片状三种。

粉状填充剂有木料、纸浆、大理石、滑石粉、云母粉、石棉粉、石墨等；纤维状填充剂有棉花、亚麻、玻璃纤维、石棉纤维、碳纤维、硼纤维和金属须等；片状填充剂有纸张、棉布、麻布和玻璃布等。填充剂的用量通常占塑料组成的40%以下。

填充剂形态为球状、正方体状的通常可提高成型加工性能，但机械强度差；而鳞片状的则相反。粒子越细，对塑料制品的刚性、冲击性、拉伸强度、因次稳定性和外观等改进作用越大。

（2）增塑剂。

加入能与树脂相溶的、低挥发性的高沸点有机化合物，能够增加塑料的可塑性和柔软性，改善其成型性能。降低刚性和脆性的添加剂，其作用是降低聚合物分子间的作用力，使树脂高分子容易产生相对滑移，从而使塑料在较低的温度下具有良好的可塑性和柔软性。例如，聚氯乙烯树脂中加入邻苯二甲酸二丁酯，可变为像橡胶一样的软塑料。

但加入增塑剂在改善塑料成型加工性能的同时，有时也会降低树脂的某些性能，如塑料的稳定性、介电性能和机械强度等。因此，在增塑剂中应尽可能地减少增塑剂的含量，大多数塑料一般不添加增塑剂。

对增塑剂的要求：与树脂有良好的相溶性；挥发性小，不易从塑件中析出；无毒、无色、无臭味；对光和热比较稳定；不吸湿。常用的增塑剂有邻苯二甲酸二丁酯、邻苯二甲吱二辛酪和樟脑等。

（3）着色剂。

大多合成树脂的本色是白色半透明或无色透明的。为使塑件获得各种所需色彩，在工业生产中常常加入着色剂来改变合成树脂的本色，从而得到颜色鲜艳漂亮的塑件。有些着色剂还能提高塑料的光稳定性、热稳定性。如本色聚甲醛塑料用炭黑着色后，在一定程度上有助于防止光老化。

着色剂主要分颜料和染料两种。颜料是不能溶于普通溶剂的着色剂，故要获得理想的着色性能，需要用机械方法将颜料均匀分散于塑料中。按结构可分为有机颜料和无机颜料。无机颜料热稳定性、光稳定性优良，价格低，但着色力相对较差，相对密度大，如钠猩红、黄光硫靛红棕、颜料蓝、炭黑等。有机颜料着色力高、色泽鲜艳、色谱齐全、相对密度小；缺点为耐热性、耐候性和遮盖力方面不如无机颜料，如铬黄、绰红镉、氧化铬、铝粉末等。染料是可用于大多数溶剂和被染色塑料的有机化合物，优点为密度小、着色力高、透明度好，但其一般分子结构小，着色时易发生迁移，如士林兰。

对着色剂的一般要求：着色力强；与树脂有很好的相溶性；不与塑料中其他成分起化学反应；性质稳定，成型过程中不因温度、压力变化而分解变色，而且在塑件的长期使用过程中能够保持稳定。

（4）稳定剂。

树脂在加工过程和使用过程中发生老化（降解），所谓降解是指聚合物在热、力、氧、水、光、射线等作用下，大分子断链或化学结构发生有害变化的反应。为防止塑料在热、光、氧和霉菌等外界因素的作用时产生降解和交联，在聚合物中添加的能够稳定其化学性质的添加剂称为稳定剂。

根据稳定剂所发挥的作用的不同，可分为热稳定剂、光稳定剂和抗氧化剂等。

①热稳定剂，主要作用是抑止塑料成型过程中可能发生的热降解反应，保证塑料制件顺利成型并得到良好的质量。如有机锡化合物常用于聚氯乙烯，无毒，但价格高。

②光稳定剂，防止塑料在阳光、灯光和高能射线辐照下出现降解和性能降低而添加的物质。其种类有紫外线吸收剂、光屏蔽剂等，苯甲酸酯类及炭黑等常用作紫外线吸收剂。

③抗氧化剂，防止塑料在高温下氧化降解的添加物，酚类及胺类有机物常用作抗氧化剂。在大多数塑料中都要添加稳定剂，稳定剂的含量一般为塑料的 0.3% ~0.5% 。对稳定剂的要求：与树脂有很好的相溶性，对聚合物的稳定效果好，能耐水、耐油、耐化学药品腐蚀，并在成型过程中不分解、挥发小、无色。

（5）固化剂。

固化剂又称硬化剂、交联剂，用于成型热固性塑料，线型高分子结构的合成树脂需发生交联反应转变成体型高分子结构。添加固化剂的目的是促进交联反应，例如在环氧树脂中加入乙二胺、三乙醇胺等。

此外，在塑料中还可加入一些其他的添加剂，如发泡剂、阻燃剂、防静电剂、导电剂和导磁剂等。例如，阻燃剂可降低塑料的燃烧性；发泡剂可制成泡沫塑料；防静电剂可使塑件具有适量的导电性能以消除带静电的现象。另外，并不是每一种塑料都要加入全部这些添加剂，而是依塑料品种和塑件使用要求按需要有选择地加入某些添加剂。

2）塑料的分类

塑料的品种很多，目前，世界上已制造出大约300多种可加工的塑料原料（包括改性塑料），常用的有30多种。塑料分类的方式也很多，常用的分类方法有以下两种：

（1）根据塑料中树脂的分子结构和受热后表现的性能可分成两大类：热塑性塑料和热固性塑料。

①热塑性塑料。

热塑性塑料中树脂的分子结构呈线型或支链型结构，常称为线性聚合物。它在加热时可塑制成具有一定形状的塑件，冷却后保持已定型的形状。如再次加热，又可软化熔融，再次制成一定形状的塑件，可反复多次进行，具有可逆性。在上述成型过程中一般无化学变化，只有物理变化。由于热塑性塑料具有上述可逆的特性，因此在塑料加工中产生的边角料及废品可以回收粉碎成颗粒后掺入原料中加以利用。

热塑性塑料又可分为结晶型塑料和无定形塑料两种。结晶型塑料分子链排列整齐、稳定、紧密，而无定形塑料分子链排列则杂乱无章。因而结晶型塑料一般都较耐热、不透明并具有较高的力学强度，而无定形塑料则与此相反。常用的聚乙烯、聚丙烯和聚酰胺（尼龙）等属于结晶型塑料；常用的聚苯乙烯、聚氯乙烯和ABS等属于无定形塑料。

从表观特征来看，一般结晶型塑料是不透明或半透明的，无定形塑料是透明的。但也有例外，如聚4－甲基戊烯－1为结晶型塑料，却有高透明性；而ABS为无定形塑料，却是不透明的。

②热固性塑料。

热固性塑料在受热之初也具有链状或树枝状结构，同样具有可塑性和可熔性，可塑制成一定形状的塑件。当继续加热时，这些链状或树枝状分子主链间形成化学键结合，逐渐变成网状结构（称为交联反应）。当温度升高到达一定值后，交联反应进一步进行，分子最终变为体型结构，成为既不熔化又不熔解的物质（称为固化）。当再次加热时，由于分子的链与链之间产生了化学反应，塑件形状固定下来不再变化。塑料不再具有可塑性，直到在很高的温度下被烧焦炭化，其具有不可逆性。在成型过程中，既有物理变化又有化学变化。由于热固性塑料上述特性，故加工中的边角料和废品不可回收再生利用。

显然，热固性塑料的耐热性能比热塑性塑料好。常用的酚醛、三聚氰胺－甲醛、不饱和聚酯等均属于热固性塑料。

热塑性塑料常采用注射、挤出或吹塑等方法成型。热固性塑料常用于压缩成型，也可以采用注射成型。

由于塑料的主要成分是高分子聚合物，塑料常常用聚合物的名称命名，因此，塑料的名称大多烦琐，说与写均不方便，所以常用国际通用的英文缩写字母来表示。

（2）根据塑料性能及用途分类可分为通用塑料、工程塑料和特种塑料等。

①通用塑料。

指产量大、用途广、价格低、性能普通的一类塑料，通常用作非结构材料。世界上公认的六大类通用塑料有聚乙烯、聚丙烯、聚氯乙烯、聚苯乙烯、酚醛塑料和氨基塑料，其产量约占世界塑料总产量的75%以上，构成了塑料工业的主体。

②工程塑料。

泛指一些具有能制造机械零件或工程结构材料等工业品质的塑料。除具有较高的机械强度外，这类塑料的耐磨性、耐腐蚀性能、耐热性、自润滑性及尺寸稳定性等均比通用塑料优良，它们具有某些金属特性，因而在机械制造、轻工、电子、日用、宇航、导弹和原子能等工程技术部门得到广泛应用，越来越多地代替金属作某些机械零件。

目前工程上使用较多的塑料包括聚酰胺、聚甲醛、聚碳酸酯、ABS、聚砜、聚苯醚、聚四氟乙烯等，其中前四种发展最快，为国际上公认的四大工程塑料。

③特殊塑料（功能塑料）

指那些具有特殊功能、适合某种特殊场合用途的塑料，主要有医用塑料、光敏塑料、导磁塑料、超导电塑料、耐辐射塑料、耐高温塑料等。其主要成分是树脂，有的是专门合成的树脂，也有一些是采用上述通用塑料和工程塑料用树脂经特殊处理或改性后获得特殊性能，但这类塑料产量小，性能优异，价格昂贵。

随着塑料应用范围越来越广，工程塑料和通用塑料之间的界限已难以划分，例如通用塑料聚氯乙烯作为耐腐蚀材料已大量应用于化工机械中。

3）塑料的性能

塑料的性能包括塑料的使用性能和塑料的工艺性能，使用性能体现了塑料的使用价值，工艺性能体现了塑料的成型特性。

（1）塑料的使用性能。

塑料的使用性能即塑料制品在实际使用中需要的性能，主要有物理性能、化学性能、机械性能、热性能和电性能等。这些性能都可以用一定的指标衡量并可用以一定的实验方法测得。详细的性能参数可以参考相关手册。

①塑料的物理性能。

塑料的物理性能主要有密度、表观密度、透湿性、吸水性、透明性和透光性等。

密度是指单位体积中塑料的质量，而表观密度是指单位体积的试验材料（包括空隙在内）的质量。

透湿性是指塑料透过蒸汽的性质，它可用透湿系数表示。透湿系数是在一定温度下，试样两侧在单位压力差的作用下，单位时间内在单位面积上通过的蒸汽量与试样厚度的乘积。

吸水性是指塑料吸收水分的性质，它可用吸水率表示。吸水率是指在一定温度下，把塑料放在水中浸泡一定时间后质量增加的百分率。

透明性是指塑料透过可见光的性质，它可用透光率来表示。透光率是指透过塑料的光通量与其入射光通量的百分率。

②塑料的化学性能。

塑料的化学性能有耐化学性、耐老化性、耐候性、光稳定性和抗霉性等。

耐化学性是指塑料耐酸、碱、盐、溶剂和其他化学物质的能力。

耐老化性是指塑料暴露于自然环境中或人工条件下，随着时间推移而不产生化学结构变化，从而保持其性能的能力。

耐候性是指塑料暴露在日光、冷热和风雨等气候条件下，保持其性能的性质。

光稳定性是指塑料在日光或紫外线照射下，抵抗褪色、变黑或降解等的能力。

抗霉性是指塑料对霉菌的抵抗能力。

③塑料的机械性能。

塑料的机械性能主要有抗拉强度、抗压强度、抗弯强度、断后伸长率、冲击韧度、疲劳强度、蛹变权限、摩擦因数及磨耗和硬度等。与金属相比，塑料的强度和刚度绝对值都比较小。未增强的塑料，通用塑料的抗拉强度一般为 20～50 MPa，工程塑料一般为 50～80 MPa，很少有超过 100 MPa 的品种。经玻璃纤维增强后，许多工程塑料的抗拉强度可以达到或超过 150 MPa，但仍明显低于金属材料，如碳钢的抗拉强度高限可达 1 300 MPa，高强度钢可达 1 860 MPa，而铝合金的抗拉强度也在 165～620 MPa 之间。但由于塑料密度小，故塑料的比强度和比刚度高于金属。

塑料是高分子材料，长时间受载与短时间受载时有明显区别，主要表现在蠕变和应力松弛。蠕变是指当塑料受到一个恒定载荷时，随着时间的增长，应变会缓慢地持续增大。所有的塑料都会不同程度地产生蠕变。耐蠕变性是指材料在长期载荷作用下，抵抗应变随时间而变化的能力，它是衡量塑件尺寸稳定性的一个重要因素。分子链间作用力大的塑料，特别是分子链间具有交联的塑料，耐蠕变性就好。

应力松弛是指在恒定的应变条件下，塑料的应力随时间而逐渐减小。例如，塑件作为螺纹紧固件，往往由于应力松弛而使紧固力变小甚至松脱，带螺纹的塑料密封件也会因应力松弛而失去密封性。针对这类情况，应选用应力松弛较小的塑料或采用相应的防范措施。

磨耗量是指两个彼此接触的团体（实验时用塑料与砂纸）因为摩擦作用而使材料（塑料）表面造成的损耗。它可以用摩擦损失的体积表示。

④塑料的热性能。

塑料的热性能主要是线膨胀系数、热导率、玻璃化温度、耐热性、热变形温度、热稳定性、热分解温度、耐燃性和比热容等。

耐热性是指塑料在外力作用下，受热而不变形的性质，它可用热变形温度或马丁耐热温度来度量。方法是将试样浸在一种等速升温的适宜传热介质中，在一定的弯矩负荷作用下，测出试样弯曲变形达到规定值的温度。马丁耐热温度与热变形温度测定的装置和测定方法不同，应用场合也不同，前者适用于量度耐热温度小于 60℃ 的塑料的耐热性，后者适用于量度常温下为硬质的模塑材料和板材的耐热性。

热稳定性是指高分子化合物在加工或使用过程中受热而不分解变质的性质。它可用一定量的聚合物以一定压力压成一定尺寸的试片，然后将其置于专用的实验装置中。在一定温度下恒温加热一定时间，测其重量损失，并以损失的重量和原来重量的百分率来表示热稳定性的大小。

热分解温度是高分子化合物在受热时发生分解的温度。它是反映聚合物热稳定性的一个量值，可以用压力法或试纸鉴别法测试。压力法是根据聚合物分解时产生气体，从而产生压力差的原理进行测试；试纸鉴别是根据聚合物发生分解放出的气体使试纸变色的原理进行测试。

耐燃性是指塑料接触火焰时抵制燃烧或离开火焰时阻碍继续燃烧的能力。

⑤塑料的电性能。

塑料电性能的主要参数有介电常数、介电强度和耐电弧性等。

介电常数是以绝缘材料（塑料）为介质与以真空为介质制成的同尺寸电容器的电容量之比；介电强度是指塑料抵抗电击穿能力的量度，其值为塑料击穿电压值与试样厚度之比，单位为 kV/mm。

耐电弧性是塑料抵抗由于高压电弧作用而引起变质的能力，通常用电弧焰在塑料表面引起炭化至表面导电所需的时间表示。

（2）塑料的工艺性能。

塑料与成型工艺、成型质量有关的各种性能，统称为塑料的工艺性能，了解和掌握塑料的工艺性能，直接关系到塑料能否顺利成型和保证塑件质量，同时也影响着模具的设计要求，下面分别介绍热塑性塑料与热固性塑料成型的主要工艺性能和要求。

热塑性塑料的成型工艺性能除了热力学性能、结晶性、取向性外，还有收缩性、流动性、热敏性、水敏性、吸湿性和相容性等。

①收缩性。

塑料通常是在高温熔融状态下充满模具型腔而成型，当塑件从塑模中取出冷却到室温后，其尺寸会比原来在塑模中的尺寸减小，这种特性称为收缩性。其可用单位长度塑件收缩量的百分数来表示，即收缩率（S）。

由于这种收缩不仅是塑件本身的热胀冷缩造成的，而且还与各种成型工艺条件及模具因素有关，因此成型后塑件的收缩称为成型收缩。可以通过调整工艺参数或修改模具结构，以缩小或改变塑件尺寸的变化情况。

塑件成型收缩率分为实际收缩率与计算收缩率，实际收缩率表示模具或塑件在成型温度的尺寸与塑件在常温下的尺寸之间的差别；计算收缩率则表示在常温下模具的尺寸与塑件的尺寸之间的差别。计算公式如下：

$$S' = \frac{L_C - L_S}{L_S} \times 100\% \tag{2-1}$$

$$S = \frac{L_m - L_S}{L_S} \times 100\% \tag{2-2}$$

式中，S'——实际收缩率；

S——计算收缩率；

L_C——塑件或模具在成型温度时的尺寸；

L_S——塑件在常温时的尺寸；

L_m——模具在常温时的尺寸。

因实际收缩率与计算收缩率数值相差很小，所以在普通中、小模具设计时常采用计算收缩率来计算型腔及型芯等的尺寸，而对大型、精密模具设计时一般采用实际收缩率来计算型腔及型芯等的尺寸。

在实际成型时，不仅塑料品种不同其收缩率不同，而且同一品种塑料的不同批号，或同一塑件的不同部位的收缩率也常不同。影响收缩率变化的主要因素有四个方面：塑料的品种、塑件结构、模具结构、成型工艺条件。

各种塑料都有其各自的收缩率范围，但即使是同一种塑料由于相对分子质量、填料及配比等不同，其收缩率及各向异性也各不相同。

塑件的形状、尺寸、壁厚、有无嵌件、嵌件数量及布局等，对收缩率值有很大影响，一般塑件壁厚越大，收缩率越大，形状复杂的塑件小于形状简单的塑件的收缩率，有嵌件的塑件因嵌件阻碍和激冷收缩率减小。

塑模的分型面、加压方向及浇注系统的结构形式、布局及尺寸等直接影响料流方向、密度分布、保压补缩作用及成型时间，对收缩率及方向性影响很大，尤其是挤出和注射成型更为突出。

模具的温度、注射压力、保压时间等成型条件对塑件收缩均有较大影响。模具温度高，熔料冷却慢，密度大，收缩大。尤其对结晶塑料，因其体积变化大，其收缩更大，模具温度分布也直接影响着塑件各部分收缩量的大小和方向性，注射压力高，熔料黏度差小，脱模后弹性恢复大，收缩减小。保压时间长则收缩小，但方向性明显。

由于收缩率不是一个固定值，而是在一定范围内波动，收缩率的变化将引起塑件尺寸变化，因此，在模具设计时应根据塑料的收缩范围、塑件壁厚、形状、进料口形式、尺寸、位置成型因素等综合考虑确定塑件各部位的收缩率。对精度高的塑件应选取收缩率波动范围小的塑料，并留有修模余地，试模后需逐步修正模具，以达到塑件尺寸、精度要求。

②流动性

在成型过程中，塑料熔体在一定的温度、压力下充填模具型腔的能力称为塑料的流动性。塑料流动性的好坏，在很大程度上直接影响着成型工艺的参数，如成型温度、压力、周期、模具浇注系统的尺寸及其他结构参数。在决定塑件大小和壁厚时，也要考虑流动性的影响。

流动性的大小与塑料的分子结构有关，具有线型分子而没有或很少有交联结构的树脂流动性大。塑料中加入填料，会降低树脂的流动性；而加入增塑剂或润滑剂，则可增加塑料的流动性。塑件合理的结构设计也可以改善流动性，例如在流道和塑件的拐角处采用圆角结构，则可改善熔体的流动性。

塑料的流动件对塑件质量、模具设计以及成型工艺影响很大，流动性差的塑料，不容易充满型腔，易产生缺料或熔接痕等缺陷，因此需要较大的成型压力才能成型。相反，流动性好的塑料，可以用较小的成型压力充满型腔。但流动性太好，会在成型时产生严重的溢料飞边。因此，在塑件成型过程中，选用塑件材料时，应根据塑件的结构、尺寸及成型方法选择适当流动性的塑料，以获得满意的塑件。此外，模具设计时应根据塑料流动性来考虑分型面和浇注系统及进料方向；选择成型温度时也应考虑塑料的流动性。

按照模具设计要求，热塑性塑料的流动性可分为三类：

a. 流动性好的塑料：如聚酰胺、聚乙烯、聚苯乙烯、聚丙烯、醋酸纤维素和聚甲基戊烯等。

b. 流动性中等的塑料：如改性聚苯乙烯、ABS、AS、聚甲基乙烯酸甲酯、聚甲醛和氯化聚醚等。

c. 流动性差的塑料：如聚碳酸酯、硬聚氯乙烯、聚苯醚、聚矾、聚芳砜和氟塑料等。

塑料流动性的影响因素主要有温度、压力和模具结构。

料温高，则塑料流动性增大，但料温对不同塑料的流动性影响各有差异，聚苯乙烯、聚丙烯、聚酰胺、聚甲基丙烯酸甲酯、ABS、AS、聚碳酸酯、醋酸纤维素等塑料的流动性受温度变化的影响较大；而聚乙烯、聚甲醛的流动性受温度变化的影响较小。

注射压力增大，则熔料受剪切作用大，流动性也增大，尤其是聚乙烯、聚甲醛十分敏感。但过高的压力会使塑件产生应力，并会降低熔体黏度，形成飞边。

浇注系统的形式、尺寸、布置、型腔表面粗糙度、浇道截面厚度、型腔形式、排气系统、冷却系统设计、熔料流动阻力等因素都直接影响着熔料的流动性。

③热敏性。

各种塑料的化学结构在热量作用下均有可能发生变化，某些热稳定性差的塑料，在料温高和受热时间长的情况下就会产生降解、分解、变色的特性，这种对热量的敏感程度称为塑料的热敏性。热敏性很强的塑料（即热稳定性很差的塑料）通常简称为热敏性塑料，如硬聚氯乙烯、聚三氟氯乙烯、聚甲醛、聚三氟氯乙烯等。这种塑料在成型过程中很容易在不太高的温度下发生热分解、热降解或在受热时间较长的情况下发生过热降解，从而影响塑件的性能和表面质量。

热敏性塑料熔体在发生热分解或热降解时，会产生各种分解物，有的分解物会对人体、模具和设备产生刺激、腐蚀或带有一定毒性；有的分解物还是加速该塑料分解的催化剂，如聚氯乙烯分解产生氮化氢，能起到进一步加剧高分子分解作用。

为了避免热敏性塑料在加工成型过程中发生热分解现象，在模具设计、选择注射机及成型时，可在塑料中加入热稳定剂；也可采用合适的设备（螺杆式注射机），严格控制成型温度、模温、加热时间、螺杆转速及背压等，并及时清除分解产物，且设备和模具应采取防腐等措施。

④水敏性。

塑料的水敏性是指其在高温、高压下对水降解的敏感性。如聚碳酯脂即是典型的水敏性塑料，即使含有少量水分，在高温、高压下也会发生分解。因此，水敏性塑料成型前必须严格控制水分含量，并进行干燥处理。

⑤吸湿性。

吸湿性是指塑料对水分的亲疏程度。因此，塑料大致可分为两类：一类是具有吸水或黏附水分性能的塑料，如聚酰胺、聚碳酸酯、聚砜、ABS 等；另一类是既不吸水也不易黏附水分的塑料，如聚乙烯、聚丙烯、聚甲醛等。

凡是具有吸水性倾向的塑料，如果在成型前水分没有去除，含量超过一定限度，那么在成型加工时，水分将会变为气体并促使塑料发生分解，导致塑料起泡和流动性降低，造成成型困难，而且使塑件的表面质量和机械性能降低。因此，为保证成型的顺利进行和塑件的质量，对吸水性和黏附水分倾向大的塑料，在成型前必须除去水分，进行干燥处理，必要时还应在注射机的料斗内设置红外线加热。

⑥相容性。

相容性是指两种或两种以上不同品种的塑料，在熔融状态下不产生相分离现象的能力。

如果两种塑料不相容，则混熔时制件会出现分层、脱皮等表面缺陷。不同塑料的相容性与其分子结构有一定关系，分子结构相似者较易相容，例如高压聚乙烯、低压聚乙烯、聚丙烯彼此之间的混熔等；分子结构不同者较难相容，例如聚乙烯和聚苯乙烯之间的混熔。塑料的相容性又俗称共混性，通过塑料的这一性质，可以得到类似共聚物的综合性能，其是改进塑料性能的重要途径之一。

热固性塑料和热塑性塑料相比，塑件具有尺寸稳定性好、耐热好和刚性大等特点，广泛应用于工程塑料。热固性塑料的工艺性能明显不同于热塑性塑料，其主要性能指标有收缩率、流动性、水分及挥发物含量与固化速度等。常用热固性塑料的相关工艺性能见后续“4）常用塑料及性能”中具体描述。

4）常用塑料及性能

（1）聚乙烯（PE）。

①基本特性。

聚乙烯塑料由乙烯单体经聚合而成，按聚合时采用的生产压力的高低可分为高压、中压和低压聚乙烯三种。低压聚乙烯又称高密度聚乙烯（HDPE），具有较高的刚性、强度和硬度，但柔韧性、透明性较差。高压聚乙烯又称低密度聚乙烯（LDPE），具有较好的柔软性、耐寒性、耐冲击性，但耐热、耐光、耐氧化能力差，易老化。聚乙烯无毒、无味，外观为白色蜡状固体，微显角质状，柔而韧，比水轻，除薄膜外，其他制品皆不透明，有一定的机械强度，但与其他塑料相比除冲击强度较高外，其他力学性能绝对值在塑料材料中都是较低的。聚乙烯有优异的介电绝缘性，介电性能稳定；化学稳定性好，能耐稀硫酸、稀硝酸及其他任何浓度的酸、碱、盐的侵蚀；除苯及汽油外，一般不溶于有机溶剂；其透水、透气性能较差，而透氧气、二氧化碳及许多有机物质蒸气的性能好；聚乙烯是分子链仅由碳氢两种元素组成的高分子烷属链烃，极易燃烧，氧指数仅为17.4，是最易燃烧的塑料品种之一。聚乙烯制品受到日光照射时，制品最终老化变脆。聚乙烯的耐低温性能较好，在－60℃下仍具有较好的力学性能，但其使用温度不高，一般LDPE的使用温度在80℃左右，HDPE的使用温度在100℃左右。

②应用。

聚乙烯是产量最大、应用最广的塑料品种，高密度聚乙烯可用于制造塑料管、各种型材、单丝以及承载不高的零件，如齿轮、轴承等；低密度聚乙烯常用于制作塑料薄膜、软管、塑料瓶以及电气工业的绝缘零件和电线电缆包皮等。

③成型特点。

聚乙烯的成型加工都是在熔融状态下进行的，成型时，收缩率大，在流动方向与垂直方向上的收缩差异大，易产生变形和缩孔；成型时，熔体温度一般高出聚乙烯熔融温度30℃～50℃。它可采用多种成型加工，可以注塑、挤出、中空吹塑、薄膜压延、大型中空制品滚塑、发泡成型等。聚乙烯质软，易脱模，制品有浅的侧凹时可强行脱模。

（2）聚氯乙烯（PVC）。

①基本特性。

聚氯乙烯树脂是白色或淡黄色的坚硬粉末，纯聚合物的透气性和透湿率都较低。硬聚氯乙烯不含或少含增塑剂，有较好的抗拉、抗弯、抗压和抗冲击性能；软聚氯乙烯含有较多的增塑剂，柔软性、断裂伸长率较好，但硬度、抗拉强度较低。聚氯乙烯有较好的电气绝缘性能，聚氯乙烯电性能受电场频率的影响，只可以用作低频绝缘材料。其化学稳定性也较好，但在现有的塑料材料中，聚氯乙烯是热稳定性特别差的材料之一，对光及机械作用都比较敏感。

②应用。

聚氯乙烯是世界上产量最大的塑料品种之一，由于聚氯乙烯的化学稳定性高，所以可用于防腐管道等；电气绝缘性能优良，在电气、电子工业中用于制造插座、插头、开关、电缆；在日常生活中用于制造门窗框架、室内地板装饰材料、各种板材及家具、玩具、运动器材、包装涂层等。

③成型特点。

聚氯乙烯可以采用注塑、挤出、吹塑、压延、发泡等成型工艺。聚氯乙烯在成型温度下容易分解，所以必须加入稳定剂和润滑剂，并严格控制温度及熔料的滞留时间。

（3）聚丙烯（PP）

①基本特性。

聚丙烯是由丙烯单体经聚合而成的，无味、无毒，外观似聚乙烯，呈白色的蜡状、半透明状，是通用塑料中最轻的聚合物，聚丙烯强度比聚乙烯好，特别是经定向后的聚丙烯具有极高的抗弯曲疲劳强度，可制作铰链。耐热性好，聚丙烯可在107℃～121℃下长期使用，在无外力作用下，使用温度可达150℃。聚丙烯是通用塑料中唯一能在水中煮沸且在135℃蒸汽中消毒而不被破坏的塑料。聚丙烯不受环境湿度及电场频率改变的影响，是优异的介电和电绝缘材料。聚丙烯低温脆性明显，在有铜存在的情况下，很快发生氧化降解使聚丙烯脆化（称为铜害作用），一般在聚丙烯中都要加入抑铜剂。

②应用。

聚丙烯可用作医疗器具，如注射器、盒、输液袋、输血工具，一般机械零件中的各种零件以及自带铰链的盖体合一的箱壳类制件，如汽车方向盘、蓄电池壳等。

③成型特点。

聚丙烯有良好的注塑成型工艺性，可以挤出成型管材、板材等型材，也可以挤成单丝或挤出吹塑薄膜，特别是双轴拉伸薄膜。吸湿性小，仅为0.01%～0.03%，成型加工前需要对粒料进行干燥。受热时容易氧化降解，应尽量减少受热时间，并尽量避免受热时与氧接触。

（4）聚苯乙烯（PS）。

①基本特性。

聚苯乙烯是由苯乙烯聚合而成的，是无色、无味、无毒的透明刚性硬固体，具有优良的光学性能，易燃烧，燃烧时火焰呈橙黄，伴有浓烟，并有特殊气味。聚苯乙烯易于着色，聚苯乙烯具有良好的电学性能，尤其是高频绝缘性；导热率较小，是良好的绝热保温材料。聚苯乙烯在热塑性塑料中是典型的硬而脆塑料，并具有较高的热膨胀系数。

②应用。

聚苯乙烯由于价廉易得、透明、加工性能好、绝缘性优、易印刷与着色，故用途广泛。在工业上可制造仪器仪表零件、灯罩、透明模型、绝缘材料、接线盒、绝热保温材料、冷藏冷冻装置绝热层、建筑用绝热构件等，在日用品方面可用于制造包装材料、装饰材料、各种容器和玩具等。

③成型特点。

聚苯乙烯可以采用挤出、热成型、旋转模塑、吹塑和发泡等多种成型工艺，其中注塑、挤出、发泡是最常采用的工艺方法。聚苯乙烯吸湿率很小，成型加工前一般皆不需要专门的干燥工序。流动性和成型性优良，成品率高，但容易产生内应力而出现裂纹，成型制品的脱模斜度不宜过小，顶出要均匀；由于热膨胀系数高，故制品中不宜有嵌件。宜用高料温、低注射压力成型并延长注射时间，以防止缩孔及变形，但料温过高，容易出现银丝。因流动性好，故模具设计中大多采用点浇口形式。

（5）丙烯腈－丁二烯－苯乙烯共聚物（ABS）。

①基本特性。

ABS 是由丙烯腈（A）、丁二烯（B）、苯乙烯（S）共聚生成的三元共聚物，外观上是淡黄色非晶态树脂，不透明，具有良好的综合力学性能。丙烯腈使 ABS 有较高的耐热性、耐化学腐蚀性及表面硬度；丁二烯使 ABS 具有良好的弹韧性、冲击强度、耐寒性以及较高的抗拉强度；苯乙烯使 ABS 具有良好的成型加工性、着色性和介电特性，使 ABS 制品的表面光洁。

ABS 塑料的品级：通用型；高耐热型；电镀型；透明型；阻燃 ABS；ABS 合金。ABS 有良好的机械强度和极好的抗冲击强度，有一定的耐油性与稳定的化学性能和电气性能。ABS 具有可燃性，引燃后可缓慢燃烧。

②应用。

ABS 广泛应用于家用电子电器、工业设备、建筑行业及日常生活用品等领域。

③成型特点。

易吸水，成型加工前应进行干燥处理；注射是 ABS 塑料最重要的成型方法，可采用柱塞式注射机。ABS 在升温时黏度增高，易产生熔接痕，成型压力较高，塑料上的脱模斜度宜稍大。

（6）聚酰胺（PA）。

①基本特性。

聚酰胺又称尼龙，尼龙树脂为无毒、无味，呈白色或淡黄色的角质状固体。聚酰胺具有优良的力学性能，抗拉、抗压、耐磨；其抗冲击强度比一般塑料有显著提高，其中以尼龙更优；作为机械零件材料，具有良好的消音效果和自润滑性能；尼龙还具有良好的耐化学性、气体透过性、耐油性和电性能。但当温度超过 60℃时，性能下降明显，主要变化是发暗、变脆、力学性能下降。在 100℃的户外环境下暴露，寿命仅为 4 ~6 周。炭黑是聚酰胺的有效防老化剂。聚酰胺是塑料中吸湿性最强的品种之一，收缩率大，常常因吸水而引起尺寸的变化。

②应用。

在工业上广泛地用来制作轴承、齿轮、等机械零件和降落伞、刷子、梳子、拉链、球拍等。

③成型特点。

吸湿性强，成型加工前必须充分干燥。聚酰胺常采用注塑成型和挤出成型，熔融黏度低、流动性好，注塑中会有流涎现象，容易产生飞边；易吸潮，制品尺寸变化大；成型时排除的热量多，模具上应设计冷却均匀的冷却回路；熔融状态的尼龙热稳定性较差，高温下易氧化降解，超过 300℃就会分解。因此，不允许尼龙在高温料筒内停留时间过长。

（7）聚四氟乙烯（PTFE）。

①基本特性。

聚四氟乙烯是较柔软的白色结晶型聚合物，是现有塑料材料中密度最大的品种。聚四氟乙烯是典型的软而脆聚合物，刚度、硬度都较小；受载时容易出现蠕变现象，是典型的具有冷流性的塑料；摩擦系数是现有塑料中最小的；具有极优异的耐高、低温性，在 -250℃ ~ 260℃之间可长时间工作；优异的介电和电绝缘性，且基本上不受电场频率的影响，吸湿性极小，耐大气老化性很突出；对高能射线作用较敏感。

②应用。

聚四氟乙烯可用于防腐零部件，电线电缆包覆外层；在印刷线路板中，以覆铜层压板形式应用，可用于各种密封圈、密封垫及制备各种活塞环、轴承、支承滑块、导向环等。还可以用于塑料加工及食品工业、家用品的防黏层；医疗用高温消毒用品、外科手术的代用血管、消毒保护品、贵重药品包装、耐高温的蒸汽软管。

③成型特点。

聚四氟乙烯只能采用类似粉末冶金的方法加工，冷压成坯后再进行烧结，属于结晶型聚合物，结晶度大小对制品成型性能影响颇大；热导率较小，烧结时需将冷压的坯料从室温升至较高的烧结温度，加热速率过快易造成部分材料过热分解；聚四氟乙烯分解会产生有毒气体氟；线膨胀系数大，坯料加热至烧结温度以及热结后的制品冷至室温，尺寸的变化比较大。

（8）聚碳酸酯（PC）。

①基本特性。

双酚 A 型聚碳酸酯是无色或微黄色透明的刚硬、坚韧固体。该聚合物透光率可达 89%，无味、无毒，硬度大于聚甲基丙烯酸甲酯，作为透明材料，表面不易划伤；具有良好的综合力学性能，但耐疲劳性差，缺口敏感性较明显；耐热性能好，热变形温度和连续使用温度高于几乎所有的热塑性通用塑料；耐寒性强，脆化温度为 -100℃，可以在 -70℃条件下长时间工作；可在较宽温度范围保持良好的电性能；较高的氧化稳定性、耐臭氧性，但在潮湿环境及强烈日照条件下会产生表面裂纹并发暗；聚碳酸酯是良好的紫外光吸收剂，升高温度会使其老化加速。

②应用。

聚碳酸酯可以作为绝缘材料，用于制备接插件、线圈骨架、绝缘套管、电话机听筒、矿灯电池盒、电视机偏转座盖等。还用于制造承载的机械零件和制备光学零件或装置以及食品包装、各种容器和导管等。

③成型特点。

聚碳酸酯虽然吸水性差，但由于其在高温时对水较敏感，故加工前必须干燥。可以采用注射、挤出、吹塑、旋塑、热成型和发泡等成型方法。熔融黏度对温度比较敏感，熔融黏度大，流动性低，成型时要求有较高的成型温度和压力。

（9）聚甲醛（POM）。

①基本特性。

聚甲醛为白色粉末状固体或粒状固体，表面光滑且有光泽和滑腻感，硬而致密，呈现出半透明或不透明的特点。它的硬度大，模量高，刚性好，冲击强度、弯曲强度和疲劳强度高，耐磨性优异，有较小的蠕变性和吸水性；聚甲醛的热分解温度较低，属热敏性塑料，最高连续使用温度不高；在室温下具有较好的耐溶剂性；在潮湿的环境中保持尺寸和形状的稳定性强。聚甲醛的热稳定性和热氧稳定性差，耐候性不好，经大气老化后性能一般都要下降。

②应用。

广泛应用于代替各种有色金属和合金制造汽车、机械、仪表、农机、化工等行业的各种零部件。

③成型特点。

聚甲醛吸湿性较小，水分对其成型工艺影响较小，一般可不干燥。聚甲醛最主要的加工方法是注射和挤出，还可以进行吹塑、焊接、机械加工和表面施彩等。聚甲醛熔融温度范围窄，热稳定性差，加工温度不宜超过250℃，熔体不宜于料筒中停留过长时间。在保证物料充分塑化的条件下应尽量降低温度，并提高注射压力和速度，增加熔料充模能力。结晶度高，体积收缩率大，需采用保压补料方式防止收缩。聚甲醛熔体凝固速度很快，会造成充模困难及制品表面出现褶皱、毛斑、溶结痕等缺陷。制品有浅的侧凹时可强行脱模。

（10）聚甲基丙烯酸甲酯（PMMA）。

①基本特性。

聚甲基丙烯酸甲酯又称亚加力，在热塑料中透明度是最高的，白光的穿透性高达92%。PMMA制品具有很低的双折射和室温蠕变特性。随着负荷加大、时间增长，可导致应力开裂现象。PMMA具有较好的抗冲击特性。密度只是无机玻璃的一半，冲击强度却是它的10倍，耐气候变化特性优异，做天窗20年如新。黏度大、吸水性低，但是对制品的尺寸影响很大。表面强度不高，易划伤；质脆，易开裂。燃烧时无火焰，熄灭后有强烈的花果臭味和腐烂的蔬菜臭味，最大允许含水量为0.05%。

②应用。

应用于汽车工业（信号灯设备、仪表盘等）、医药行业（储血容器等）、工业应用（影碟、灯光散射器）和日用消费品（饮料杯、文具等）。

③成型特点。

PMMA具有吸湿性，加工前的干燥处理是必需的。PMMA黏度大，流动性稍差，因此必须高料温、高注射压力注塑才行，其中注射温度的影响大于注射压力，但提高注射压力有利于改善产品的收缩率。注射温度范围较宽，熔融温度为160℃，而分解温度达270℃，因此料温调节范围宽，工艺性较好。从注射温度着手，可改善流动性；提高模温，改善冷凝过程。其具有克服冲击性差、耐磨性不好、易划花、易脆裂等缺陷。

（11）聚对苯二甲酸乙二酯（PETP）。

①基本特性。

聚对苯二甲酸乙二酯是由对苯二甲酸与乙二醇进行缩聚反应制得的，也是生产涤纶纤维的原料。这种聚酯具有良好的耐热性和耐磨性，而且有一定强度和优良的不透气性；在高温下有很强的吸湿性；对于玻璃纤维增强型的PETP材料来说，在高温下还非常容易发生弯曲形变；可以通过添加结晶增强剂来提高材料的结晶程度；用PETP加工的透明制品具有光泽度和热扭曲温度；可以向PETP中添加云母等特殊添加剂使弯曲变形减小到最小。如果使用较低的模具温度，那么使用非填充的PETP材料也可获得透明制品。

②应用。

应用于汽车工业（结构器件如反光镜盒，电气部件如车头灯反光镜等）、电器元件（马达壳体、电气连接器、继电器、开关、微波炉内部器件等）和工业应用（泵壳体、手工器械等）。

③成型特点。

聚对苯二甲酸乙二酯吸湿性较强，加工前必须进行干燥处理。成型温度高，且料温调节范围窄（260℃～300℃），但熔化后流动性好，故工艺性差，且往往在射嘴中要加防流涎装置。机械强度及性能注射后不高，必须通过拉伸工序和改性才能改善性能。模具温度准确控制，是防止翘曲、变形的重要因素，因此建议采用无流道模具。模具温度高，否则会引起表面光泽差和脱模困难。

（12）聚砜（PSF）。

①基本特性。

聚砜是分子主链中含有链节的热塑性树脂，有聚芳砜和聚醚砜两种。PSF是略带琥珀色非晶型透明或半透明聚合物，力学性能优异，刚性大，耐磨，强度高，即使在高温下也能保持优良的机械性能是其突出的优点，其温度范围为－100℃～＋150℃，长期使用温度为160℃，短期使用温度为190℃，热稳定性高，耐水解，尺寸稳定性好，能进行一般机械加工和电镀。抗蠕变性能比聚碳酸酯还好，无毒，耐辐射，耐燃，有熄性。在宽广的温度和频率范围内有优良的电性能。化学稳定性好，在无机酸、碱的水溶液、醇、脂肪烃中不受影响，但对酮类、氯化烃不稳定，不宜在沸水中长期使用。耐紫外线和耐气候性较差，耐疲劳强度差。

②应用。

主要用于电子电气、食品和日用品、汽车、航空、医疗和一般工业等部门，制作各种接触器、接插件、变压器绝缘件、可控硅帽、绝缘套管、线圈骨架、接线柱、印刷电路板、轴套、罩、电视系统零件、电容器薄膜、电刷座、碱性蓄电池盒、电线电缆包覆。PSF还可做防护罩元件、电动齿轮、蓄电池盖、飞机内外部零配件、宇航器外部防护罩、照相器挡板、灯具部件、传感器；代替玻璃和不锈钢做蒸汽餐盘、咖啡盛器、微波烹调器、牛奶盛器、挤奶器部件、饮料和食品分配器；卫生及医疗器械方面做外科手术盘、喷雾器、加湿器、牙科器械、流量控制器、起槽器和实验室器械，可用于镶牙，黏接强度高；还可做化工设备(泵外罩、塔外保护层、耐酸喷嘴、管道、阀门容器)、食品加工设备、奶制品加工设备、环保控制传染设备等。

聚芳砜（PASF）和聚醚砜（PES）耐热性更高，在高温下仍保持优良机械性能。

③成型特点。

聚砜成型前要预干燥至水分含量小于0.05%，可进行注射、压缩、挤出、热成型、吹塑成型等加工。聚砚为非结晶型塑料，成型收缩率小，熔体黏度高，其熔融料流动性差，对温度变化敏感，冷却速度快，控制黏度是加工关键，加工后宜进行热处理，消除内应力，可做成精密尺寸塑件。

（13）酚醛塑料（PF）（热固性塑料）。

①基本特性。

酚醛塑料是以酚醛树脂为基础制得的，酚醛树脂本身很脆，呈琥珀玻璃态，没有明确的熔点，固体树脂可在一定温度范围内软化或熔化，能溶于酒精、丙酮、苯和甲苯，不溶于矿物油和植物油；刚性好，变形小，耐热耐磨，能在150℃～200℃的温度范围内长期使用，在水润滑条件下有极低的摩擦系数；酚醛树脂塑料有良好的电性能，在常温时有较高的绝缘性能，是一种优良的工频绝缘材料。其缺点是质脆，冲击强度差。

②应用。

主要用于制造齿轮、轴瓦、导向轮、轴承及电气绝缘件、汽车电器和仪表零件。石棉布层压塑料主要用于高温下工作的零件，木质层压塑料适用于在水润滑冷却下的轴承及齿轮等。

③成型特点。

成型工艺主要有压缩成型、注射成型和压注成型。成型性能好；模温对流动性影响较大，一般当温度超过160℃时流动性迅速下降；硬化时放出大量热，厚壁大型制品易发生硬化不匀及过热现象。

（14）环氧树脂（热固性塑料）。

①基本特性。

环氧树脂是含有环氧基的高分子化合物，具有很强的黏结能力，是人们熟悉的“万能胶”的主要成分，耐化学药品，耐热，具有良好的电气绝缘性能，收缩率小；比酚醛树脂有较好的力学性能。其缺点是耐气候性差、耐冲击性低、质地脆。

②应用。

环氧树脂可用作金属和非金属材料的黏合剂，用来制造日常生活和文教用品，封闭各种电子元件，可在湿热条件下使用。用环氧树脂配以石英粉等来浇铸各种模具，还可以作为各种产品的防腐涂料。

③成型特点。

主要有压缩成型、压注成型两种，流动性好，硬化速度快；用于浇注时，浇注前应加脱模剂，因环氧树脂热刚性差、硬化收缩小，故难于脱模；硬化时不析出任何副产物，成型时无须排气。

（15）氨基塑料（热固性塑料）。

氨基塑料由氨基化合物与醛类（主要是甲醛）经缩聚反应而得到，主要包括脲－甲醛（UF）、三聚氰胺－甲醛等（MF）。

①基本特性及应用。

脲－甲醛塑料是脲－甲醛树脂和漂白纸浆等制成的压缩粉，着色性好，色泽鲜艳，外观光亮，无特殊气味，不怕电火花，有灭弧能力，防霉性良好，耐热、耐水性比酚醛塑料弱。在水中长期浸泡后电气绝缘性能下降。脲－甲醛大量用来制造日用品、航空和汽车的装饰件及电气照明用设备的零件、电话机、收音机、钟表外壳、开关插座及电气绝缘零件。

三聚氰胺－甲醛是由三聚氰胺－甲醛树脂和石棉滑石粉等制成的，着色性好，色泽鲜艳，外观光亮，无毒，耐弧性和电绝缘性良好，耐水、耐热性较高；在－20℃～100℃的温度范围内性能变化小，重量轻，不易碎，能耐茶、咖啡等污染性强的物质。三聚氰胺－甲醛主要用作餐具、航空茶杯及电器开关、灭弧罩和防爆电器等矿用电器的配件。

②成型特点。

氨基塑料含水分及挥发物多，使用前需预热干燥。主要成型方法有压缩成型、压注成型，收缩率大，且成型时有弱酸性分解及水分析出；流动性好，硬化速度快。因此，预热及成型温度要适当，装料、合模及加工速度要快。带嵌件的塑料易产生应力集中，尺寸稳定性差。

3. 塑件材料的选用

材料会影响到塑件的使用性能、塑件的成型制定、塑件成型的难易程度、塑件的生产成本以及塑件的质量。到目前为止，作为原材料的树脂种类已达到上万种，实现工业化生产的也不下千余种。但实际上并不是所有工业化的树脂品种都获得了具体应用，在具体应用中，最常用的树脂品种不外乎二三十种。因此，我们所说的塑料材料的选用，一般只局限于几个品种之间。

在实际选用过程中，有些树脂在性能上十分接近，难分伯仲，需要多方考虑、反复权衡，才可以确定下来。因此，塑料材料的选用是一项十分复杂的工作，缺乏可遵循的规律。对于某一塑件，从选材这个角度应从以下几方面加以考虑：

（1）材料的使用性能要达到制品性能的要求，要充分了解塑件的使用环境和实际使用要求。主要从以下几个方面考虑：

①塑料的力学性能，如强度、刚性、韧性、弹性、弯曲性能、冲击性能以及对应力的敏感性等是否满足使用要求。

②塑料的物理性能，如对使用环境温度变化的适应性、光学特性、绝热或电气绝缘的程度、精加工和外观的完美程度等是否满足使用要求。

③塑料的化学性能，如对接触物（水、溶剂、油、药品）的耐性以及使用上的安全性等是否满足使用要求。

根据材料性能数据选材时，塑料和金属之间有明显的差别，对金属而言，其性能数据基本上可用于材料的筛选和制品设计。但对具有黏弹性的塑料却不一样，各种测试标准和文献记载的聚合物性能数据是在许多特定条件下测定的，通常是在短时期作用力或者指定温度或低应变速率下测定的，这些条件可能与实际工作状态差别较大，尤其不适于预测塑料的使用强度和对升温的耐力，所有的塑料选材在引用性能数据时一定要注意与使用条件和使用环境是否相吻合，如不吻合则要把全部所引数据转换成与实际使用性能有关的工程性能，并根据要求的性能进行选材。

（2）材料的工艺性能要满足成型工艺的要求。材料的工艺性能对成型工艺能否顺利实施及模具结构的确定和产品质量的影响很大，在选材时要认真分析材料的工艺性能，如塑料收缩率的大小、各向收缩率的差异，以及流动性、结晶性和热敏性等，以便正确制定成型工艺及工艺条件，合理设计模具结构。

（3）选用塑料材料时，要首选成本低的材料，以便制成物美价廉的塑件，提高其在市场上的竞争力。塑件的成本主要包括原料的价格、加工费用、使用寿命和使用维护费等。

在实际生产中，找出了一些塑料材料选用的规律，我们可根据这些规律作为塑料材料的选用原则。

（1）一般质轻、比强度高的结构零件用塑料。

一般结构零件，例如罩壳、支架、连接件、手轮、手柄等，通常只要求具有较低的强度和耐热性能，有的还要求外形美观，这类零件批量较大，要求有低廉的成本，大致可选用的塑料有改性聚苯乙烯、低价聚乙烯、聚丙烯、ABS 等。其中前三种塑料经玻璃纤维增强后能显著提高机械强度和刚性，还能提高热变形温度。在精密、综合性能要求高的塑件中，使用最普遍的是 ABS。

有时也采用一些综合性能更好的塑件达到某一项较高性能指标，如尼龙 1010 和聚碳酸酯等。

（2）耐磨损传动零件用塑件。

要求有较高的强度、刚性、韧性及耐磨损和耐疲劳性，并有较高的热变形温度。如各种轴承、齿轮、凸轮、蜗轮、蜗杆、齿条、辊子、联轴器等，优先选用的塑件有 MC 尼龙、聚甲醛、聚碳酸酯；其次是聚酚氧、氯化聚醚、线性聚酯等。其中 MC 尼龙可在常压下于模具内快速聚合成型，用来制造大型塑件。各种仪表中的小模数齿轮可用聚碳酸酯制造；聚酚氧特别适用于精密零件及外形复杂的结构件；而氯化聚醚可用做腐蚀性介质中工作轴承、齿轮等，以及摩擦传动零件与涂层。

（3）减摩自润滑零件用塑料。

这类零件一般受力较少，对机械强度要求往往不高，但运动速度较高，要求具有低的摩擦系数，如活塞环、机械运动密封圈、轴承和装卸用箱框等。这类零件选用的材料为聚四氟乙烯和各种填充物的聚四氟乙烯以及用聚四氟乙烯粉末或纤维填充的聚甲醛、低压聚乙烯。

（4）耐腐蚀零件用塑料。

塑料具有很高的耐腐蚀性，其耐腐蚀性仅次于玻璃及陶瓷材料，一般比金属好。不同品种塑料的耐腐蚀性不同，大多数塑料不耐强酸、强碱及强氧化剂。若要求耐强酸、强碱及强氧化剂，则应选各种氟塑料，如聚四氟乙烯、聚全氟乙丙烯、聚三氟乙烯及聚偏氟乙烯等。一些化工管道、容器及需要润滑的结构部件都宜应用耐腐蚀塑料材料制造。

（5）耐高温零件用塑料。

一般结构零件和耐磨损传动零件所选用的塑料，大多只能在80℃～150℃温度下工作，当受力较大时，只能在60℃～80℃温度下工作。对于耐高温零件的塑料，除了有各种氟塑料外，还有聚苯醚、聚酰亚胺、芳香尼龙等，它们大多可以在150℃以上工作，有的还可以在260℃～270℃下长期工作。

（6）光学用塑料。

目前光学塑料已有十余种，可根据不同用途选用。常有的光学塑料有聚甲基丙烯酸甲酯、聚碳酸酯、聚苯乙烯、聚甲基戊烯－1、聚丙烯、烯丙基二甘醇碳酸酯、苯乙烯丙烯酸酯共聚物、丙烯青共聚物等。另外，环氧树脂、硅树脂、聚硫化物、聚酯、透明聚酰胺等也是可供选择的光学材料。光学塑料在军事上已应用于夜视仪器、飞行器的光学系统、全塑潜望镜、三防（核、化学、生物）保护眼睛等。在民用领域，也已应用于照相机、显微镜、望远镜、各种眼镜、复印机、传真机、激光打印机等生活、办公设备，及视屏光盘等新型家用电器。

选择光学材料的主要依据是光学性能，即投射率、折射率、散射及对光的稳定性。因使用条件的不同，还应考虑其他方面的性能，如耐热、耐磨损、抗化学侵蚀及电性能等。

2.2.2　塑件尺寸精度及结构工艺性分析

1. 塑件尺寸

塑件总体尺寸的大小取决于塑料的流动性，流动性好的塑料可以成型较大尺寸的塑件，对于薄壁塑件或流动性差的塑料（如玻璃纤维增强塑料）进行注射成型和压注成型时，塑件尺寸不宜过大，以免熔体不能充满型腔或形成熔接痕，影响塑件外观和结构强度。为保证良好的成型，还应从成型工艺和塑件壁厚考虑，如提高成型温度、增加成型压力和塑件壁厚等。此外，注射成型的塑件尺寸受注射机的公称注射量、锁模力和模板尺寸的限制；压缩和压注成型的塑件尺寸受压力机最大压力及台面尺寸的限制。

2. 塑件尺寸精度

所获得的塑件尺寸与产品图中尺寸的符合程度，即所获得塑件尺寸的准确度，即为塑件尺寸精度。精度的高低取决于成型工艺及使用的材料。在满足使用要求的前提下，应尽可能将塑件尺寸精度设计得低一些。

影响塑件尺寸精度的因素很多，首先是模具制造精度对其影响最大；其次是塑料收缩率的波动；三是在成型过程中，模具的磨损等原因造成模具尺寸不断变化，也会影响塑件尺寸变化；四是成型时工艺条件的变化、飞边厚度的变化以及脱模斜度都会影响塑件精度。

目前，我国尚没有统一的塑件尺寸精度和公差标准，原第四机械工业部根据国内的塑料工业水平，制定了塑件的尺寸公差标准和尺寸精度等级选用表，如表2－2和表2－3所示。

该标准可供设计塑件及模具时参考。

按此标准，塑件的精度分为 8 个等级，其中 1、2 级属于精密技术级，只在特殊要求下使用，对于未注公差要求的自由尺寸，建议采用标准中的 8 级精度，表 2－2 中只列出了标准公差值，其基本尺寸的上、下偏差可根据塑件的配合性质进行分配。塑件上孔的公差采用基准孔，取表中数值并冠以“＋”号；塑件上轴的公差采用基准轴，取表中数值并冠以“－”号；中心距及其他位置尺寸公差采用双向等值偏差。

例：孔 $\phi300+1.2$，轴 $\phi300-1.2$，中心距 300 ± 0.6。

表 2－2 塑件公差数值 SJ/T 10628—1995

公差尺寸 /mm	精度等级							
	1	2	3	4	5	6	7	8
	公差数值/mm							
~3	0.04	0.06	0.08	0.12	0.16	0.24	0.32	0.48
3~6	0.05	0.07	0.08	0.14	0.18	0.28	0.36	0.56
6~10	0.06	0.08	0.1	0.16	0.2	0.32	0.4	0.61
10~14	0.07	0.09	0.12	0.18	0.22	0.36	0.44	0.72
14~18	0.08	0.1	0.12	0.2	0.24	0.4	0.48	0.8
18~24	0.09	0.11	0.14	0.22	0.28	0.44	0.56	0.88
24~30	0.1	0.12	0.16	0.24	0.32	0.48	0.64	0.96
30~40	0.11	0.13	0.18	0.26	0.36	0.52	0.72	1.04
40~50	0.12	0.14	0.2	0.28	0.4	0.56	0.8	1.2
50~65	0.13	0.16	0.22	0.32	0.46	0.64	0.92	1.4
65~80	0.14	0.19	0.26	0.38	0.52	0.76	1.04	1.6
80~100	0.16	0.22	0.3	0.44	0.6	0.88	1.2	1.8
100~120	0.18	0, 25	0.34	0.5	0.68	1	1.36	2
120~140		0.28	0.38	0.56	0.76	1.12	1.52	2.22
140~160		0.31	0.42	0.62	0.84	1.24	1.68	2.4
160~180		0.34	0.46	0.68	0.92	1.36	1.84	2.7
180~200		0.37	0.5	0.74	1	1.5	2	3
200~225		0.41	0.56	0.82	1.1	1.64	2.2	3.3
225~250		0.45	0.62	0.9	1.2	1.8	2.4	3.6
250~280		0.5	0.68	1	1.3	2	2.6	4
280~315		0.55	0.74	1.1	1.4	2.2	2.8	4.4
315~355		0.6	0.82	1.2	1.6	2.4	3.2	4.8
355~400		0.65	0.9	1.3	1.8	2.6	3.6	5.2
400~450		0.7	1	1.4	2	2.8	4	5.6
450~500		0.8	1.1	1.6	2.2	3.2	4.4	6.4

由于塑件的尺寸精度与塑料品种有关，故根据塑料品种不同，各种塑料的公差等级可分为高精度、一般精度和低精度三个等级（表 2－3）。表中未被列出的塑料，可根据塑件成型后的尺寸稳定性参照表 2－3 选择精度等级。选择精度等级时，应考虑脱模斜度对尺寸公差

的影响。

表 2－3　塑件精度等级的选用

类别	塑料名称	建议采用的精度等级		
		高精度	一般精度	低精度
1	聚苯乙烯； ABS； 聚碳酸酯； 聚砜； 聚苯醚； 酚醛塑料； 氨基塑料； 聚甲基丙烯酸甲酯	3	4	5
2	聚酰胺 6、66、610、9、10； 氯化聚醚； 聚氯乙烯（硬）	4	5	6
3	聚甲醛； 聚苯烯； 聚乙烯（高密度）	5	6	7
4	聚氯乙烯（软）； 聚乙烯（低密度）	6	7	8

工程塑件尺寸公差也可参阅标准 GB/T 14486—1993《工程塑料模塑塑料件尺寸公差标准》确定，塑件尺寸公差的代号为 MT，公差等级分 7 级。该标准规定了热固性和热塑性工程塑料成型塑件的尺寸公差。

3. 塑件表面质量

塑件的表面质量包括塑件的表观质量和塑件表面粗糙度。塑件的表观质量指的是塑件成型后的表观缺陷状态，如常见的缺料、溢料、飞边、凹陷、气孔、熔接痕、银纹、翘曲与收缩及尺寸不稳定等，它们是由塑件成型工艺条件、塑件成型原材料选择、模具总体设计等多种因素造成的。

塑件的表面粗糙度低，则塑件的外观质量高。塑件的表面粗糙度，除了在成型时从工艺上尽可能避免冷疤、云纹、起泡等缺陷外，主要决定因素是模具成型零件的表面粗糙度，塑件的表面粗糙度一般为 1.6 ~ 0.2 μm，对塑件的表面粗糙度没有要求的（如通常的型芯），塑件的表面粗糙度与模具的表面粗糙度一致；而对制品的表面粗糙度有要求的（如通常的型腔），模具的表面粗糙度一般比塑件的表面粗糙度高 1 ~ 2 级。因此，为降低模具加工成本，在设计塑件时，表面粗糙度应能满足使用要求。

需要注意的是：在成型过程中，由于模具型腔磨损使模具表面粗糙度不断增大，会使塑件表面粗糙度增大，所以应在使用一段时间后进行抛光复原。对透明的塑件要求模具的型腔和型芯表面粗糙度相同。

塑件表面粗糙度参照表 2－4 中 GB/T 14234—1993《塑料件表面粗糙度标准－不同加工方法和不同材料所能达到的表面粗糙度》选取。

表 2－4　不同加工方法和不同材料所能达到的表面粗糙度（GB/T 14234—1993）

加工方法	塑料		*Ra* 参数值范围/μm										
			0.025	0.050	0.100	0.200	0.40	0.80	1.60	3.20	6.30	12.50	25
注射成型	热塑性塑料	PMMA	●	●	●	●	●	●	●				
		ABS	●	●	●	●	●	●	●				
		AS	●	●	●	●	●	●	●				
		聚碳酸酯		●	●	●	●	●	●				
		聚苯乙烯		●	●	●	●	●	●	●			
		聚苯烯			●	●	●	●	●				
		尼龙			●	●	●	●	●				
		聚乙烯			●	●	●	●	●	●	●		
		聚甲醛		●	●	●	●	●	●	●			
		聚砜				●	●	●	●	●			
		聚氯乙烯				●	●	●	●	●			
		聚苯醚				●	●	●	●	●			
		氯化聚醚				●	●	●	●	●			
		PBT				●	●	●	●	●			
	热固性塑料	氨基塑料				●	●	●	●	●			
		酚醛塑料				●	●	●	●	●			
		硅酮塑料				●	●	●	●	●			
压缩和压注成型		氨基塑料				●	●	●	●	●			
		酚醛塑料				●	●	●	●	●			
		嘧胺塑料			●	●	●						
		硅酮塑料				●	●						
		DAP					●	●	●	●			
		不饱和聚酯					●	●	●	●			
		环氧塑料				●	●	●	●	●			
机械加工		PMMA	●	●	●	●	●	●	●	●	●		
		尼龙							●	●	●	●	
		聚四氟乙烯						●	●	●	●	●	
		聚氯乙烯							●	●	●	●	
		增强塑料							●	●	●	●	●

注：模塑增强塑料 *Ra* 数值应相应增大两个档次。

4. 塑件的结构工艺性

塑件的内、外表面形状应在满足使用要求的情况下尽可能易于成型，同时有利于模具结构简化。塑件的几何形状与成型方法、模具结构、脱模以及塑件质量等均有密切关系。

1）塑件的形状

塑件的内、外表面形状应易于成型，应尽量避免侧孔、侧凹或与塑件脱模方向垂直的孔，以避免模具采用侧向分型抽芯机构或者瓣合凹模（凸模）结构，否则因设置这些机构而使模具结构复杂，不但提高了模具的制造成本，而且还会在塑件上留下分型面线痕，增加了去除塑件飞边的修整量。如果塑件有成型侧孔和凸凹结构，则可在塑件使用要求的前提下，对塑件结构进行适当的修改，如图 2－19（a）所示形式需要侧抽芯机构，改为图 2－19（b）形式，取消侧孔，则无须侧抽芯机构。图 2－20（a）所示塑件内部表面有凹台，改为图 2－20（b）形式，取消凹台，便于脱模。图 2－21（a）所示塑件的内侧有凸起，需采用瓣合凹模，塑件模具结构复杂，塑件表面有接缝，改为图 2－21（b）形式，取消塑件上的侧凹结构，模具结构简单。图 2－22（a）所示塑件在取出模具前，必须先由抽芯机构抽出侧型芯，然后才能取出，模具结构复杂，改为图 2－22（b）侧孔形式，无须侧向型芯，模具结构简单。

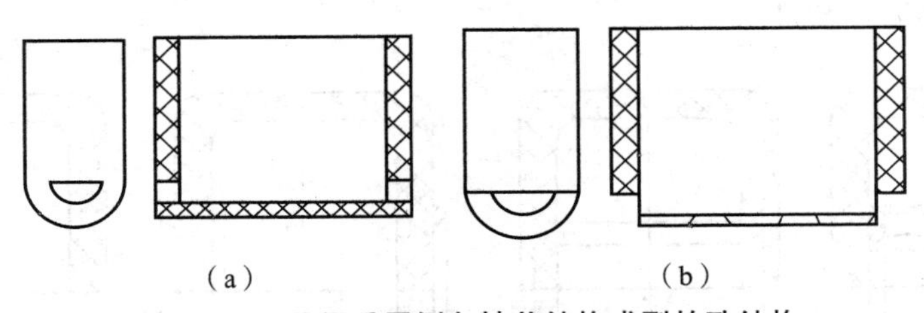

图 2－19　无须采用侧向抽芯结构成型的孔结构

（a）原结构；（b）改进后结构

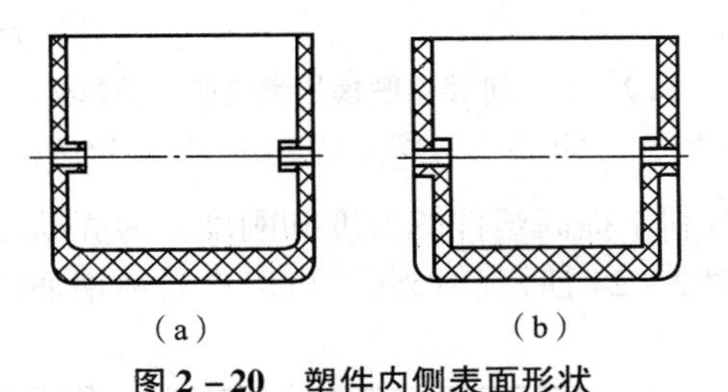

图 2－20　塑件内侧表面形状

（a）原结构；（b）改进后结构

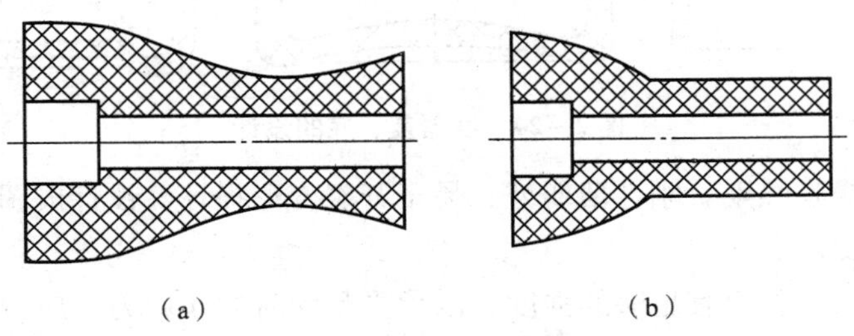

图 2－21　避免塑件上不必要的侧凹结构

（a）原结构；（b）改进后结构

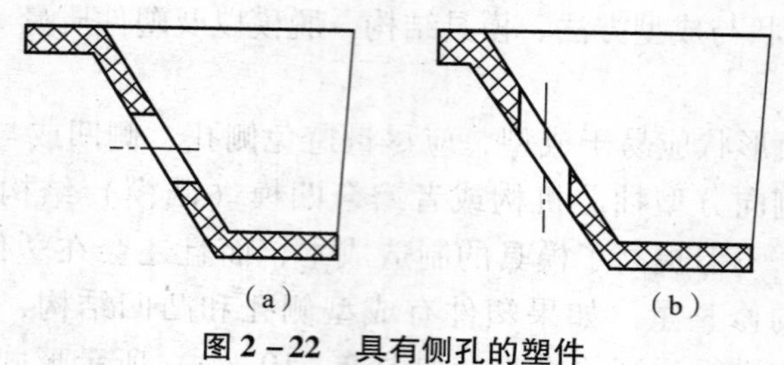

图 2-22　具有侧孔的塑件

(a) 原结构；(b) 改进后结构

当塑件侧壁的凹槽（或凸台）深度（或高度）较浅并带有圆角时，可采用整体式凸模或凹模结构，利用塑料在脱模温度下具有足够弹性的特性，采用强制脱模的方式将塑件脱出。如图 2-23 所示的塑件内凹和外凸，塑件侧凹深度必须在要求的合理范围内，同时将凹凸起伏处设计为圆角或斜面过渡结构。如成型塑件的塑料为聚乙烯、聚丙烯、聚甲醛这类带有足够弹性的塑料时，模具均可采取强制脱模方式，但在多数情况下，带侧凹的塑件不宜采用强制脱模，以免损坏塑件。

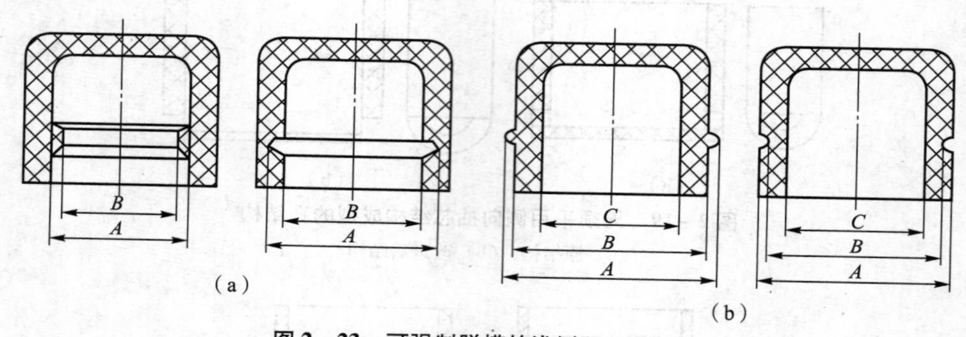

图 2-23　可强制脱模的浅侧凹、凸结构

(a) $(A-B)\times100\%/B\leqslant5\%$；(b) $(A-B)\times100\%/C\leqslant5\%$

设计塑件的形状还应有利于提高塑件的强度和刚度。薄壳状塑件可设计成球面或拱形曲面，如容器盖或底设计成图 2-24 所示的形状，可以有效地增加刚性、减少变形。

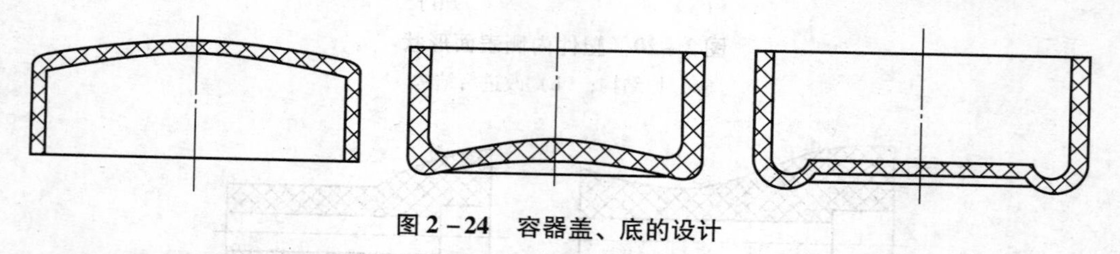

图 2-24　容器盖、底的设计

薄壁容器的边缘是强度、刚性薄弱处，易于开裂变形损坏，设计成图 2-25 所示的形状可增强刚度、减小变形。

紧固用的凸耳或台阶应有足够的强度，以承受紧固时的作用力；应避免台阶突然过渡和支承面过小，凸耳应用加强筋加强，如图 2-26 所示；当塑件较大、较高时，可在其内壁及外壁设计纵向圆柱、沟槽或波纹状形式的增强结构，图 2-27 所示为局部加厚侧壁尺寸，以预防侧壁翘曲的情况。

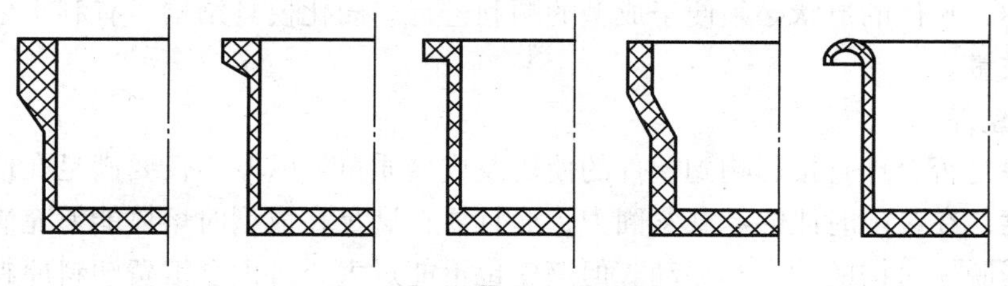

图 2－25 容器边缘的增强设计

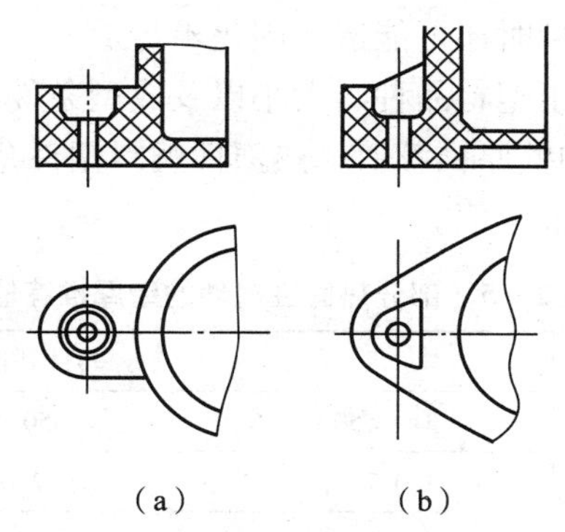

图 2－26 塑件紧固用的凸耳

（a）不合理；（b）合理

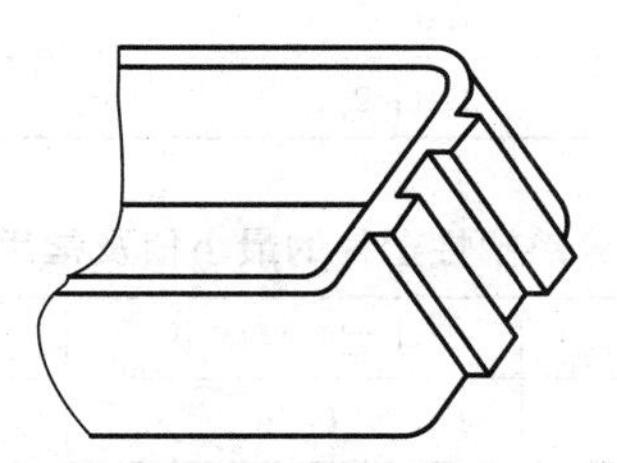

图 2－27 侧壁的增强

针对一些软塑料（如聚乙烯）矩形薄壁容器，成型后内凹翘曲，如图 2－28（a）所示，应采取的预防措施是将塑件侧壁设计得稍微外凸，待内凹后刚好平直，如图 2－28（b）所示。图 2－28（c）所示为在不影响塑件使用要求的前提下将塑件各边均设计成弧形，从而使塑件不易产生翘曲变形。

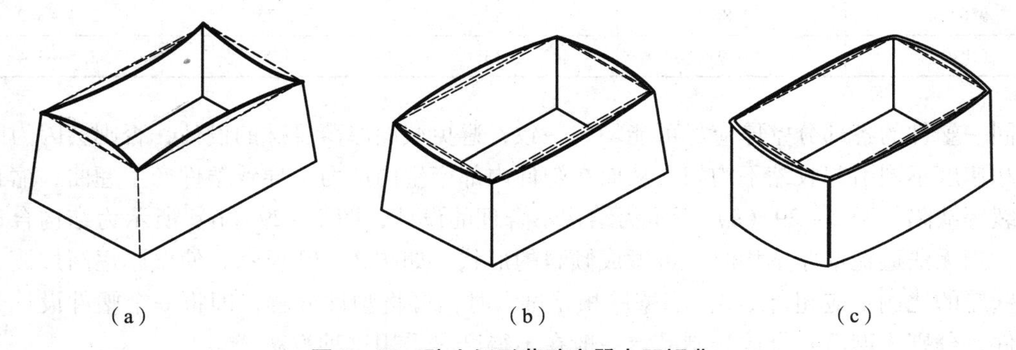

图 2－28 防止矩形薄壁容器内凹翘曲

此外，塑件的形状还应考虑分型面位置，以有利于飞边和毛刺的去除。

综上所述，塑件的形状必须便于成型的顺利进行。简化模具结构，有利于生产率的提高和确保塑件质量。

2）塑件壁厚

塑件壁厚是否合理直接影响到塑件的使用及成型质量。壁厚不仅要满足在使用上有足够的强度和刚度，在装配时能够承载紧固力，而且要在满足在成型时熔体能够充满型腔，在脱模时能够承受脱模机构的冲击和振动。但壁厚也不能过大，过大会浪费塑料原料，增加塑件成本，同时也会增加成型时间和冷却时间，延长成型周期，还容易产生气泡、缩孔、凹痕、翘曲等缺陷，对热固性塑料成型时还可能造成固化不足。

塑件壁厚的大小主要取决于塑料品种、大小以及成型条件。热固性塑料塑件壁厚可参考表2-5部分热固性塑料塑件的壁厚推荐值，热塑性塑料塑件塑厚可参考表2-6部分热塑性塑料塑件的最小值及常用壁厚推荐值。

表2-5　部分热固性塑件的壁厚推荐值　mm

塑件材料	塑件外形高度		
	<50	50~100	>
粉状填料的酚醛塑料	0.7~2	2.0~3	5.0~6.5
纤维状填料的酚醛塑料	1.5~2	2.5~3.5	6.0~8.0
氨基塑料	1.0	1.3~2	3.0~4
聚酯玻璃纤维填料的塑料	1.0~2	2.4~3.2	>4.8
聚酯无机物填料的塑料	1.0~2	3.2~4.8	>4.8

表2-6　部分热塑性塑件的最小值及常用壁厚推荐值　mm

塑件材料	最小壁厚	小型塑件壁厚	中型塑件壁厚	大型塑件壁厚
尼龙	0.45	0.76	1.5	2.4~3.2
聚乙烯	0.6	1.25	1.6	2.4~3.2
聚苯乙烯	0.75	1.25	1.6	3.2~5.4
改性聚苯乙烯	0.75	1.25	1.6	3.2~5.4
有机玻璃（372#）	0.8	1.5	2.2	4~6.5
硬聚氯乙烯	1.2	1.60	1.8	4.2~5.4
聚丙烯	0.85	1.45	1.75	2.4~3.2
氯化聚醚	0.9	1.35	1.8	2.5~3.4

同一塑件的各部分壁厚应尽可能均匀一致，避免截面厚薄悬殊的设计，否则会因为固化或冷却速度不同引起收缩不均匀，从而在塑件内部产生内应力，导致塑件产生翘曲、缩孔甚至开裂等缺陷。图2-29（a）所示为结构不合理的设计，图2-29（b）所示为结构合理的设计。当无法避免壁厚不均时，可做成倾斜的形状，如图2-30所示，使壁厚逐渐过渡，但不同壁厚的比例不应超过1∶3。当壁厚相差过大时，可将塑件分解，即将一个塑件设计为两个塑件，分别成型后黏合成为制品。一般在不得已时采用这种方法。

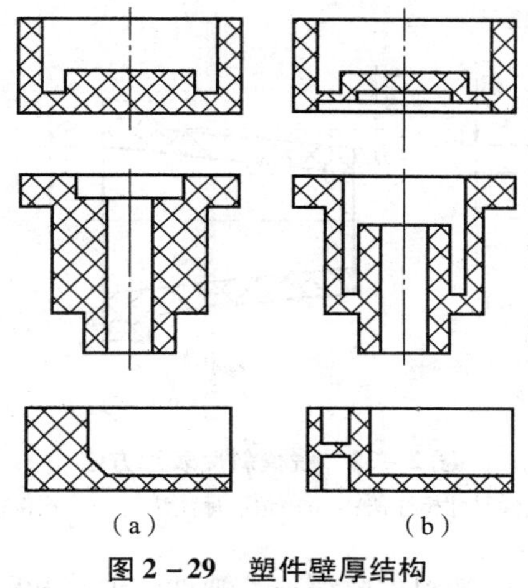

图 2-29　塑件壁厚结构

(a) 不合理；(b) 合理

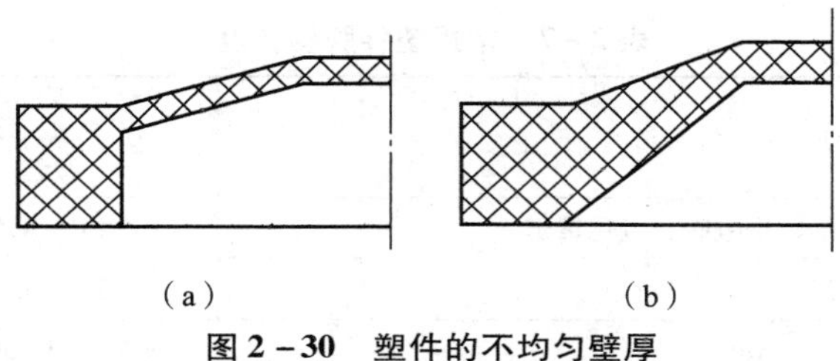

图 2-30　塑件的不均匀壁厚

(a) 不合理；(b) 合理

3) 脱模斜度

当塑件成型后，由于塑件冷却后产生收缩，会紧紧包住模具型芯或型腔中凸出的部分，为使塑件便于从模具中脱出，防止脱模时塑件的表面被擦伤和推顶变形，与脱模方向平行的塑件内外表面应有足够的斜度，即脱模斜度，如图 2-31 所示。脱模斜度表示方法有三种，即线性尺寸标注法、角度标注法和比例标注法，如图 2-32 所示。

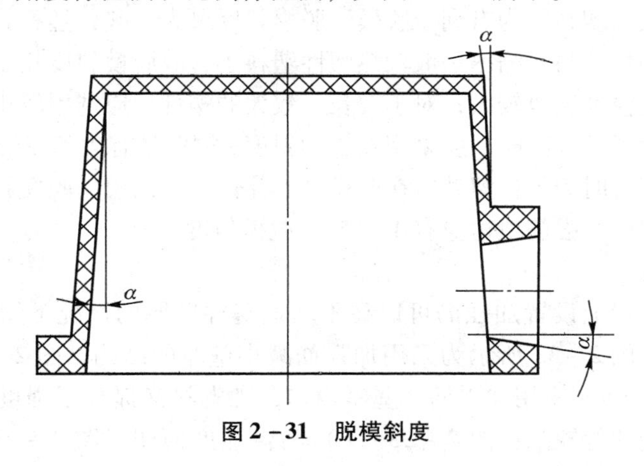

图 2-31　脱模斜度

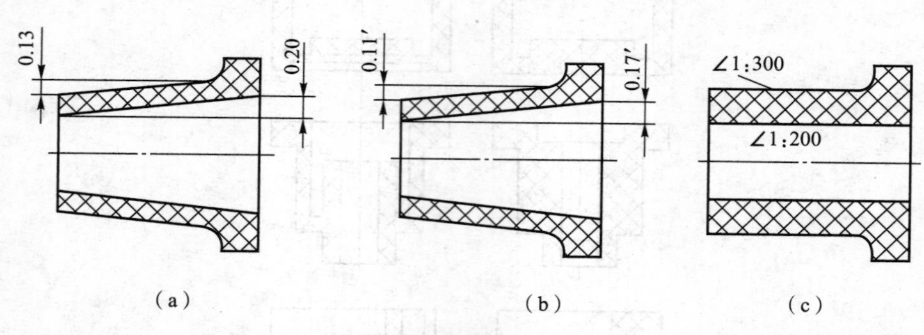

图 2-32　脱模斜度表示方法

(a) 线性尺寸标注法；(b) 角度标注法；(c) 比例标注法

脱模斜度的大小主要取决于塑料的收缩率、塑件的形状和壁厚以及塑件的部位。常用塑件脱模斜度参照表 2-7 取值。

表 2-7　常用塑件脱模斜度

塑料材料	脱模斜度	
	型腔	型芯
聚乙烯、聚苯烯、软聚氯乙烯、聚酰胺、氯化聚醚	25′~45′	20′~45′
硬聚氯乙烯、聚碳酸酯、聚砜	35′~45′	30′~50′
有机玻璃、聚苯乙烯、聚甲醛、ABS	35′~1 030′	30′~40′
热固性塑料	25′~40′	20′~50′
注：本表所列脱模斜度适用于开模后塑件留在凸模上的情形。		

脱模斜度的大小在设计时根据具体情况而定。一般来说，塑件高度在 25 mm 以下者可不考虑脱模斜度。但是，如果塑件结构复杂，即使脱模高度仅为几毫米，也必须设计脱模斜度。当塑件有特性要求时，外表面脱模斜度可小至 5′，内表面脱模斜度可小至 10′~20′。

对于较脆、较硬的塑料，为有利于脱模，脱模斜度可大一些；塑料收缩率大时应选用较大的脱模斜度。热固性塑料收缩率一般较热塑性塑料小，故脱模斜度相应小一些；厚壁塑件成型收缩大，选用脱模斜度也较大；对于较长、较大的塑件，应选用较小的脱模斜度；对于塑件形状复杂或精度要求较高时，应采用较小的斜度；侧壁带有皮革花纹，应留有 4°~6°的脱模斜度；开模时，有时为了让塑件留在凹模上，往往减小凹模的脱模斜度而增大凸模的脱模斜度；塑件上凸起或加强筋单边应有 4°~5°的脱模斜度。

4）塑件的加强筋

在塑件适当的位置上设置加强筋可以在不增加塑件壁厚的情况下增加塑件的强度、刚度，防止塑件变形。图 2-33 所示为采用加强筋减小壁厚的结构，图 2-33（a）的壁厚大而不均匀；图 2-33（b）采用加强筋，壁厚均匀，既省料又提高了强度、刚度，避免了气泡、缩孔、凹痕、翘曲等缺陷；图 2-33（c）凸台强度薄弱；图 2-33（d）增设了加强筋，提高了强度，同时改善了料流状况。加强筋的尺寸如图 2-34 所示。

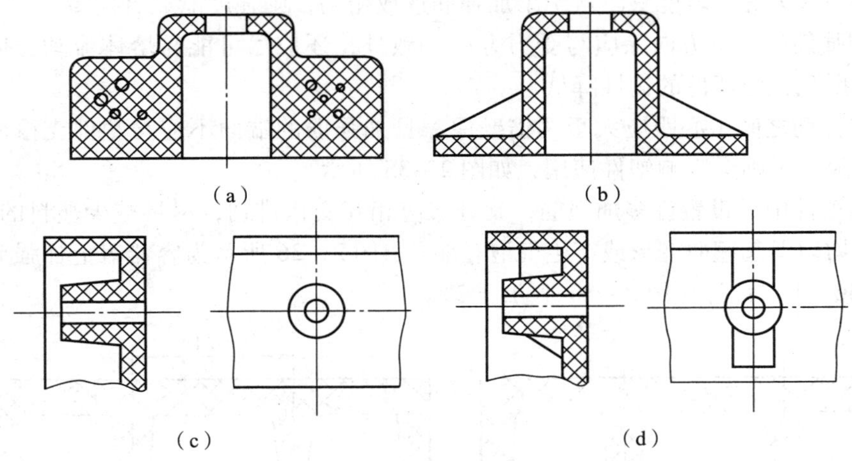

图 2－33　加强筋的设计

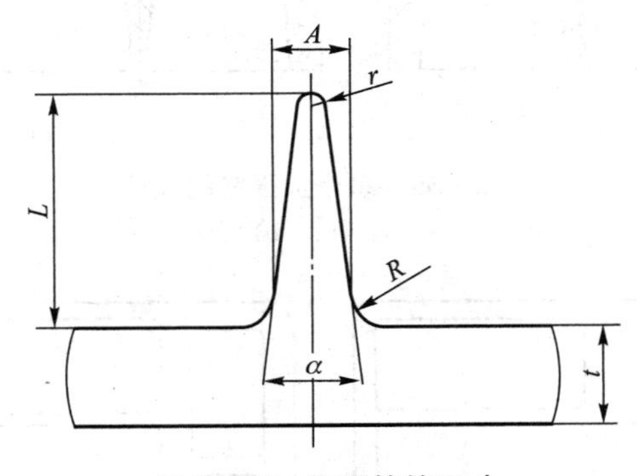

图 2－34　加强筋的尺寸

高度

$$L=(1-3)\ t$$

筋条厚度

$$A=(0.5-0.7)\ t$$

筋根过渡圆角

$$R=(1/8-1/4)\ t$$

收缩角

$$\alpha=2^\circ\sim5^\circ$$

筋端部圆角

$$r=t/8$$

当 $t\leqslant2$ mm，取 $A=t$。

加强筋的设置：

（1）加强筋的侧壁必须有足够的斜度，底部与壁连接应圆弧过渡，以防外力作用时产生应力集中而被破坏。

（2）加强筋厚度小于壁厚，否则壁面会因筋根部内切处的缩孔而产生凹陷。

（3）加强筋的高度不宜过高，以免筋部受力破损。为了得到较好的增强效果，以设计矮一些、多一些为好，若能够将若干个加强筋连成栅格，则强度能显著提高。

（4）加强筋的设置方向除应与受力方向一致外，还应尽可能与熔体流动方向一致，以免料流受到搅乱，使塑件的韧性降低。

（5）加强筋之间中心距应大于两倍壁厚，且加强筋的端面不应与塑件支撑面平齐，应留有一定间隙，否则会影响塑件使用，如图 2－35 所示。

（6）若塑件中需设置许多加强筋，其分布应相互交错排列，尽量减少塑料的局部集中，以免收缩不均匀引起翘曲变形或产生气泡和缩孔。图 2－36 所示为容器盖上加强筋的布置情况，图 2－36（b）设计比图 2－36（a）合理。

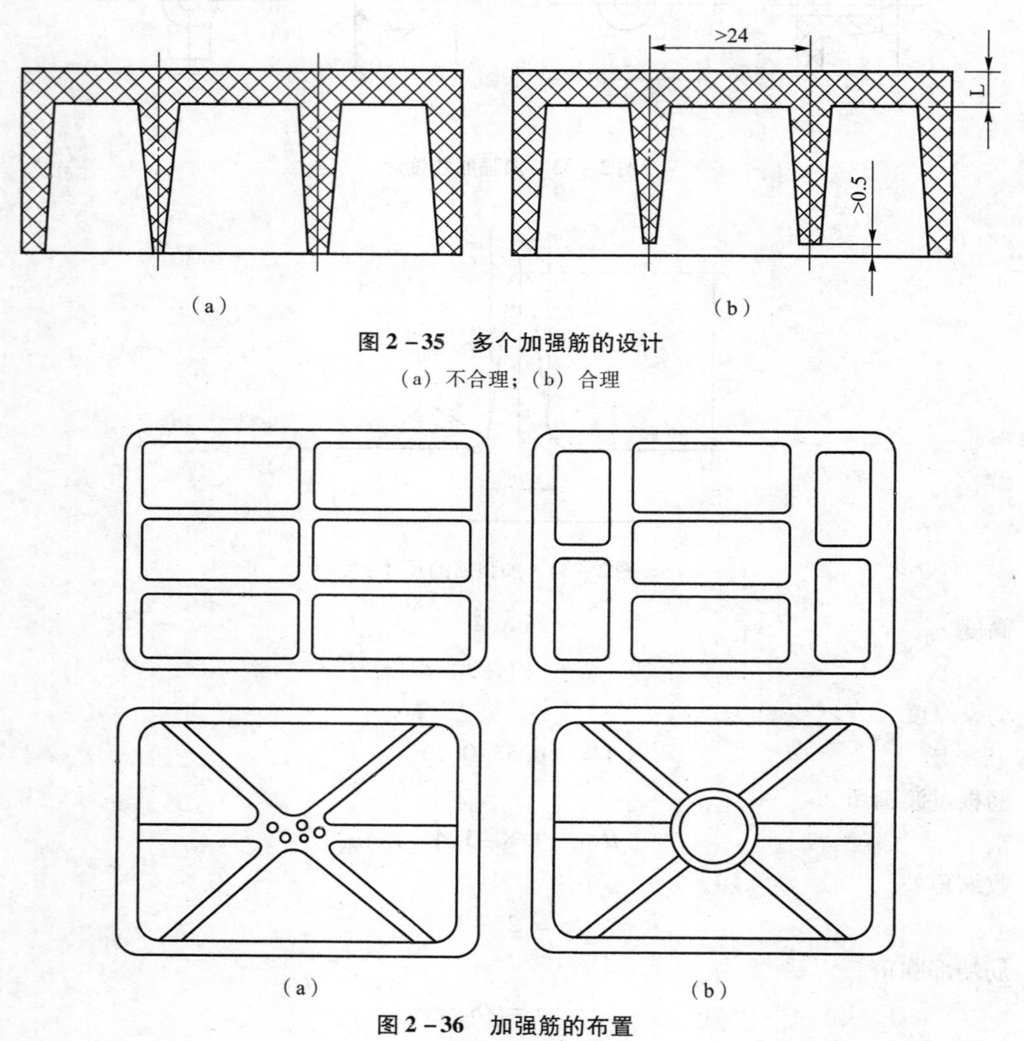

图 2－35　多个加强筋的设计

（a）不合理；（b）合理

（a）　　（b）

图 2－36　加强筋的布置

（a）不合理；（b）合理

5）塑件的支撑面

由于塑件稍许翘曲或变形就会造成底面不平，容易产生接触不稳，因而，以塑件整个底面作支撑面，一般来说是不合理的。为了平稳地起支撑塑件，通常都采用凸起的边框或底脚（三点或四点）为支撑面，如图 2－37 所示。

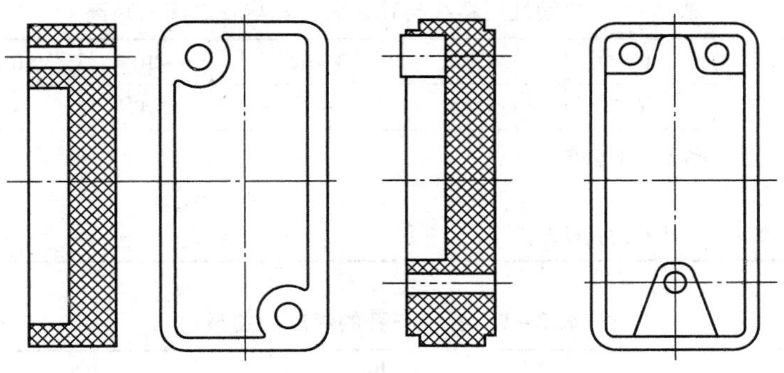

图 2-37　塑件的支撑面

6）塑件的圆角

由于带有尖角的塑件，在尖角处会产生应力集中，故在成型时，塑件容易开裂，或在使用时受到力或冲击振动时产生破裂，降低塑件强度。图 2-38 所示为塑件受应力作用时应力集中系数与圆角半径的关系。从图中可以看出，当 R/δ 在 0.3 以下时应力集中系数剧增，而在 0.8 以上时应力集中系数变化很小，因此理想的圆角半径应为壁厚的 1/3 以上。

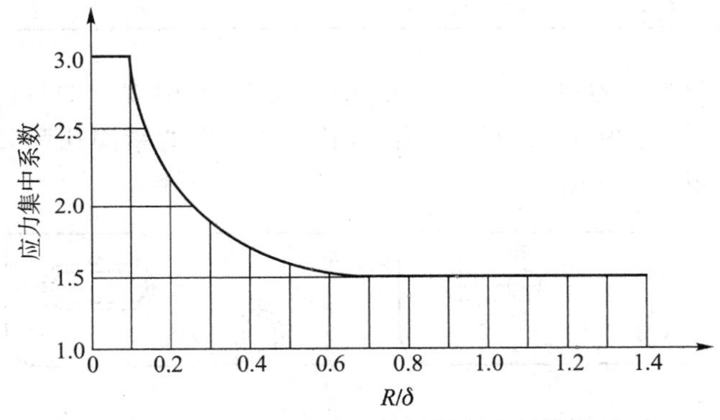

图 2-38　应力集中系数与圆角半径的关系

塑件上所有转角应尽可能采用圆弧过渡，采用圆弧过渡还能改善熔体在型腔中的流动状态，有利于充满型腔及便于塑件的脱模，同时使塑件美观。

若塑件结构无特殊要求，各连接处的圆角半径应不小于 0.5～1 mm，塑件内、外表面拐角处圆角半径的大小主要取决于塑件的壁厚，设计时内壁圆角半径应是厚度的 0.5 倍，外壁圆角半径应是厚度的 1.5 倍，壁厚不等的两壁转角可按平均壁厚确定内、外圆角半径。对于塑件上某些部位如分型面处、型芯与型腔配合处以及使用上有特殊要求的或不便做成圆角的部位必须以尖角过渡。

7）孔的设计

塑件在使用上经常需要设置一些孔，如紧固连接孔、定位孔、安装孔及特殊用途的孔等。常见的孔有通孔、盲孔（不通孔）、螺纹孔和形状复杂的异形孔等。塑件上的孔是用模具的型芯成型的，因此，孔的形状应力求简单，以免增加模具制造的难度，同时孔的位置应尽可能开设在强度大或厚壁部位；孔与孔之间、孔与壁之间均应有足够的距离，见表 2-8；孔径与孔的深度也有一定的关系，见表 2-9。

表 2-8 热固性塑料孔与孔之间、孔与壁之间的距离 mm

孔径	<1.5	1.5~3	3~6	6~10	10~18	18~30
孔间距、孔边距	1~1.5	1.5~2	2~3	3~4	4~5	5~7

注：1. 热塑性塑料为热固性塑料的75%。
2. 增强塑料宜取大值。
3. 两孔径不一致时，以小孔的孔径查表

表 2-9 孔径与孔的深度的关系

成型方式 \ 孔的形式		孔的深度：通孔	孔的深度：盲孔
压缩成型	横孔	2.5d	<1.5d
	竖孔	5d	<2.5d
注射或挤出成型		10d	4d~5d

注：1. d 为孔的直径。
2. 采用纤维塑料时，表中数值系数为 0.75

如果使用上要求两个孔的间距或孔的边距小于表 2-8 中规定的数值，如图 2-39（a）所示，可将孔设计成图 2-39（b）所示的结构形式。塑件的紧固孔和其他受力孔四周可采用凸边予以加强，如图 2-40 所示。

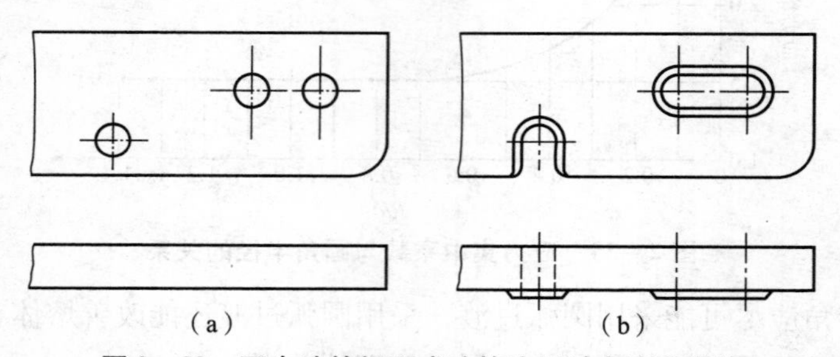

图 2-39 两个孔的间距或孔的边距过小改进设计

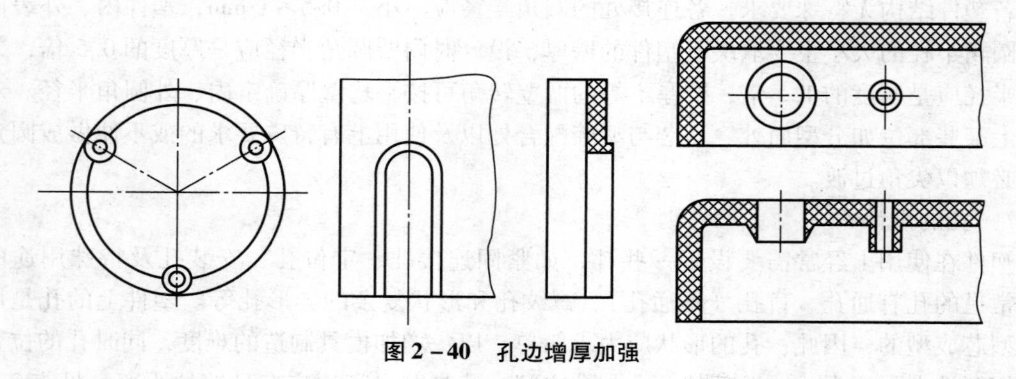

图 2-40 孔边增厚加强

固定孔多数采用图 2-41（a）所示的沉头螺钉孔形式；图 2-41（c）所示的沉头螺钉孔形式较少采用；由于设置型芯不便，一般不采用 2-41（b）所示的沉头螺钉孔形式。

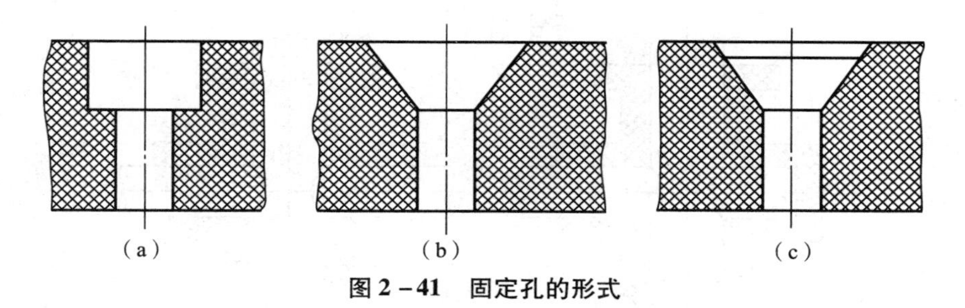

图 2－41　固定孔的形式

通孔的成型方法如图 2－42 所示，图 2－42（a）形成通孔的型芯由一端固定，成型时在另一端分型面会产生不易修整的横向飞边，成型孔的深度不易太深或直径不易太小，否则型芯会发生弯曲。图 2－42（b）采用两个一端固定的型芯组合成型，在型芯结合处会产生横向飞边，由于不易保证两个型芯的同轴度，故设计时应使其中一个型芯直径比另一个大 0.5～1 mm，这样即使稍不同心，仍能保证安装和使用。和图 2－42（a）形式相比，其特点是型芯长度缩短，型芯稳定性增加。图 2－42（c）由一端固定、另一端导向固定来成型，型芯强度和刚度好，能保证孔的轴向精度。但导向一端由于磨损，长期使用易产生圆周纵向飞边。

盲孔只能用一端固定的型芯成型。对于与熔体流动方向垂直的孔，当孔径在 1.5 mm 以下时，为了防止型芯弯曲，孔深以不超过孔径的两倍为好。一般情况下，注射成型或压注成型时，孔深小于 4 倍孔径。压缩成型时，孔深小于 2.5 倍孔径。当孔径较小深度太大时，孔只能通过成型后再机械加工的方法获得。

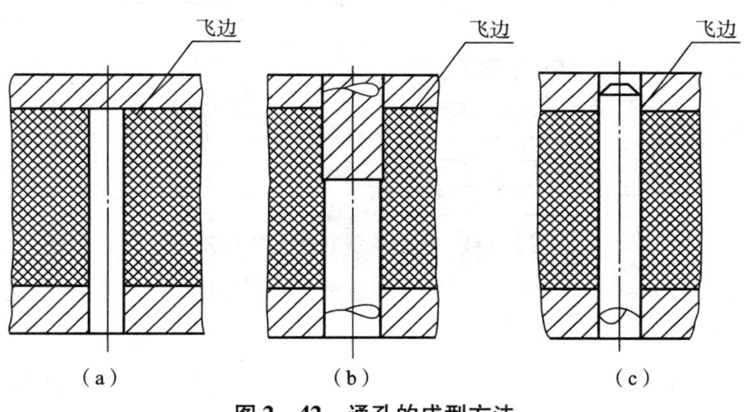

图 2－42　通孔的成型方法

互相垂直的孔或相交的孔，在压缩成型塑件中不宜采用，在注射成型和压注成型中可以采用，但两个孔不能互相嵌合，如图 2－43（a）所示，型芯中间要穿过侧型芯，这样容易产生故障，应采用图 2－43（b）所示的结构形式。成型时，小孔型芯从两边抽芯后，再抽大孔型芯。塑件上需要设置侧壁孔时，为使模具结构简化，应尽量避免侧向抽芯机构。

对于某些斜孔或形状复杂的异形孔，为避免侧向抽芯，简化模具，可考虑采用拼合的型芯成型，如图 2－44 所示。

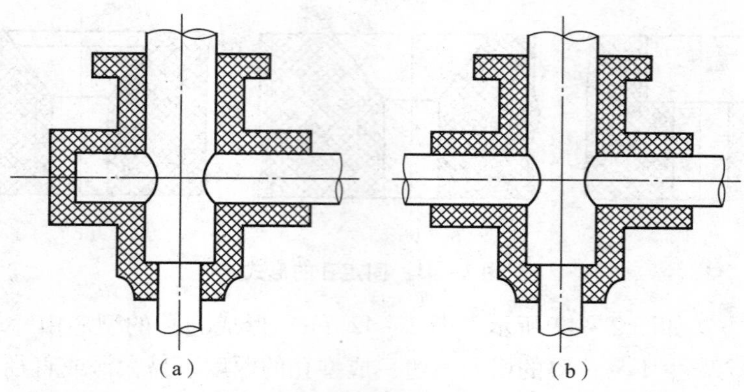

图 2-43 两相交孔的设计

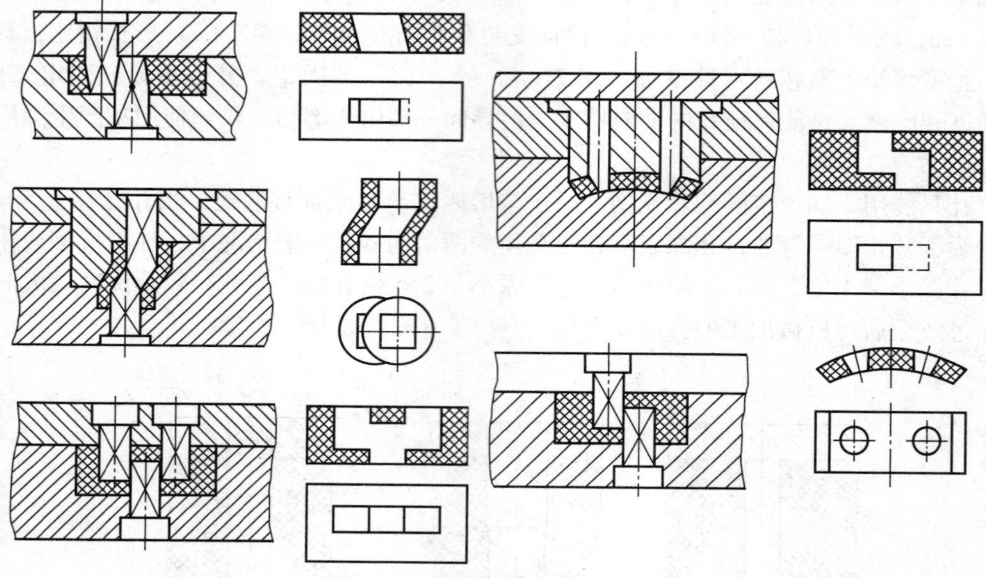

图 2-44 拼合的型芯成型复杂孔

8）文字、符号及花纹

（1）文字、符号。

由于某些使用上的特殊要求，塑件上经常需要带有文字、符号或花纹（如凸、凹纹、皮革纹等）。模具上的凹形标志及花纹易于加工，塑件上一般采用凸形文字、符号或花纹，如图 2-45（a）所示。如果塑件上不允许有凸起，或在文字符号上需涂色，可将凸起的标志设在凹坑内，如图 2-45（b）所示，此种结构形式的凸字在塑件抛光或使用时不易损坏。模具设计时也可采用活块结构，即在活块中刺凹字，然后镶入模具中，如图 2-45（c）所示，其制造较方便。

塑件上的文字、符号等凸出的高度应不小于 0.2 mm，通常以 0.8 mm 为宜，线条宽度应不小于 0.3 mm，两线条之间的距离应不小于 0.4 mm，字体或符号的脱模斜度应大于 10°，一般以边框比字体高出 0.3 mm 以上为宜。

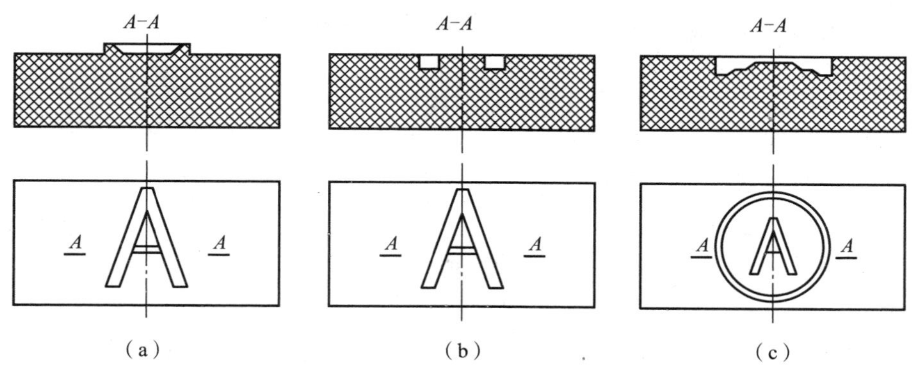

图 2－45　塑件上标记符号形式

(2) 花纹。有些塑件外表面设有条形花纹，如手轮、手柄、瓶盖、按钮等，设计时考虑其条纹的方向应与脱模的方向一致，以便于塑件脱模和制造模具。如图 2－46 所示，图 2－46 (a)、(d) 所示塑件脱模困难，模具结构复杂；图 2－46 (c) 所示分型面处飞边不易除去；图 2－46 (b) 所示结构则易于除去分型面处的圆形飞边；图 2－46 (e) 所示结构脱模方便，模具结构简单，制造方便，且飞边易于除去。塑件侧表面的皮革纹是依靠侧壁斜度来保证脱模的。

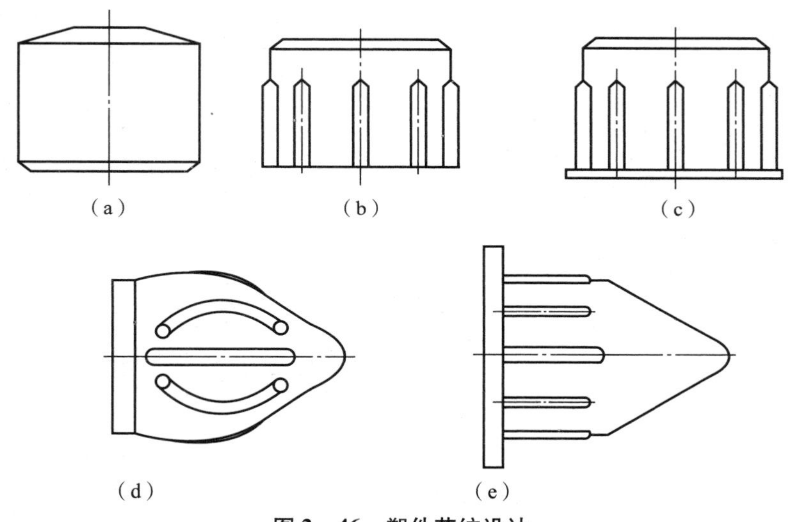

图 2－46　塑件花纹设计

9) 螺纹、齿轮及嵌件

塑件上的螺纹成型方法有三种：成型时直接成型；成型后进行机械加工；采用金属的螺纹嵌件。本节不对此进行深入描述，具体设计时请参考手册。

塑料齿轮在机械、电子、仪表等工业部门得到广泛应用，其常用的塑料有聚酰胺、聚碳酸酯、聚甲醛和聚砜等。为了使塑料齿轮适应注射成型工艺，齿轮的轮缘、辐板和轮毂应有一定的厚度。本书不对此进行深入描述，具体设计时请参考手册。

在塑件成型时，将金属或非金属零件嵌入其中，与塑件连成不可拆卸的整体，所嵌入的零件则称为嵌件。嵌件一般为金属材料，也有用非金属材料的。本书不对此进行深入描述，具体设计时请参考手册。

2.2.3 课内实践

（1）针对盖形塑件进行塑件工艺分析。
（2）绘制塑料脸盆或其他简单塑料件。
（3）针对塑料脸盆进行材料选择。
（4）针对塑料脸盆进行塑件工艺分析。
（5）绘制图 2－19、图 2－20 和图 2－44 的 3D 示意图。

单元三　分型面的选择与浇注系统的设计

教学内容：
分型面的选择、型腔布局、浇注系统的设计和排气设计。
教学重点：
分型方法及分型面的制作，侧浇口浇注系统的设计。
教学难点：
分型面的制作。
目的要求：
能合理选择分型面；能制作分型面；能设计侧浇口浇注系统。
建议教学方法：
结合多媒体课件讲解，软件操作演示。

2.3.1 简单塑件图分型面的选择与浇注系统的设计

本小节将简单介绍盒盖注塑模具分型面的选择及浇注系统的设计。

1. 型腔数目与型腔布局

此盒盖注塑模具为一模两穴，塑件相对原点对称布置，如图 2－47 所示。

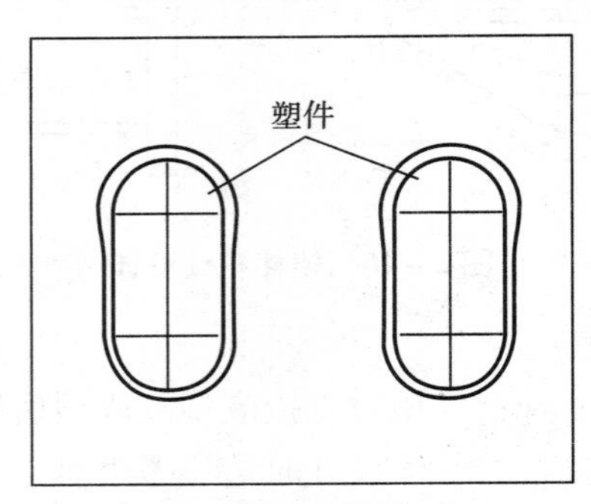

图 2－47　型腔布局

2. 分型面的选择

根据分型面应选在塑件截面最大处，考虑到脱模时塑件的脱模斜度，该盒盖塑件的分型面选择如图 2－48 所示。利用 3D 软件分模的效果见本项目的单元一。

3. 浇注系统的选择

该塑件精度要求低，尺寸不大，批量一般，这里采用的是一模两穴的侧浇口形式，设计

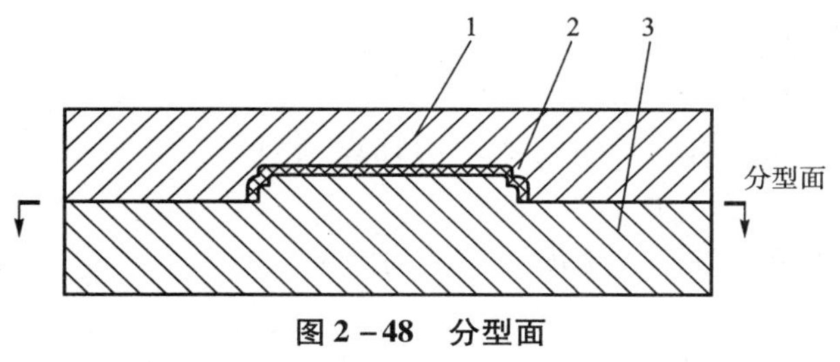

图 2－48　分型面

1—型腔；2—塑件；3—型芯

后的图形如图 2－49 所示，浇口位置在塑件的同一地方。这里采用的是直径为 4 mm 的分流道，矩形浇口为 2.0 mm×0.8 mm×1.5 mm。

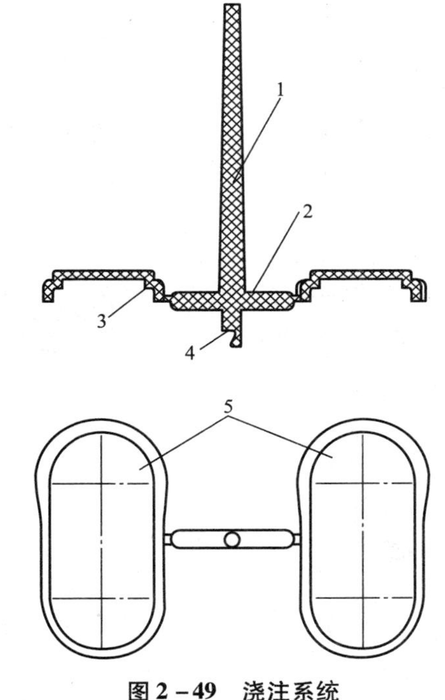

图 2－49　浇注系统

1—主流道；2—分流道；3—浇口；4—冷料穴；5—塑件

4. 排气及引气系统设计

该塑件的分型面是塑件的最底部，型腔较小，排气与引气方式有两种，一种是通过分型面排气，另一种是通过推杆与型芯之间的间隙排气。

2.3.2　分型面的设计

分型面是模具上用于取出塑件或浇注系统凝料的可分离的接触表面。

按分型面的位置分有垂直于注射机开模运动方向的分型面，如图 2－50（a）、（b）、（c）、（f）所示；平行于开模方向的分型面，如图 2－50（e）所示；倾斜于开模方向的分型面，如图 2－50（d）所示。

按分型面的形状分有平面分型面，如图 2－50（a）所示；曲面分型面，如图 2－50（b）所示；阶梯形分型面，如图 2－50（c）所示。

1. 分型面的数量

(1) 常见的单分型面模是指只有一个与开模运动方向垂直的分型面。

(2) 有时为了取出浇注系统凝料，如采用针点浇口时，需增设一个取出浇注系统凝料的辅助分型面，如图 2－50（f）所示。

(3) 有时为了实现侧向抽芯，也需要另增辅助分型面。

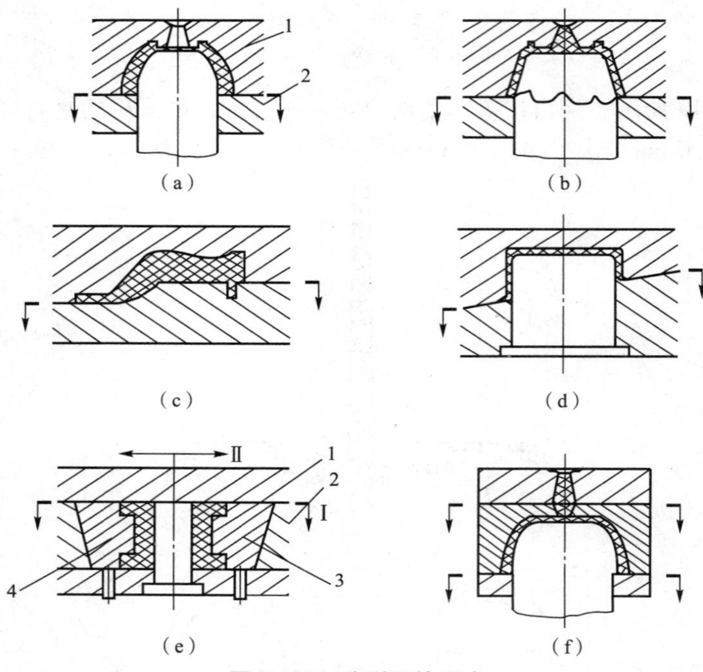

图 2－50　分型面的形式

(a) 平面分型面；(b) 曲面分型面；(c) 阶梯形分型面；
(d) 斜面分型面；(e) 瓣合分型面；(f) 双分型面
1—定模；2—动模；3，4—瓣合模块

(4) 对于有侧凹或侧孔的制品，如图 2－50（e）所示（线圈骨架），则可采用平行于开模方向的瓣合模式分型面，开模时先使动模与定模面分开，然后再使瓣合模面分开。

2. 分型面选择原则

总的原则：保证塑件质量，且便于制品脱模和简化模具结构。

(1) 分型面应便于塑件脱模和简化模具结构，尽可能使塑件开模时留在动模，便于利用注射机锁模机构中的顶出装置带动塑件脱模机构工作。若塑件留在定模，将增加脱模机构的复杂程度。见表 2－10 中示例 1、2。

表 2－10 中示例 3，当塑件外形较简单，而内形带有较多的孔或复杂的孔时，塑件成型收缩将包紧在型芯上，型腔设于动模不如设于定模脱模方便，后者仅需采用简单的推板脱模机构便可使塑件脱模。

表 2－10 中示例 2 图（a），当塑件带有金属嵌件时，因嵌件不会因收缩而包紧型芯，型腔若仍设于定模，将使模件留在定模，导致脱模困难，故应将型腔设在动模（见图（b））。

表 2－10 中示例 4，对带有侧凹或侧孔的塑件，应尽可能将侧型芯置于动模部分，以避免在定模内抽芯。同时应使侧抽芯的抽拔距离尽量短，见表 2－10 中示例 5。

表 2－10　分型面选择原则

选择原则		示例		
			不合理	改进
便于塑件脱模和简化模具结构	尽可能使塑件留于动模	1	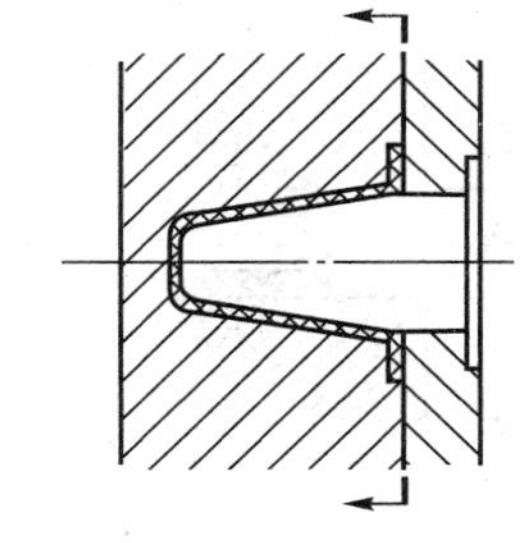 （a）	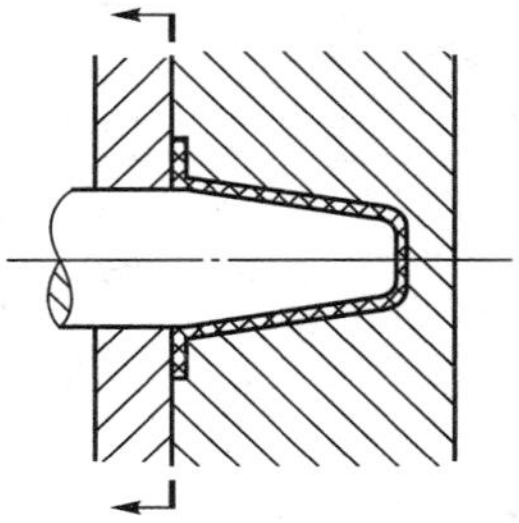 （b）
		2	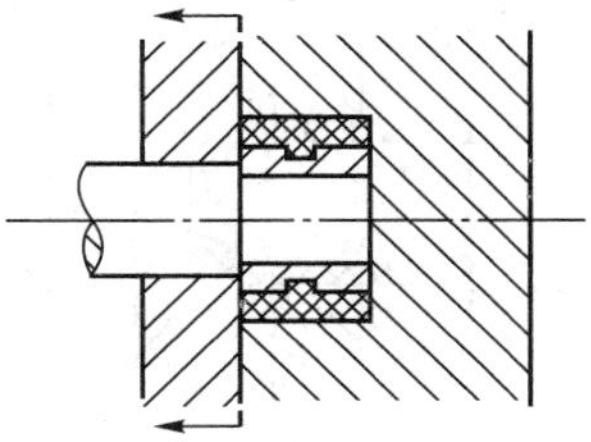 （a）	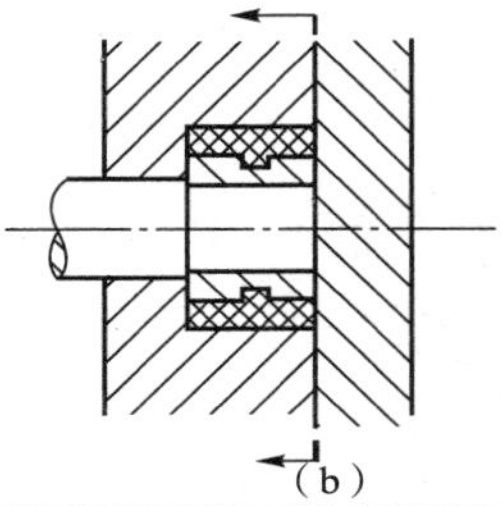 （b）
	便于推出塑件	3	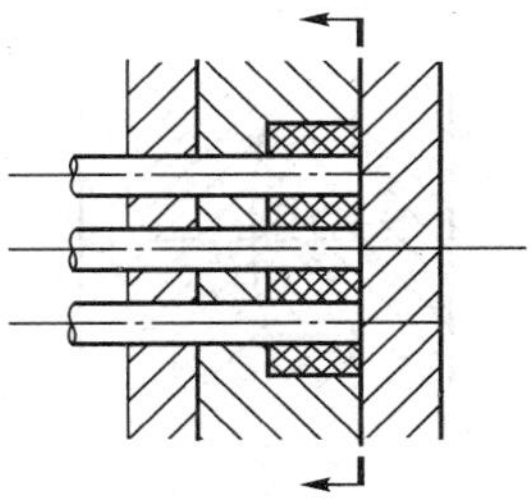 （a）	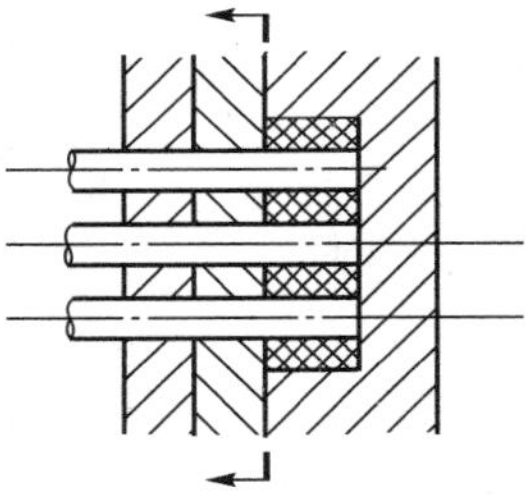 （b）
	侧孔侧凹优先置于动模	4	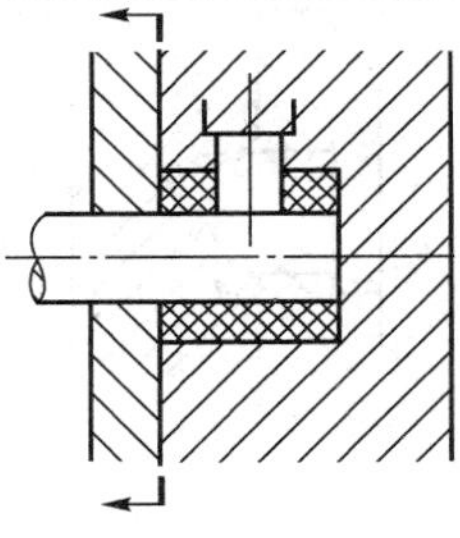 （a）	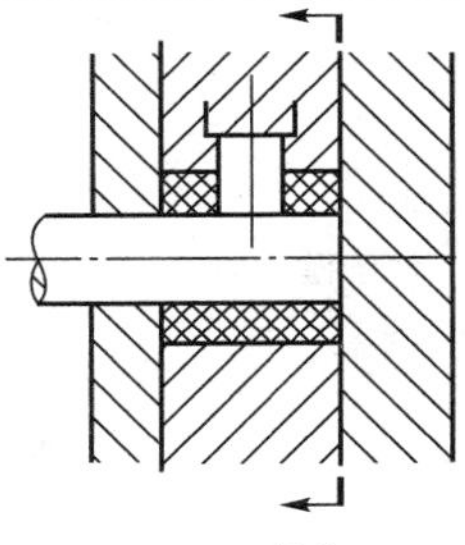 （b）
	侧抽芯抽拔距离尽量短	5	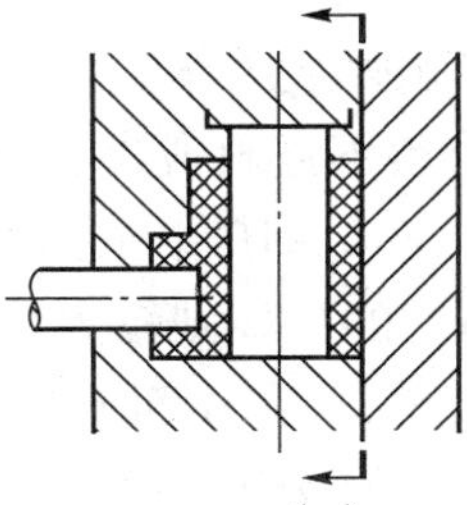 （a）	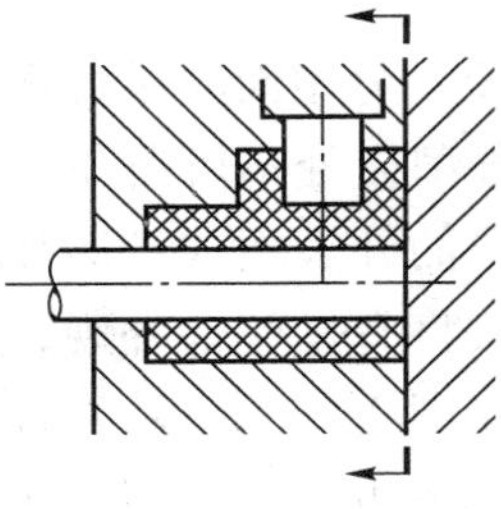 （b）

续表

选择原则			示例	
			不合理	改进
保证塑件质量	利于保证塑件外观	6	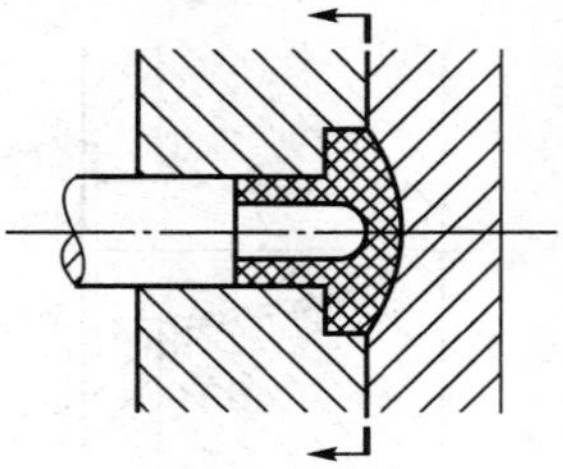 (a)	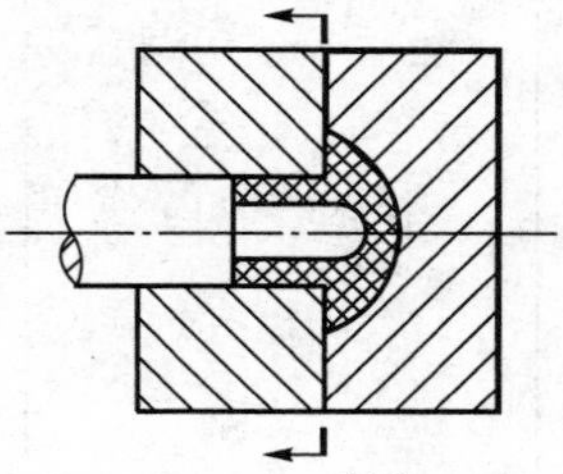 (b)
	利于保证塑件精度	7	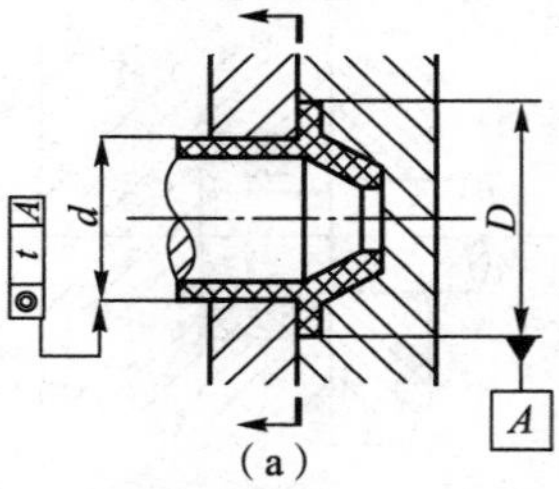 (a)	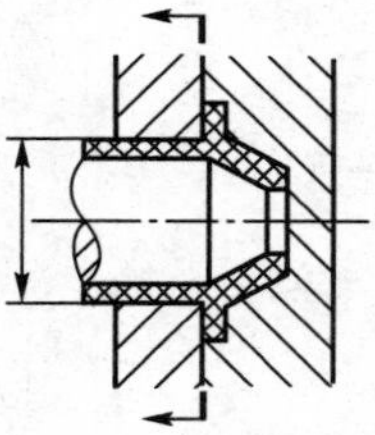 (b)
	利于排气	8	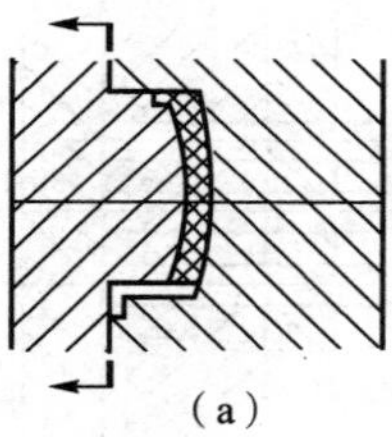 (a)	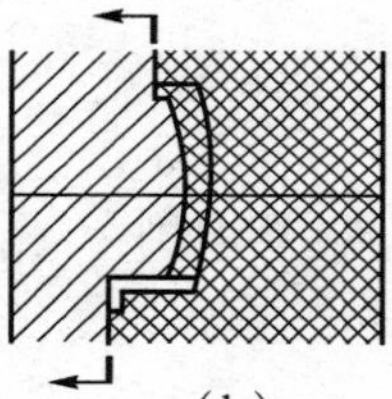 (b)
便于模具加工		9	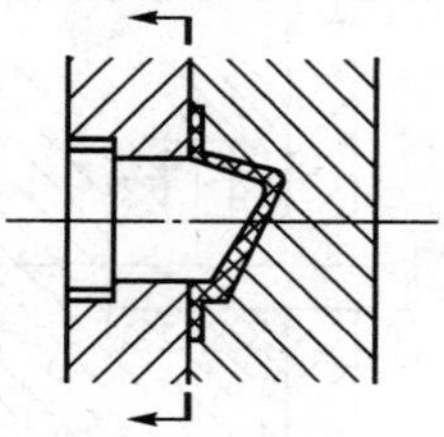 (a)	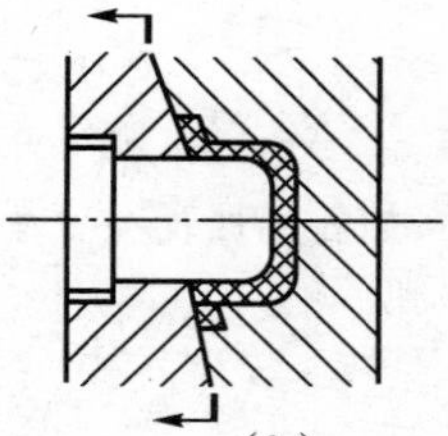 (b)

（2）分型面应尽可能选择在不影响外观的部位，并使其产生的溢料边易于消除或修整。

分型面处不可避免地要在塑件上留下溢料或拼合缝痕迹，分型面最好不要设在塑件光亮平滑的外表面或带圆弧的转角处。表 2－10 中示例 6，带有球面的塑件，若采用图（a）的形式将有损塑件外观，改用图（b）的形式则较为合理。分型面还会影响塑件飞边的位置，如图 2－51 所示塑件；图 2－51（a）在 *A* 面产生径向飞边，图 2－51（b）在 *B* 面产生径向飞边，若改用图 2－51（c）所示结构，则无径向飞边，设计时应根据塑件使用要求和塑料性能合理选择分型面。

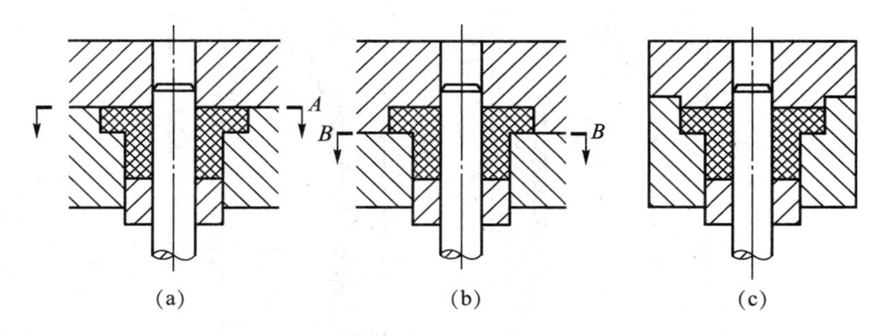

图 2－51　分型面对制品飞边的影响

（3）分型面的选择应保证塑件尺寸精度。

表 2－10 中示例 7 塑件，D 和 d 两表面有同轴度要求，选择分型面应尽可能使 D 与 d 同置于动模成型，见图（b）。若分型面选择图（a），D 与 d 分别在动模与定模内成型，由于合模误差，故不利于保证其同轴度要求。

（4）分型面选择应有利于排气。

应尽可能使分型面与料流末端重合，这样才有利于排气，见表 2－10 中示例 8 图（b）。

（5）分型面选择应便于模具零件的加工。

表 2－10 中示例 9，图（a）采用一垂直于开模运动方向的平面作为分型面，凸模零件加工不便，而改用倾斜分型面（见图（b）），则可使凸模便于加工。

（6）分型面选择应考虑注射机的技术规格。

如图 2－52 所示的弯板塑件，若采用图 2－52（a）所示的形式成型，当塑件在分型面上的投影面积接近注射机最大成型面积时，将可能产生溢料；若改为图 2－52（b）所示形式成型，则可克服溢料现象。

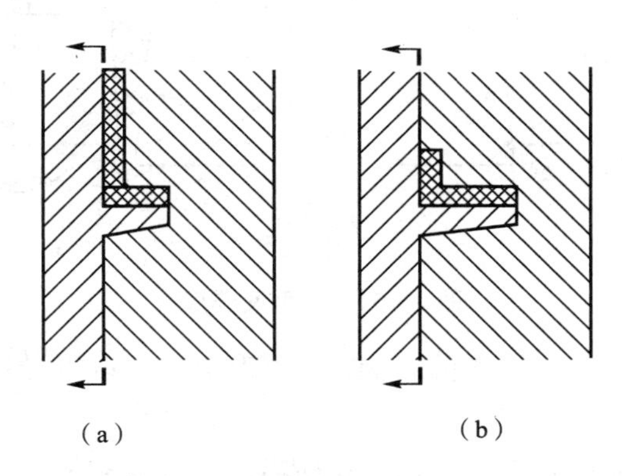

图 2－52　注射机最大成型面积对分型面的影响

如图 2－53 所示杯形塑件，其高度较大，若采用图 2－53（a）所示垂直于开模运动方向的分型面，则取出塑件所需开模行程将超过注射机的最大开模行程。当塑件外观无严格要求时，可改用图 2－53（b）所示平行于开模方向的瓣合模分型面，但将使塑件上留下分型面痕迹，影响塑件外观。

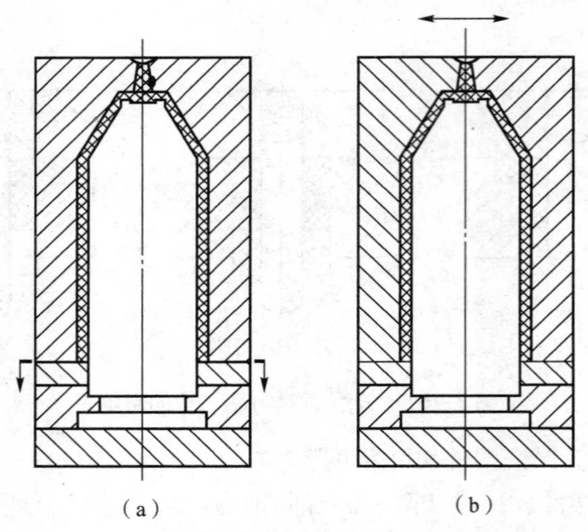

图 2-53　注射机最开模行程对分型面大的影响

在应用上述原则选择分型面时，有时会出现相悖，如图 2-54 所示塑件，当对制品外观要求高、不允许有分型痕迹时宜采用图 2-54（a）所示的形式成型，但当塑件较高时将使制品脱模困难或两端尺寸差异较大，因此在对制品外观无严格要求的情况下，可采用图 2-54 所示的形式成型。

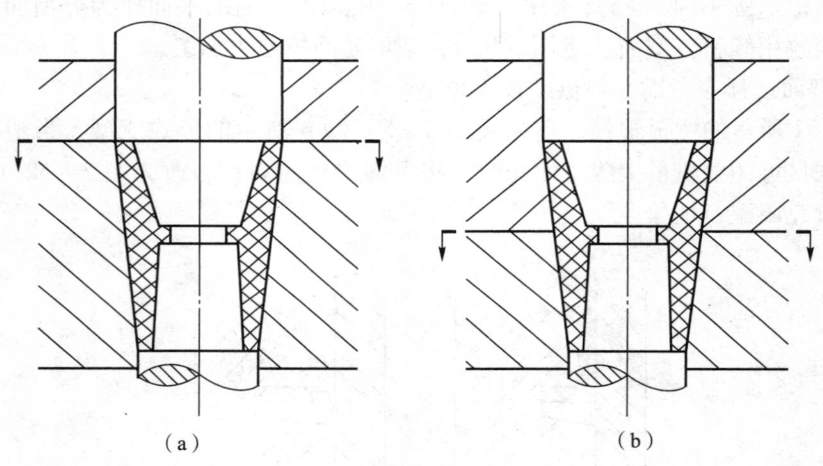

图 2-54　分型面选择

选择分型面应综合考虑各种因素的影响，权衡利弊，以取得最佳效果。

3. 型腔布局与塑件排位

型腔布局和塑件排位是指据客户要求，将所需的一种或多种塑件按合理注塑工艺、模具结构进行排列。塑件排位与模具结构、塑胶工艺性相辅相成，并直接影响着后期的注塑工艺，排位时必须考虑相应的模具结构，在满足模具结构的条件下调整排布。

从注塑工艺角度需考虑以下几点：

（1）流动长度。每种塑料的流动长度不同，如果流动长度超出工艺要求，塑件就不会充满。

（2）流道废料。在满足各型腔充满的前提下，流道长度和截面尺寸应尽量小，以保证流道废料最少。

（3）浇口位置。当浇口位置影响塑件排位时，需先确定浇口位置，再排位。在一件多腔的情况下，浇口位置应统一。

（4）进胶平衡。进胶平衡是指塑料在基本相同的情况下，同时充满各型腔。为满足进胶平衡，一般采用以下方法：

①按平衡式排位（见图 2－55），适合于塑件体积大小基本一致的情况。

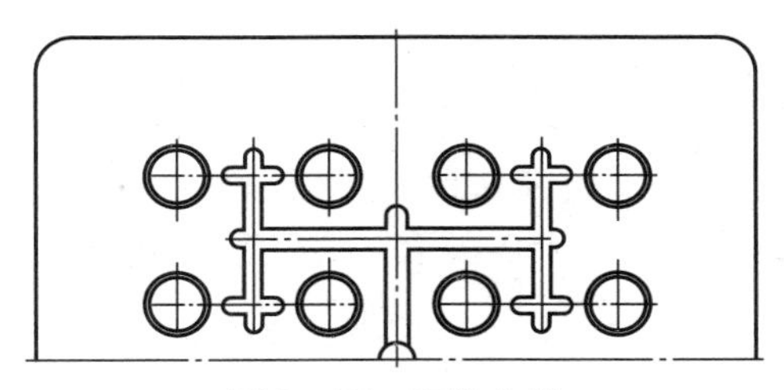

图 2－55　平衡布置

②按大塑件靠近主流道、小塑件远离主流道的方式排位，再调整流道、浇口尺寸满足进胶平衡。

注意：当大、小塑件重量之比大于 8 时，应同产品设计者协商调整。在这种情况下，调整流道、浇口尺寸很难满足平衡要求。

（5）型腔压力平衡。型腔压力分两个部分，一是指平行于开模方向的轴向压力；二是指垂直于开模方向的侧向压力。排位应力求轴向压力、侧向压力相对于模具中心平衡，防止溢胶产生批峰 。

满足压力平衡的方法如下：

①排位均匀、对称。轴向平衡如图 2－56 所示，侧向平衡如图 2－57 所示。

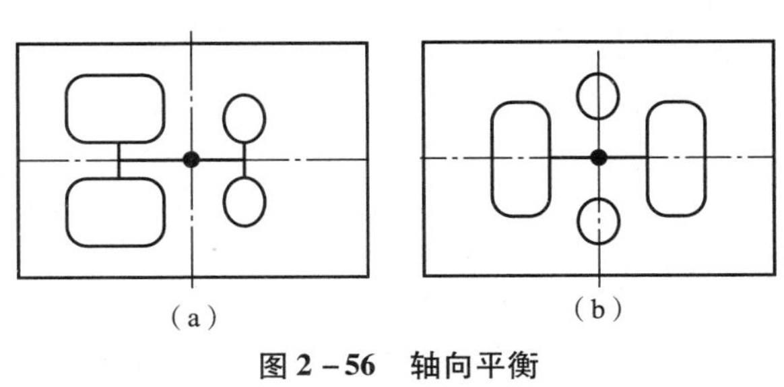

图 2－56　轴向平衡

（a）不好；（b）好

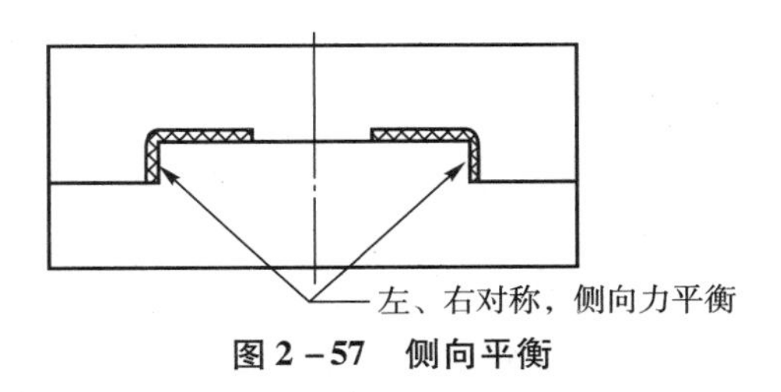

图 2－57　侧向平衡

②利用模具结构平衡。图 2－58 所示为一种常用的平衡侧压力的方法。

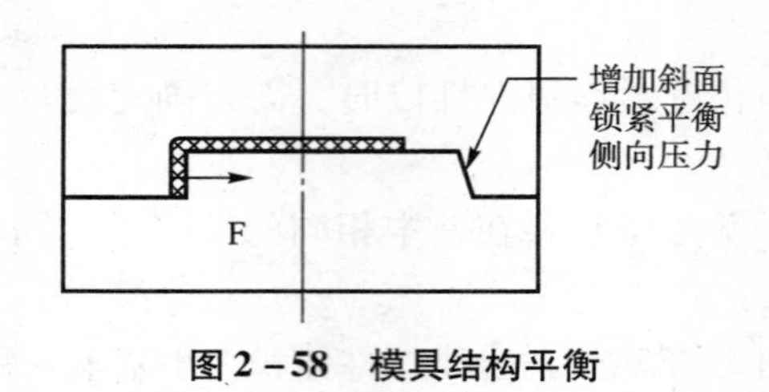

图 2－58　模具结构平衡

从模具结构角度需考虑以下几点：

（1）满足封胶要求。

排位应保证流道、唧咀距前模型腔边缘有一定的距离，以满足封胶要求。一般要求 $D_1 \geqslant 5.0$ mm，$D_2 \geqslant 10.0$ mm，如图 2－59 所示。行位槽与封胶边缘的距离应大于 15 mm。

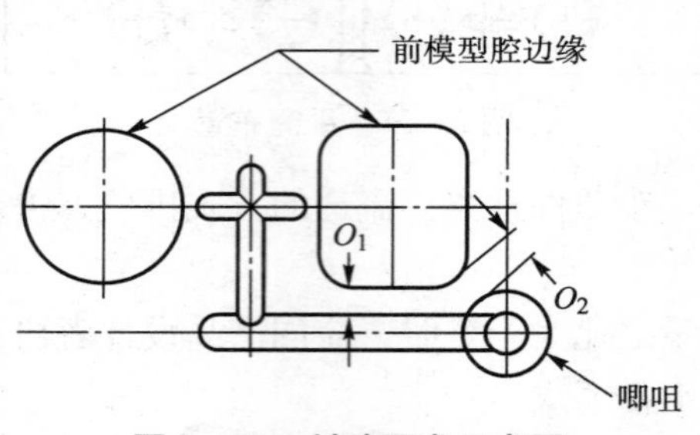

图 2－59　封胶要求示意图

（2）满足模具结构空间要求。

排位时应满足模具结构件，如行位、斜顶等的空间要求。同时应保证以下几点：

①模具结构件有足够的强度。

②与其他模胚构件无干涉。

③有运动件时，行程须满足出模要求；有多个运动件时，无相互干涉。

④需要司筒的位置避开顶棍孔的位置。

（3）充分考虑螺钉、冷却水及顶出装置。

为了模具能达到较好的冷却效果，排位时应注意螺钉、顶针对冷却水孔的影响，预留冷却水孔的位置。

（4）模具长宽比例是否协调。

排位时要尽可能紧凑，以减小模具外形尺寸，且长、宽比例要适当，同时也要考虑注塑机的安装要求。

2.3.3　浇注系统的设计

1. 浇注系统的设计原则

1）浇注系统的组成

模具的浇注系统是指模具中从注塑机喷嘴开始到型腔入口为止的流动通道，它可分为普通流道浇注系统和无流道浇注系统两大类型。普通流道浇注系统由主流道、分流道、冷料井和浇口组成，如图 2－60 所示。

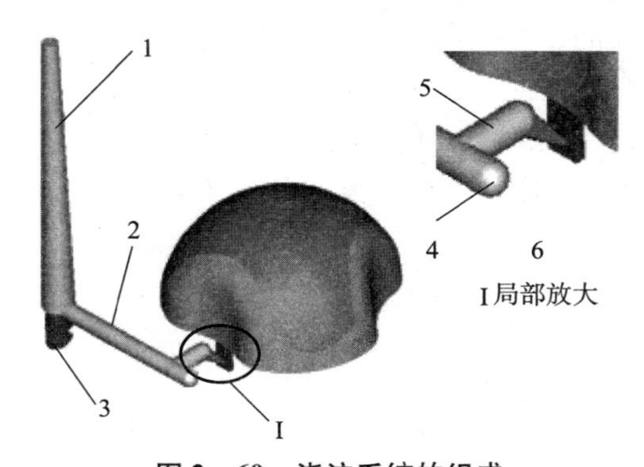

图2-60　浇注系统的组成

1—主流道；2——级分流道；3—料槽兼冷料井；
4—冷料井；5—二级分流道；6—浇口

2）浇注系统设计时应遵循的原则

（1）结合型腔的排位，应注意以下三点：

①尽可能采用平衡式布置，以便熔融塑料能平衡地充填各型腔。

②型腔的布置和浇口的开设部位尽可能使模具在注塑过程中受力均匀。

③型腔的排列尽可能紧凑，减小模具外形尺寸。

（2）热量损失和压力损失要小。

①选择恰当的流道截面。

②确定合理的流道尺寸。

在一定范围内，适当采用较大尺寸的流道系统，有助于降低流动阻力。但在流道系统上压力降较小的情况下，优先采用较小的尺寸，一方面可减小流道系统的用料，另一方面可缩短冷却时间。

③尽量减少弯折，表面粗糙度要低。

（3）浇注系统应能捕集温度较低的冷料，防止其进入型腔，影响塑件质量。

（4）浇注系统应能顺利地引导熔融塑料充满型腔各个角落，使型腔内气体顺利排出。

（5）浇注系统应能避免制品出现充填不足、缩痕、飞边、熔接痕位置不理想、残余应力、翘曲变形和收缩不匀等缺陷。

（6）浇口的设置力求获得最好的制品外观质量。浇口的设置应避免在制品外观形成烘印、蛇纹和缩孔等缺陷。

（7）浇口应设置在较隐蔽的位置，方便去除，且确保浇口位置不会影响外观及与周围零件不发生干涉。

（8）考虑在注塑时是否能自动操作。

（9）考虑制品的后续工序，如在加工、装配及管理上的需求，须将多个制品通过流道连成一体。

2. 流道设计

1）主流道的设计

（1）定义。

主流道是指紧接注塑机喷嘴到分流道为止的那一段流道，熔融塑料进入模具时首先经过它。一般要求主流道进口处的位置应尽量与模具中心重合。

（2）设计原则。

热塑性塑料的主流道，一般由浇口套构成，它可分为两类：两板模浇口套和三板模浇口套。参照图 2－61，无论是哪一种浇口套，为了保证主流道内的凝料可顺利脱出，均应满足以下条件：

$$D = d + (0.5 \sim 1)\ \text{mm} \quad (3)$$

$$R_1 = R_2 + (1 \sim 2)\ \text{mm} \quad (4)$$

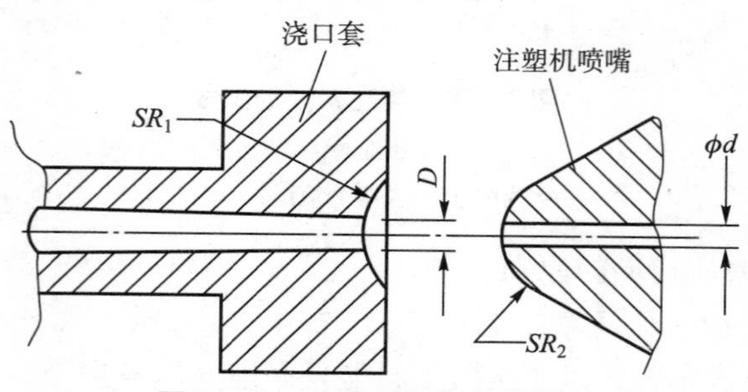

图 2－61　喷嘴与浇口套装配关

2）冷料井的设计

（1）定义及作用。

冷料井是为除去因喷嘴与低温模具接触而在料流前锋产生的冷料进入型腔而设置的，它一般设置在主流道的末端。分流道较长时，分流道的末端也应设冷料井。

（2）设计原则。

一般情况下，主流道冷料井圆柱体的直径为 6～12 mm，其深度为 6～10 mm。对于大型制品，冷料井的尺寸可适当加大。对于分流道冷料井，其长度为 1～1.5 倍的流道直径。

（3）分类。

①底部带顶杆的冷料井（见图 2－62）。

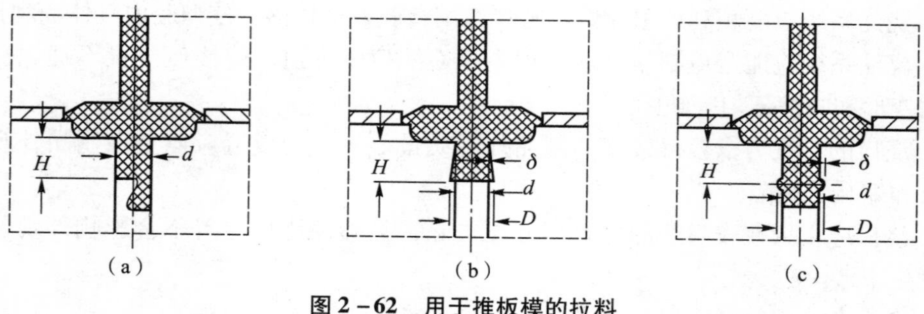

图 2－62　用于推板模的拉料

由于图 2－62 所示的第一种加工方便，故常采用。Z 形拉料杆不宜多个同时使用，否则不易从拉料杆上脱落浇注系统。如需使用多个 Z 形拉料杆，应确保缺口的朝向一致。但对于在脱模时无法做横向移动的制品，应采用第二种和第三种拉料杆。根据塑料不同的延伸率选用不同深度的倒扣 δ。若满足 $(D-d)/D<\delta_1$，则表示冷料井可强行脱出，其中 δ_1 是塑料的延伸率，见表 2－11。

表 2-11　树脂的延伸率　%

树脂	PS	ABS	PC	PA	POM	LDPE	HDPE	RPVC	SPVC	PP
δ_1	0.5	1.5	1	2	2	5	3	1	10	2

②推板推出的冷料井。

这种拉料杆专用于塑件以推板或顶块脱模的模具中。拉料杆的倒扣量可参照表 2-11。锥形头拉料杆（见图2-63（c））靠塑料的包紧力将主流道拉住，不如球形头拉料杆和菌形拉料杆（见图2-63（b）、（c））可靠。为增加锥面的摩擦力，可采用小锥度，或增加锥面表面粗糙度，或用复式拉料杆（见图 2-63（d））来替代。后两种由于尖锥的分流作用较好，故常用于单腔成型带中心孔的塑件上，如齿轮模具。

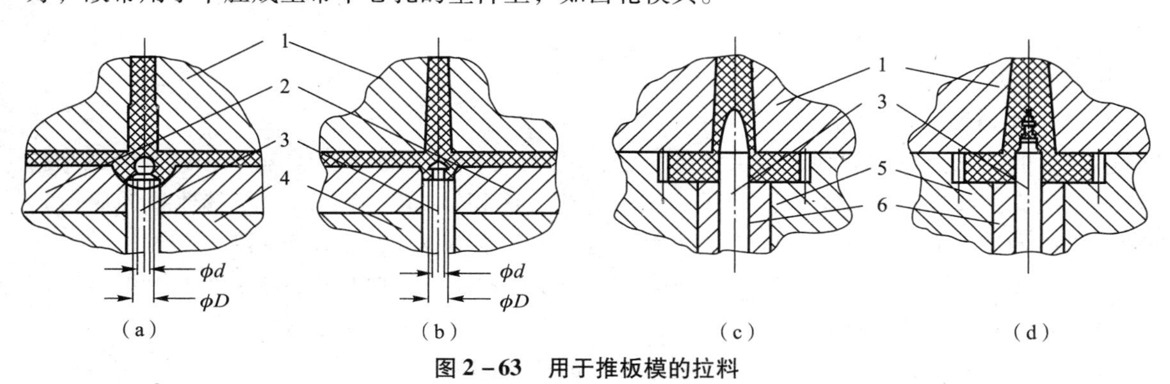

图 2-63　用于推板模的拉料

1—前模；2—推板：3—拉料杆；4—型芯固定板；5—后模；6—顶块

③无拉料杆的冷料井。

对于具有垂直分型面的注射模，冷料井置于左右两半模的中心线上，当开模时分型面左右分开，制品与前锋冷料一起拔出，冷料井不必设置拉料杆，如图 2-64 所示。

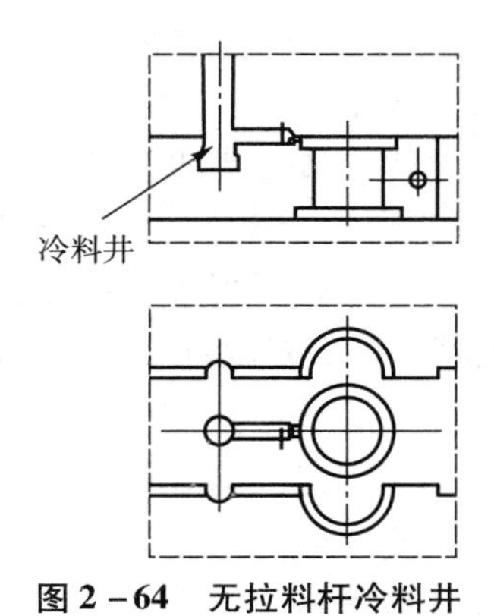

图 2-64　无拉料杆冷料井

④分流道冷料井。

一般采用如图 2-65 所示的两种形式：图 2-65（a）所示的将冷料井做在后模的深度方向；图 2-65（b）所示的将分流道在分型面上延伸成为冷料井。有关尺寸可参考图 2-65。

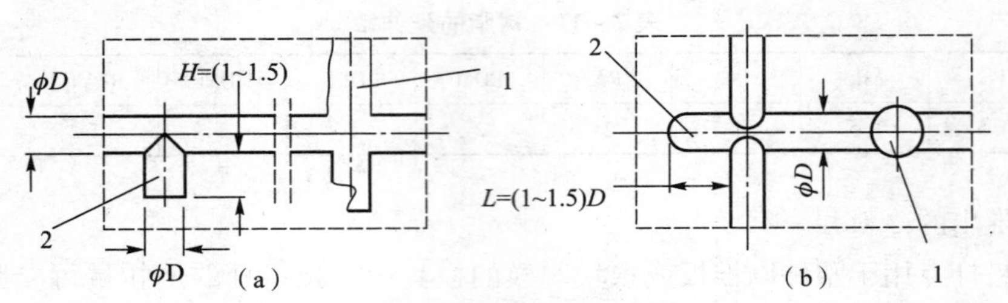

图 2-65 分流道冷料井

1—主流道；2—分流道

3）分流道的设计

熔融塑料沿分流道流动时，要求它尽快地充满型腔，流动中温度降尽可能小，流动阻力尽可能低。同时，应能将塑料熔体均衡地分配到各个型腔。所以，在流道设计时，应考虑以下几方面的因素：

（1）流道截面形状的选用。

较大的截面面积，有利于减少流道的流动阻力；较小的截面周长，有利于减少熔融塑料的热量散失。我们称周长与截面面积的比值为比表面积（即流道表面积与其体积的比值），用它来衡量流道的流动效率，即比表面积越小，流动效率越高，见表 2-12。

在表 2-12 中，我们可以看出相同截面面积流道的流动效率和热量损失的排列顺序。圆形截面的优点是：比表面积最小，热量不容易散失，阻力也小。缺点是：需同时开设在前、后模上，而且要互相吻合，故制造较困难。U 形截面的流动效率低于圆形与正六边形截面，但加工容易，又比圆形和正方形截面流道容易脱模。所以，U 形截面分流道具有优良的综合性能。以上圆形和 U 形截面形状的流道应优先采用，其次采用梯形截面。U 形截面和梯形截面两腰的斜度一般为 5°~10°。

（2）分流道的截面尺寸。

分流道的截面尺寸应根据塑件的大小、壁厚、形状与所用塑料的工艺性能、注射速率及分流道的长度等因素来确定。对于常见的 2.0~3.0 mm 壁厚，采用的圆形分流道的直径一般为 3.5~7.0 mm。对于流动性能好的塑料，比如 PE、PA、PP 等，当分流道很短时，可小到 2.5 mm；对于流动性能差的塑料，比如 HPVC、PC、PMMA 等，分流道较长时，直径可为 10~13 mm。实验证明，对于多数塑料，分流道直径在 5~6 mm 以下时，对流动影响最大，但在 8.0 mm 以上时，再增大其直径，对改善流动的影响已经很小了。一般说来，为了减少流道的阻力以及实现正常的保压，要求：

①在流道不分支时，截面面积不应有很大的突变。

②流道中的最小横断面面积大于浇口处的最小截面面积。

对于三板模来讲，以上两点尤其应该引起重视。

如图 2-66（a）所示，$H \geqslant D_1 > D_2 > D_3$，$d_1$ 大于浇口最小截面直径，一般取（1.5~2.0）mm，$h = d_1$，锥度 α 及 β 一般取 2°~3°，δ 应尽可能大。为了减少拉料杆对流道的阻力，应将流道在拉料位置扩大，如图 2-66（c）所示；或将拉料位置做在流道推板上，如图 2-66（d）所示。在图 2-66（b）中，$H \geqslant D_1$，锥度 α 及 β 一般取 2°~3°，锥形流道的交接处尺寸相差 0.5~1.0 mm，对拉料位置的要求与图 2-61（a）相同。

表 2-12　不同截面形状分流道的流动效率及散热性

	名称	圆形	正六边形	U 形	正方形	梯形	半圆形	矩形		
流道截面	图形及尺寸代号	R, φD	b	1.2d, d, 10°, φd	b	1.2d, 10°, d, φd	d	h, b		
效率（P = S/L）值	通用表达式	0.250D	0.217b	0.250d	0.250b	0.250d	0.153d	h	b/2	0.167b
									b/4	0.100b
									b/6	0.071b
	截面面积 $S = \pi R^2$ 时的 P 值	0.250D	0.239D	0.228D	0.222D	0.220D	0.216D	h	b/2	0.209D
									b/4	0.177D
									b/6	0.155D
截面面积 $S = \pi R^2$ 时应取的尺寸		D = 2R	b = 1.1D	d = 0.912D	b = 0.886D	d = 0.879D	d = 1.414D	h	b/2	1.253D
									b/4	1.772D
									b/6	2.171D
热量损失		最小	小	较小	较大	大	更大	最大		

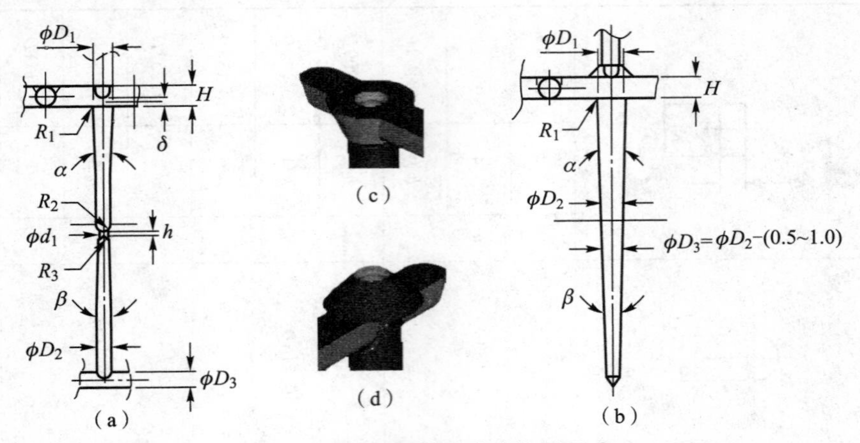

图 2－66　三板模流道结构及尺寸

3．浇口设计

浇口是浇注系统的关键部分，浇口的位置、类型及尺寸对塑件的质量影响很大。在多数情况下，浇口是整个浇注系统中断面尺寸最小的部分（除主流道型的直接浇口外）。一般浇口的断面面积与分流道的断面面积之比为 0.03～0.09，浇口台阶长 1.0～1.5 mm。断面形状常见为矩形、圆形或半圆形。

1）浇口类型

（1）直接浇口（见图 2－67）。

优点：压力损失小，制作简单。

缺点：浇口附近应力较大，需人工剪除浇口（流道），表面会留下明显浇口疤痕。

应用：

①可用于大而深的桶形塑件，对于浅平的塑件，由于收缩及应力的原因，容易产生翘曲变形。

②对于外观不允许有浇口痕迹的塑件，可将浇口设于塑件内表面，如图 2－67（c）所示。这种设计方式，开模后塑件留于前模，利用二次顶出机构（图 2－67 中未示出）将塑件顶出。

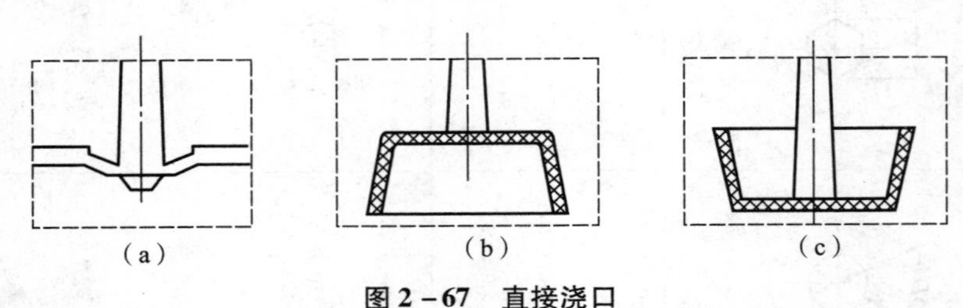

图 2－67　直接浇口

（2）侧浇口（见图 2－68）。

优点：形状简单，加工方便；去除浇口较容易。

缺点：塑件与浇口不能自行分离；塑件易留下浇口痕迹。

参数：

①浇口宽度 W 为 1.5～5.0 mm，一般取 $W=2H$，大塑件、透明塑件可酌情加大；

②深度 H 为（0.5～1.5）mm。具体来说，对于常见的 ABS、HIPS，常取 $H=(0.4\sim0.6)\delta$，其中 δ 为塑件基本壁厚；对于流动性能较差的 PC、PMMA，取 $H=(0.6\sim0.8)\delta$；对于 POM、PA 来说，这些材料流动性能好，但凝固速率也很快，收缩率较大，为了保证塑件获得充分的保压，防止出现缩痕、皱纹等缺陷，建议浇口深度 $H=(0.6\sim0.8)\delta$；对于 PE、PP 等材料来说，小浇口有利于熔体剪切变稀而降低黏度，故浇口深度 $H=(0.4\sim0.5)\delta$。

应用：适用于各种形状的塑件，但对于细而长的桶形塑件不予采用。

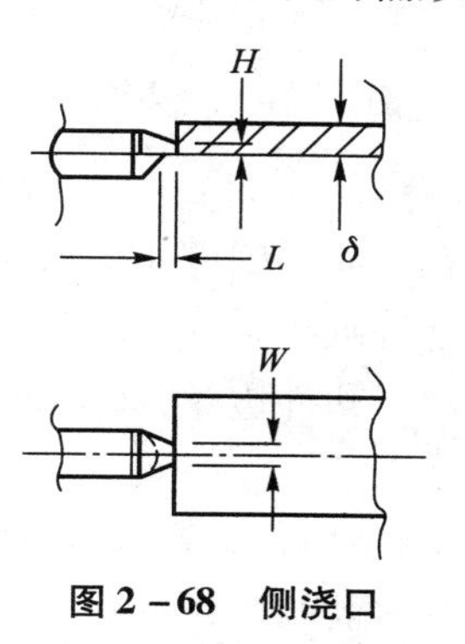

图 2－68　侧浇口

（3）搭接式浇口（见图 2－69）。

优点：它是侧浇口的演变形式，具有侧浇口的各种优点；是典型的冲击型浇口，可有效地防止塑料熔体的喷射流动。

缺点：不能实现浇口和塑件的自行分离；容易留下明显的浇口疤痕。

参数：可参照侧浇口的参数来选用。

应用：适用于有表面质量要求的平板形塑件。

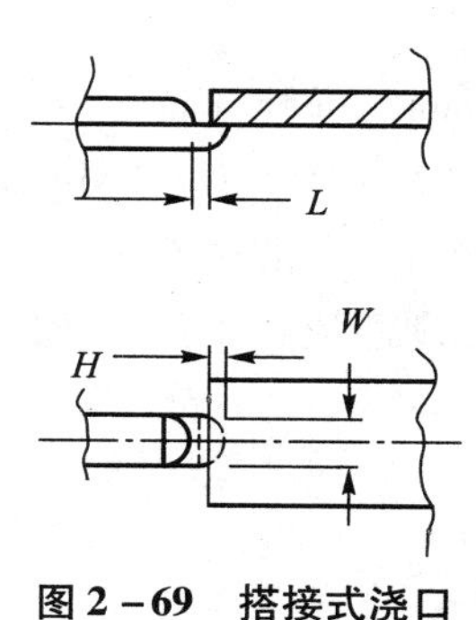

图 2－69　搭接式浇口

（4）针点浇口（见图 2－70）。

优点：浇口位置选择自由度大；浇口能与塑件自行分离；浇口痕迹小；浇口位置附近应力小。

缺点：注射压力较大；一般须采用三板模结构，结构较复杂。

参数：浇口直径 d 一般为 0.8～1.5 mm；浇口长度 L 为 0.8～1.2 mm；为了便于浇口齐根拉断，应该给浇口做一锥度 α，大小为 15°～20°；浇口与流道相接处圆弧 R_1 连接，使针点浇口拉断时不致损伤塑件，R_2 为 1.5～2.0 mm，R_3 为 2.5～3.0 mm，深度 $h=0.6\sim0.8$ mm。

应用：常应用于较大的面、底壳，合理地分配浇口有助于减少流动路径的长度，获得较理想的熔接痕分布；也可用于长筒形的塑件，以改善排气。

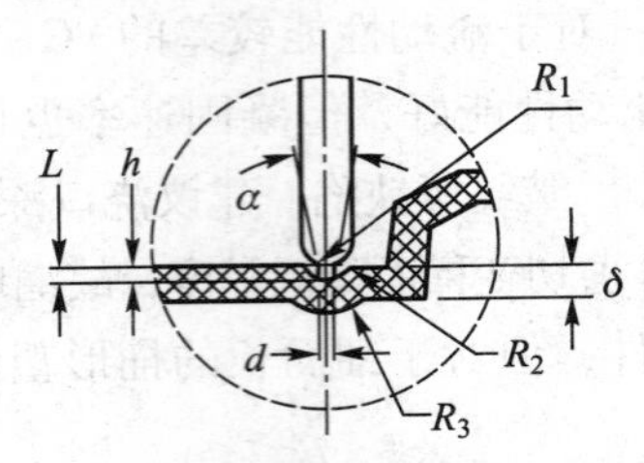

图 2-70　针点浇口

（5）扇形浇口（见图 2-71）。

优点：熔融塑料流经浇口时，在横向得到更加均匀的分配，降低塑件应力；减少空气进入型腔的可能，避免产生银丝、气泡等缺陷。

缺点：浇口与塑件不能自行分离；塑件边缘有较长的浇口痕迹，须用工具才能将浇口加工平整。

参数：常用尺寸深度 H 为 0.25～1.60 mm；宽度 W 为 8.00 mm 至浇口侧型腔宽度的 1/4；浇口的横断面积不应大于分流道的横断面积。

应用：常用来成型宽度较大的薄片状塑件、流动性能较差的透明塑件，比如 PC、PMMA 等。

（6）潜伏式浇口（鸡嘴入水）（见图 2-72）。

优点：浇口位置的选择较灵活；浇口可与塑件自行分离；浇口痕迹小；两板模、三板模都可采用。

缺点：浇口位置容易拖胶粉；入水位置容易产生烘印；需人工剪除胶片；从浇口位置到型腔压力损失较大。

参数：浇口直径 d 为 0.8～1.5 mm；进胶方向与铅直方向的夹角 α 为 30°～50°；鸡嘴的锥度 β 为 15°～25°；与前模型腔的距离 A 为 1.0～2.0 mm。

应用：适用于外表不允许露出浇口痕迹的塑件。对于一模多腔的塑件，应保证各腔从浇口到型腔的阻力尽可能相近，避免出现滞流，以获得较好的流动平衡。

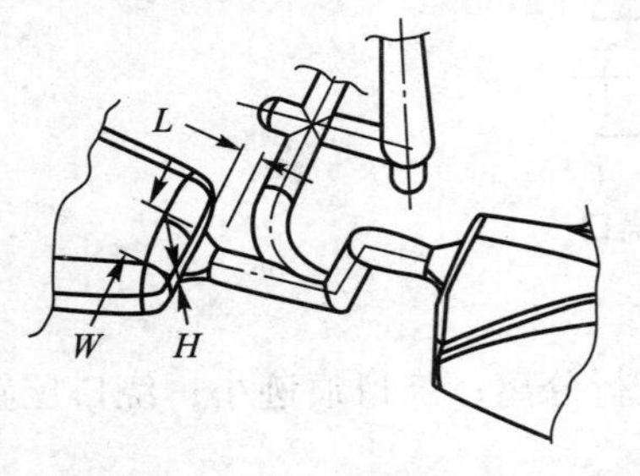

图 2-71　扇形浇口

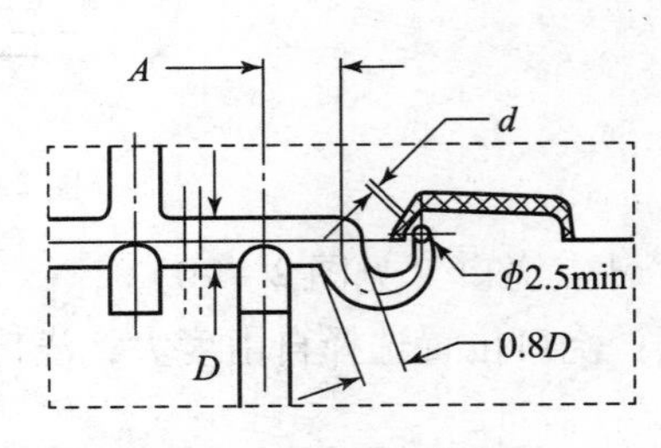

图 2-72　潜伏式浇口

（7）弧形浇口（见图 2-73）。

优点：浇口和塑件可自动分离；无须对浇口位置进行另外处理；不会在塑件的外表面产生浇口痕迹。

缺点：可能在表面出现烘印；加工较复杂；设计不合理容易折断而堵塞浇口。

参数：浇口入水端直径 d 为 0.8～1.2 mm，长为 1.0～1.2 mm；A 值为 2.5D 左右；

ϕ2.5 mm 尺寸是指从大端 0.8D 逐渐过渡到小端 ϕ2.5 mm。

应用：常用于 ABS、HIPS。不适用于 POM、PBT 等结晶材料，也不适用于 PC、PMMA 等刚性好的材料，以防止弧形流道被折断而堵塞浇口。

（8）护耳式浇口（见图 2－74）。

优点：有助于改善浇口附近的气纹。

缺点：需人工剪切浇口；塑件边缘留下明显浇口痕迹。

参数：护耳长度 $A=10\sim15$ mm，宽度 $B=A/2$，厚度为进口处型腔断面壁厚的 7/8；浇口宽度 W 为 1.6～3.5 mm，深度 H 为 1/2～2/3 的护耳厚度，浇口长为 1.0～2.0 mm。

应用：常用于由 PC、PMMA 等高透明度塑料制成的平板形塑件。

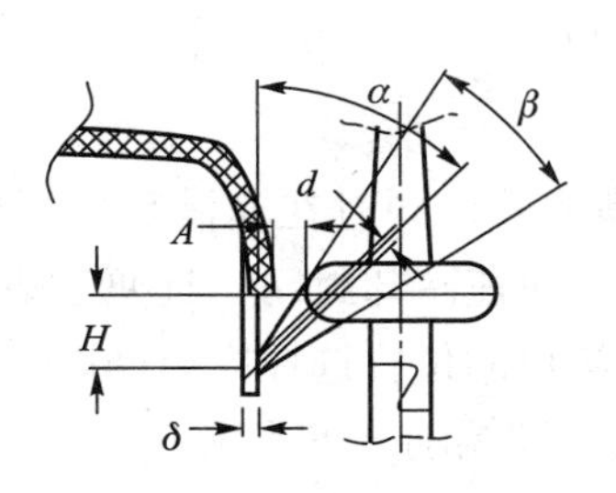

图 2－73　弧形浇口

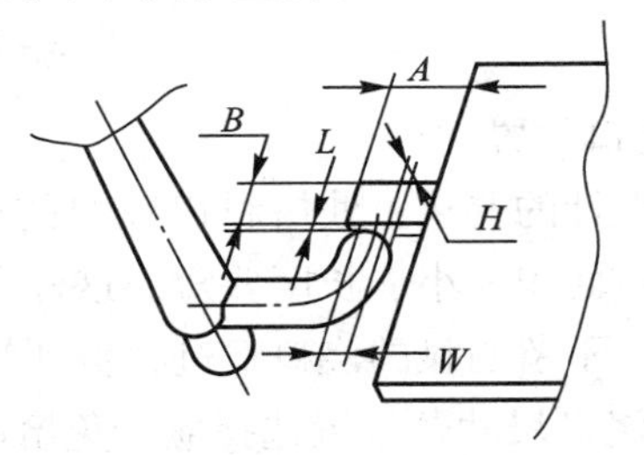

图 2－74　护耳式浇口

（9）圆环形浇口（见图 2－75）。

优点：流道系统的阻力小；可减少熔接痕的数量；有助于排气；制作简单。

缺点：需人工去除浇口；会留下较明显的浇口痕迹。

参数：为了便于去除浇口，浇口深度 h 一般为 0.4～0.6 mm；H 为 2.0～2.5 mm。

应用：适用于中间带孔的塑件。

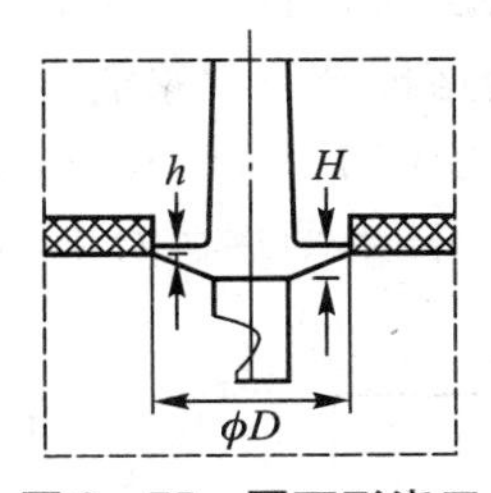

图 2－75　圆环形浇口

（10）斜顶式弧形浇口（见图 2－76）。

优点：不用担心弧形流道脱模时被拉断的问题；浇口位置有很大的选择余地；有助于排气。

缺点：塑件表面易产生烘印；制作较复杂；弧形流道跨距太长可能会影响冷却水的布置。

参数：可参考侧浇口的有关参数。

应用：主要适用于排气不良或流程长的壳形塑件；为了减少弧形流道的阻力，推荐其截面形状选用 U 形截面；斜顶的设计可参照后续项目四；浇口位置应选择在塑件的拐角或不显眼处。

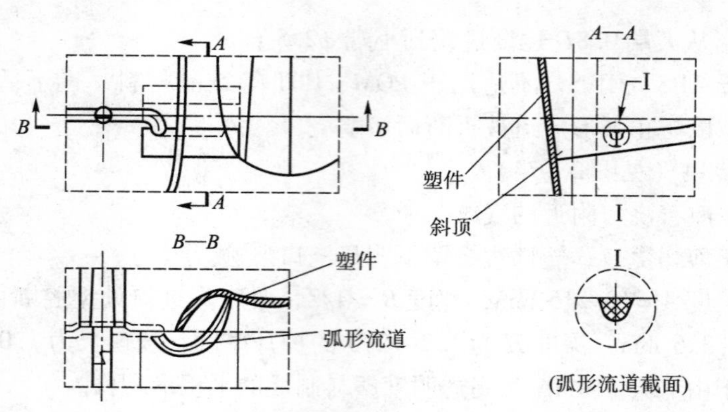

图 2-76　斜顶式弧形浇口

2）浇口位置

浇口设计的要求：使熔料以较快的速度进入并充满型腔，同时在充满后能适时冷却封闭，故浇口面积要小、长度要短，这样可增大料流速度，快速冷却封闭，且便于塑件与浇口凝料分离，不留明显的浇口痕迹，保证塑件外观质量。浇口的位置选择应遵循以下原则。

（1）浇口尺寸及位置选择应避免熔体破裂而产生喷射和蠕动（蛇形流）。

喷射和蠕动产生的缺陷：浇口的截面尺寸如果较小，且正对宽度和厚度较大的型腔，则高速熔体流经浇口时，由于受较高的切应力作用，将会产生喷射和蠕动等熔体破裂现象，在塑件上形成波纹状痕迹，或在高速下喷出高度定向的细丝或断裂物，它们很快冷却变硬，与后来的塑料不能很好地熔合，而造成塑件的缺陷。喷射还会使型腔内的空气难以顺序排出，形成焦痕和空气泡。克服喷射和蠕动的方法如下：

加大浇口截面尺寸，改换浇口位置并采用冲击型浇口，即浇口开设方位正对型腔壁或粗大的型芯。这样，当高速料流进入型腔时，直接冲击在型腔壁或型芯上，从而降低了流速，改变了流向，可均匀地填充型腔，使熔体破裂现象消失。

图 2-77 中 A 为浇口位置，图 2-77（a）和（c）所示为非冲击型浇口，图 2-77（b）、（d）、（f）所示为冲击型浇口。冲击型浇口对提高塑件质量、克服表面缺陷较好，但塑料流动能量损失较大。

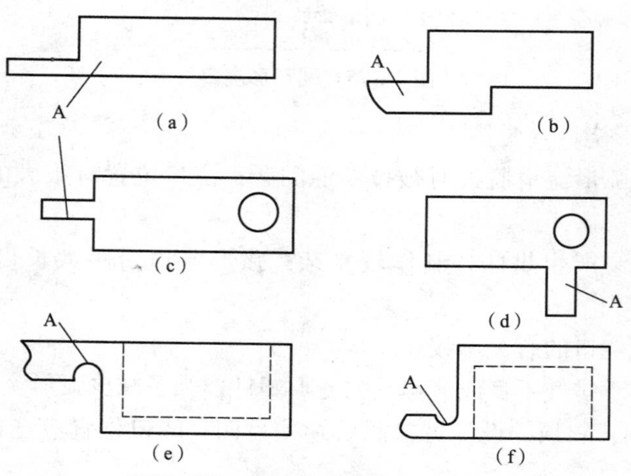

图 2-77　非冲击型与冲击型浇口

（a），（c）非冲击型浇口；（b），（d），（f）冲击型浇口

（2）浇口位置应开在塑件壁厚处。

当塑件壁厚相差较大时，在避免喷射的前提下，为减少流动阻力，保证压力有效地传递到塑件厚壁部位以减少缩孔，应把浇口开设在塑件截面最厚处，这样有利于填充补料。如塑件上有加强肋，则可利用加强肋作为流动通道以改善流动条件。

如图2－78所示塑件，若选择图2－78（a）所示的浇口位置，塑件因严重收缩而出现凹痕；图2－78（b）选在塑件厚壁处，可克服上述缺陷；图2－78（c）选用直接浇口，大大改善了填充条件，提高了塑件质量。

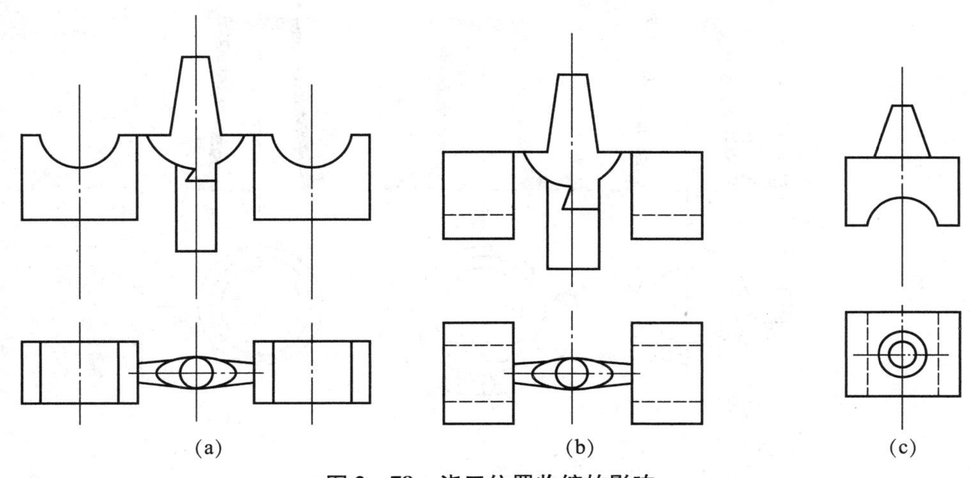

图2－78　浇口位置收缩的影响

（3）浇口位置应远离排气位置。

浇口位置应有利于排气，通常浇口位置应远离排气部位，否则进入型腔的塑料熔体会过早封闭排气系统，致使型腔内气体不能顺利排出，影响塑件的成型质量。

如图2－79（a）所示浇口的位置，充模时，熔体立即封闭模具分型面处的排气空隙，使型腔内气体无法排出，而在塑件顶部形成气泡，改用图2－79（b）所示位置，则克服了上述缺陷。

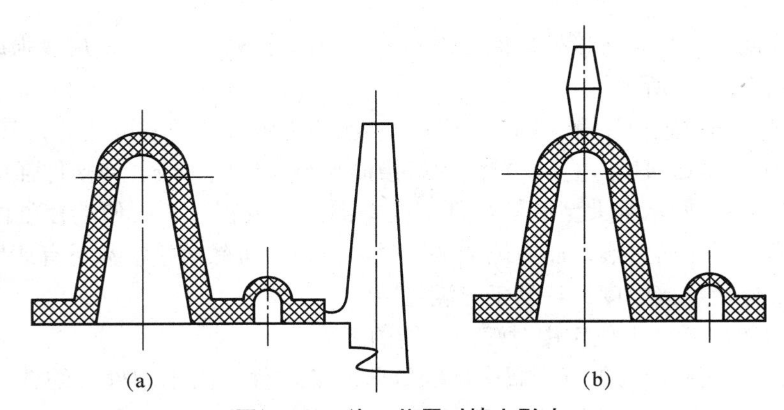

图2－79　浇口位置对填充影响

（4）浇口位置应使流程最短，料流变向最少，并防止型芯变形。

在保证良好充填条件的前提下，为减少流动能量的损失，应使塑料流程最短、料流变向最少。

如图2－80（a）所示浇口位置，塑料流程长，流道曲折多，流动能量损失大，填充条件差，改用图2－80（b）所示的形式和位置，则可克服上述缺陷。

图2－80（b）、（c）所示为防止型芯变形的进料位置。对有细长型芯的塑件，浇口位置应避免偏心进料，防止料流冲击使型芯变形、错位和折断。图2－80（a）所示为单侧进料，易产生此缺陷。

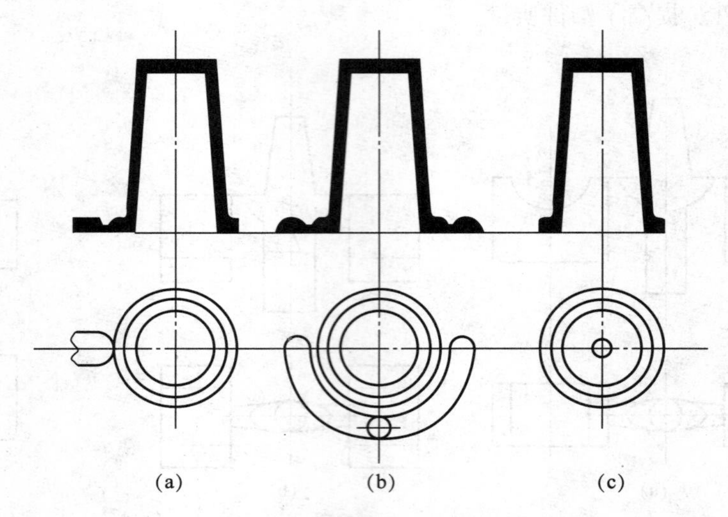

图2－80　改变进料位置防止型芯变

（5）浇口位置及数量应有利于减少熔接痕和增加熔接强度。

熔接痕：熔体在型腔中汇合时产生的接缝。

①接缝强度直接影响塑件的使用性能，在流程不太长且无特殊需要时，最好不设多个浇口，否则将增加熔接痕的数量，如图2－81（a）所示（A处为熔接痕）。

②对底面积大而浅的壳体塑件，为兼顾减小内应力和翘曲变形可采用多点进料，如图2－81（b）所示。

③对轮辐式浇口，可在熔接处外侧开冷料穴，使前锋料溢出，增加熔接强度，且消除熔接痕，如图2－81（a）所示。

④对于熔接痕的位置应注意，图2－82（a）所示为带圆孔的平板塑件，其左侧较合理，熔接痕短（图中A处），且在边上；右侧的熔接痕与小孔连成一线，使塑件强度大大削弱。

⑤图2－82（b）所示为大型框架塑件，其左侧由于流程过长，使熔接处的料温过低而熔接不牢，且形成明显熔接痕；而右侧增加了过渡浇口，虽然熔接痕数量有所增加，但缩短了流程，增加了熔接痕接强度，且易于充满型腔。

（6）浇口位置应考虑定位作用对塑件性能的影响。

①图2－83（a）所示为带有金属嵌件的聚苯乙烯塑件，由于塑件收缩使嵌件周围塑料层有很大周向应力，当浇口开在A处时，其定向方位与周向应力方向垂直，塑件几个月后即开裂；当浇口开在B处时，定向作用顺着周向应力方向，使应力开裂现象大为减少。

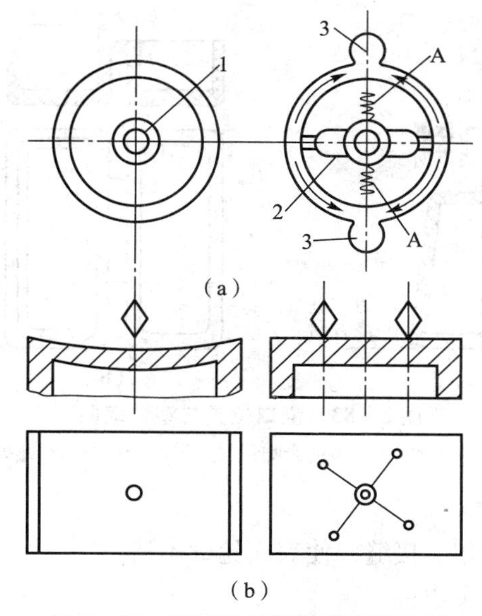

图 2－81　浇口数量与熔接痕的关系

(a) 对熔接痕数量的影响；(b) 多点浇口减少变形的实例

1—单点浇口（圆环式）；2—双点浇口（轮辐式）；3—冷料穴

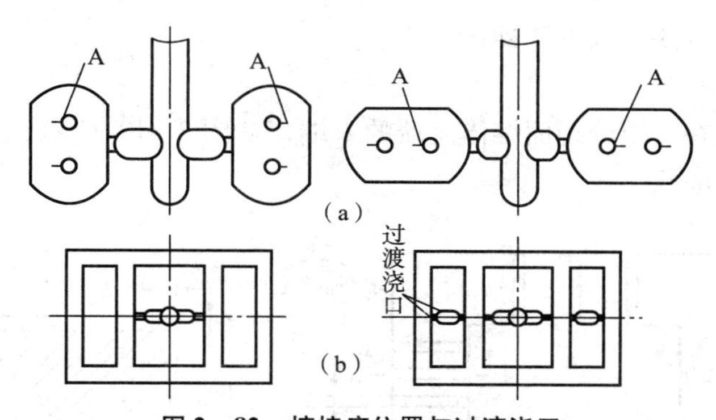

图 2－82　熔接痕位置与过渡浇口

(a) 熔接痕位置；(b) 过渡浇口

②在某些情况下，可利用分子高度定向作用改善塑件的某些性能。如为使聚丙烯铰链几千万次弯折而不断裂，要求在铰链处高度定向。因此，将两点浇口开设在 A 的位置上，如图 2－83（b）所示；浇口设在 A 处（见图 2－83（a）)，塑料通过很薄的铰链（厚约为 0.25 mm）充满盖部的型腔，在铰链处产生高度定向（脱模时立即弯曲，以获得拉伸定向）。

③又如成型杯状塑件时，在注射适当阶段转动型芯，由于型芯和型腔壁相对运动而使其间塑料受到剪切作用而沿圆周定向，提高了塑件的周向强度。

(7) 浇口位置应尽量开设在不影响塑件外观的部位，如浇口开设在塑件的边缘、底部和内侧。

4. 排气设计

模具内的气体不仅包括型腔里的空气，还包括流道里的空气和塑料熔体产生的分解气体。在注塑时，这些气体都应顺利地排出。

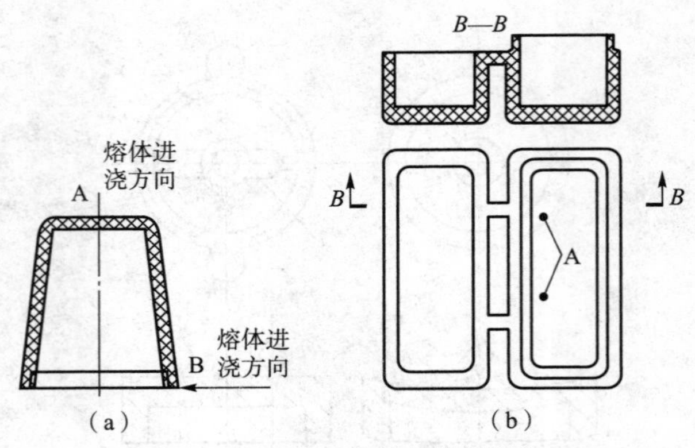

图 2－83　浇口位置与塑料取向

(a) 定向方位对应力开裂的影响；(b) 聚丙烯铰链盒铰链处的定向

1）排气不足的危害性

(1) 在塑件表面形成烘印、接缝，使表面轮廓不清；

(2) 充填困难，或局部飞边；

(3) 严重时在表面产生焦痕；

(4) 降低充模速度，延长成型周期。

2）排气方法

一般常用的排气方法有以下几种：

(1) 开排气槽。

排气槽一般开设在前模分型面熔体流动的末端，如图 2－84 所示，宽度 b 为 5～8 mm，长度 L 为 8.0～10.0 mm。

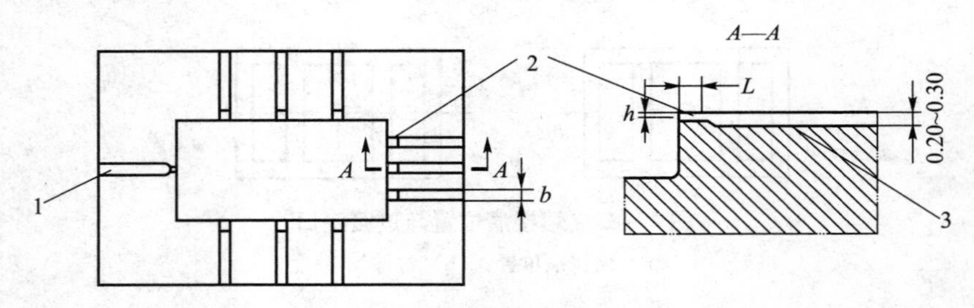

图 2－84　排气槽的设计

1—分流道；2—排气槽；3—导向沟

排气槽的深度 h 因树脂不同而异，主要是考虑树脂的黏度及其是否容易分解。一般而言，黏度低的树脂，排气槽的深度要浅；容易分解的树脂，排气槽的面积要大。各种树脂的排气槽深度可参考表 2－13。

表 2－13　各种树脂的排气槽深度　　mm

树脂名称	排气槽深度	树脂名称	排气槽深度
PE	0.02	PA（含玻纤）	0.03～0.04
PP	0.02	PA	0.02
PS	0.02	PC（含玻纤）	0.05～0.07

续表

树脂名称	排气槽深度	树脂名称	排气槽深度
ABS	0.03	PC	0.04
SAN	0.03	PBT（含玻纤）	0.03～0.04
ASA	0.03	PBT	0.02
POM	0.02	PMMA	0.04

（2）利用分型面排气（见图2－85）。

对于具有一定表面粗糙度的分型面，可从分型面将气体排出。

（3）利用顶杆排气（见图2－86）。

对于塑件中间位置的困气，可加设顶针杆，利用顶杆和型芯之间的配合间隙，或有意增加顶杆之间的间隙来排气。

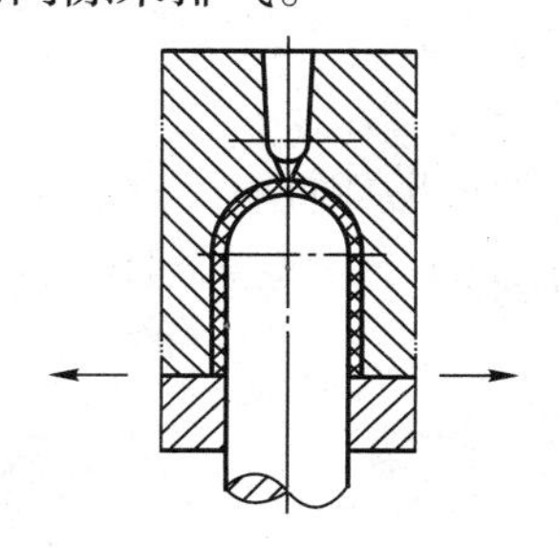

图2－85 利用分型面排气

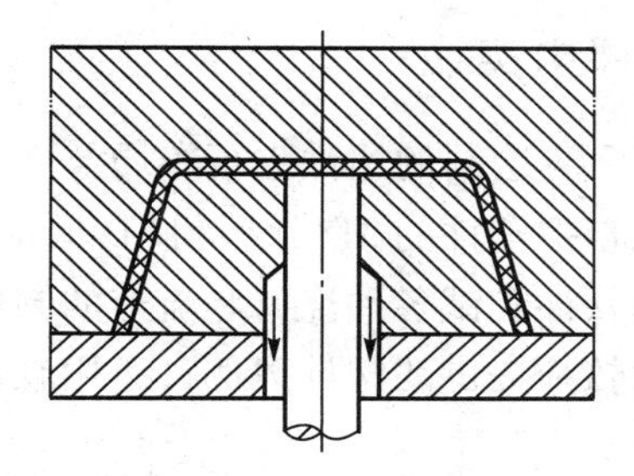

图2－86 利用顶杆排气

（4）利用镶拼间隙排气（见图2－87）。

对于组合式的型腔、型芯，可利用它们的镶拼间隙来排气。

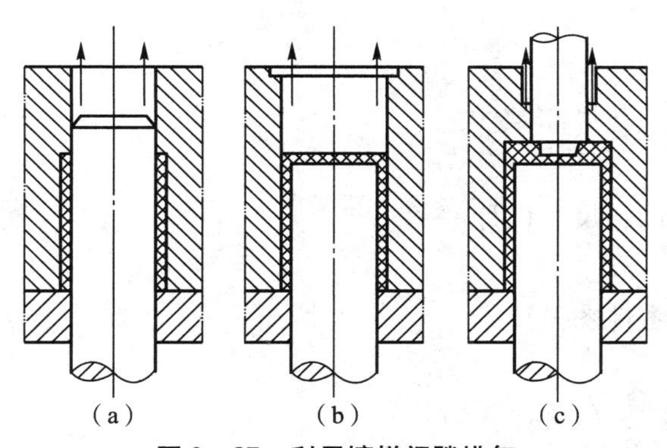

图2－87 利用镶拼间隙排气

（5）增加走胶凸台排气（见图2－88）。

对于喇叭骨之类的封闭骨位，为了改善困气对流动的影响，可增加走胶凸台，凸台应高出骨位 h 值0.50 mm左右。

（6）透气钢排气（见图2－89）。

透气钢是一种烧结合金，它是用球状颗粒合金烧结而成的材料，强度较差，但质地疏松，允许气体通过。在需排气的部位放置一块这样的合金即可达到排气的目的。但底部通气孔的直径 D 不宜太大，以防止型腔压力过大将其挤压变形，如图2－89所示。由于透气钢的热传导率低，故不能使其过热，否则易产生分解物堵塞气孔。

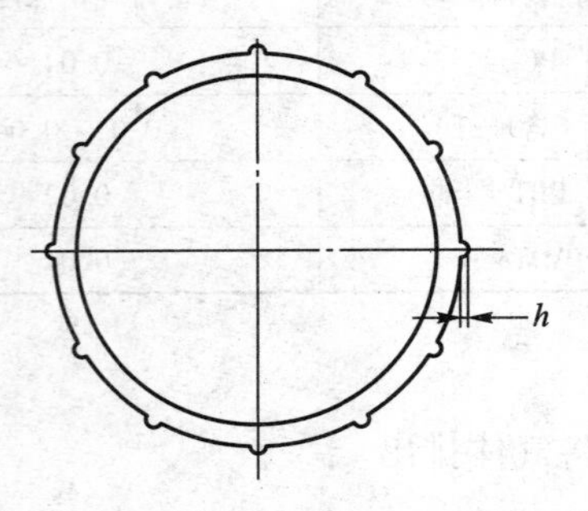

图 2-88 增加走胶凸台排气

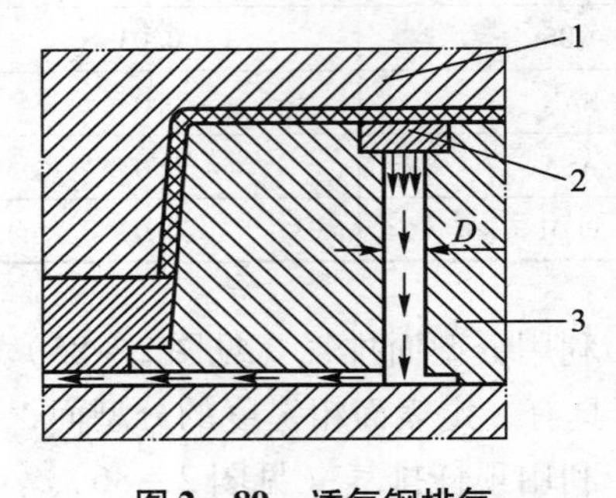

图 2-89 透气钢排气

1—前模；2—透气钢；3—型芯

2.3.4 课内实践

（1）按 2.2.3 绘制的塑件进行布局及浇注系统和分型面的设计。

（2）完成自拟塑件的 3D 分型和 3D 流道制作（模仁大小参考老师建议）。

（3）运用软件尝试各种浇口和流道的制作。

（4）参考教师提供的塑件案例，运用软件制作各类分型面。

单元四 成型零件的设计

教学内容：

成型零件的设计。

教学重点：

成型零件的结构设计和尺寸设计。

教学难点：

成型零件的结构设计和尺寸设计。

目的要求：

能完成成型零件的零件图设计。

建议教学方法：

结合多媒体课件讲解，软件操作演示。

2.4.1 成型零件的结构设计

模具零件按其作用可分为成型零件与结构零件，成型零件是指直接参与形成型腔空间的结构件，如凹模（型腔）、凸模（型芯）、镶件、行位等；结构零件是指用于安装、定位、导向、顶出以及成型时完成各种动作的零件，如定位圈、唧咀、螺钉、拉料杆、顶针、密封圈、定距拉板、拉钩，等等。常用结构零件参见本项目单元五。成型零件设计时，应充分考虑塑料的成型收缩率、脱模斜度、制造与维修的工艺性等。下面从常见的结构形式及成型工艺性两方面进行介绍。

1. 常见的结构形式

1）凹模（型腔）

成型塑件外表面的零部件，按其结构类型可分为整体式和组合式，如图 2－90 所示。

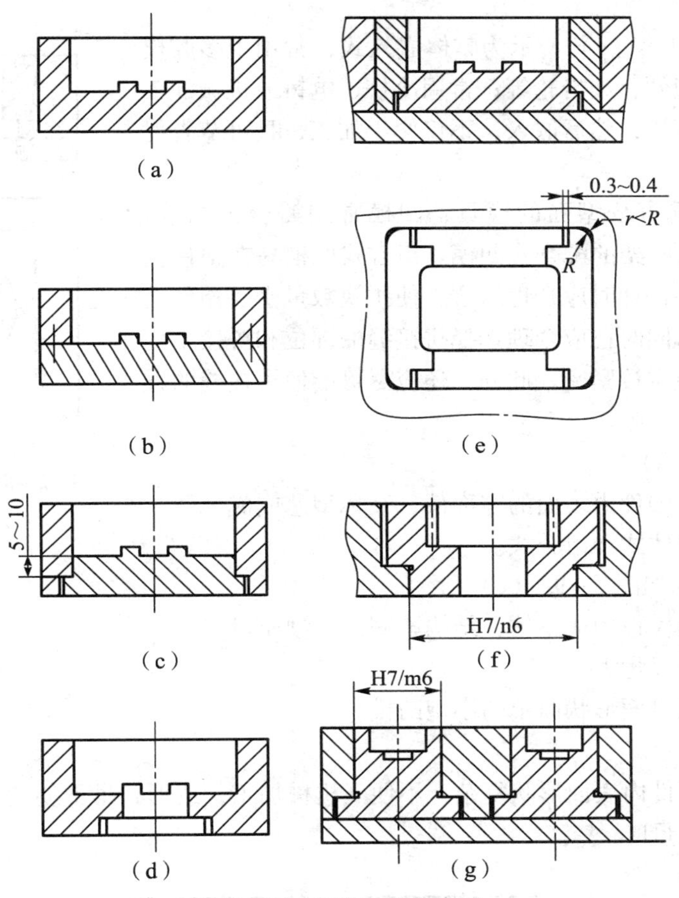

图 2－90　凹模的结构类型

（a）整体式；（b）底板与侧壁组合式；（c）底板与侧壁镶嵌式；（d）局部镶嵌式；（e）侧壁镶拼嵌入式；（f），（g）整体嵌入式

（1）整体式。

特点：由一整块金属加工而成，如图 2－90（a）所示，结构简单、牢固，不易变形，塑件无拼缝痕迹。

适用场合：形状较简单的塑件。

（2）组合式。

优点：改善加工工艺性，减少热处理变形，节省优质钢材。

适用场合：塑件外形较复杂、整体凹模加工工艺性差的场合。

组合式类型：

①图 2－90（b）、（c）所示为底部与侧壁分别加工后用螺钉连接或镶嵌；如图 2－90（c）所示，拼接缝与塑件脱模方向一致，有利于脱模。

②图 2－90（d）所示为局部镶嵌，便于加工，磨损后更换方便。

③对于大型和复杂的模具，可采用如图 2－90（e）所示的侧壁镶拼嵌入式结构，将四侧壁与底部分别加工、热处理、研磨、抛光后压入模套，四壁相互锁扣连接，为使内侧接缝紧密，其连接处外侧应留有 0.3～0.4 mm 的间隙，在四角嵌入件的圆角半径 R 应大于模套圆角半径。

④图 2－90（f）、（g）所示为整体嵌入式，常用于多腔模或外形较复杂的塑件，如齿轮等；常用冷挤、电铸或机械加工等方法制出整体镶块，然后嵌入，不仅便于加工，且可节省优质钢材。

⑤对于采用垂直分型面的模具，凹模常用瓣合式结构。图 2－91 所示为线圈架的瓣合式凹模。组合式凹模易在塑件上留下拼接缝痕迹，设计时应合理组合，使拼块数量少、塑件上的拼接缝痕迹少，同时还应合理选择拼接缝的部位和拼接结构以及配合性质，使拼接紧密。此外，还应尽可能使拼接缝的方向与塑件脱模方向一致。

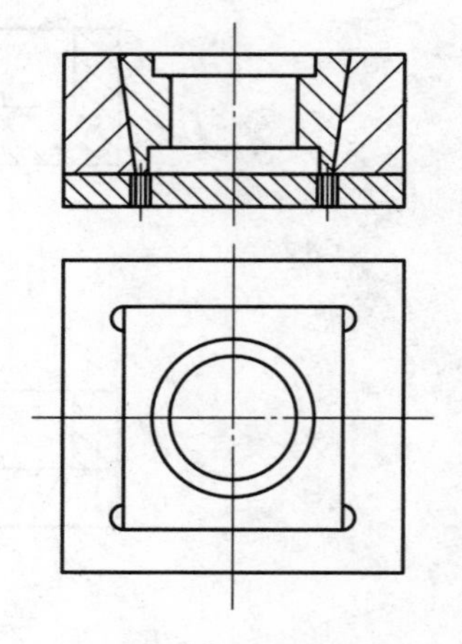

图 2－91　瓣合式凹模

2）凸模（型芯）

凸模用于成型塑件内表面的零部件，又称型芯或成型杆。

凸模分类：整体式和组合式。

（1）整体式，如图 2－92（a）所示。

优点：凸模与模板做成整体，结构牢固，成型质量好。

缺点：钢材消耗量大。

适用场合：内表面形状简单的小型凸模。

（2）组合式。

适用场合：塑件内表面形状复杂，不便于机械加工，或形状虽不复杂，但为节省优质钢材、减少切削加工量时。

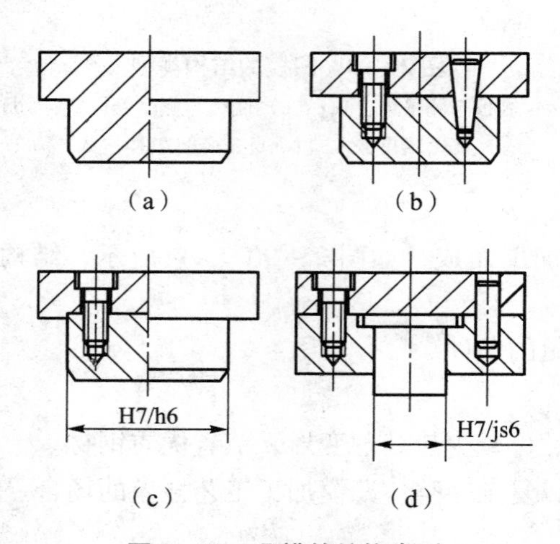

图 2－92　凸模的结构类型

结构形式：

①将凸模及固定板分别采用不同材料制造和热处理，然后连接在一起，图 2－92（b）～图 2

-92（d）所示为常用连接方式示例。图2-92（d）采用轴肩和底板连接；图2-92（b）用螺钉连接、销钉定位；图2-92（c）用螺钉连接、止口定位。

②小凸模（型芯）往往单独制造，再镶嵌入固定板中，其连接方式多样。如图2-93（a）所示，采用过盈配合，从模板上压入；如图2-93（b）所示，采用间隙配合，再从型芯尾部铆接，以防脱模时型芯被拔出；如图2-93（c）所示，对细长的型芯可将下部加粗或做得较短，由底部嵌入，然后用垫板固定或用垫块或螺钉压紧（见图2-93（d）、（e）），不仅增加了型芯的刚性，便于更换，且可调整型芯高度。

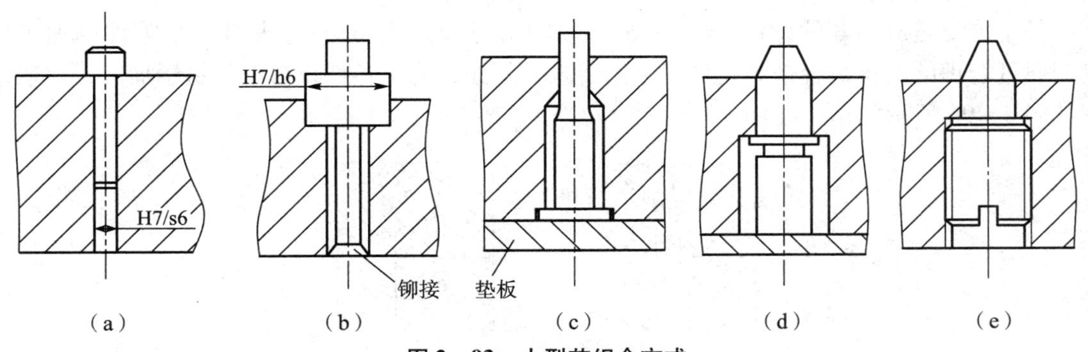

图2-93　小型芯组合方式

③对异形型芯，为便于加工，可做成图2-94所示的结构，将下面部分做成圆柱形，如图2-94（a）所示；或者只将成型部分做成异形，下面固定与配合部分均做成圆形，如图2-94（b）所示。

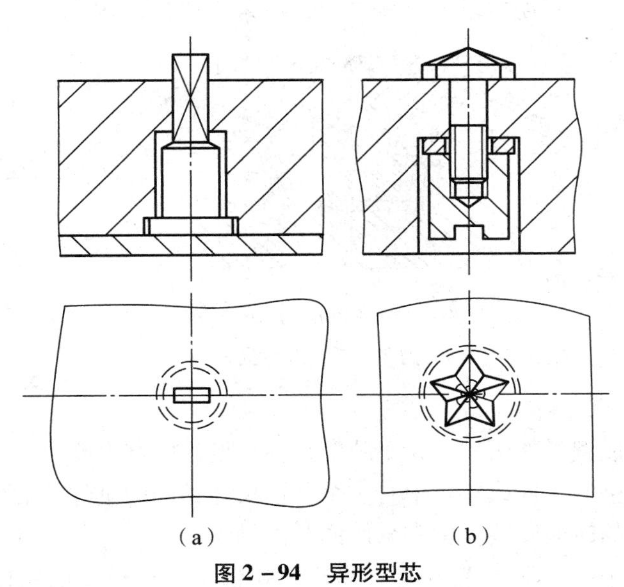

图2-94　异形型芯

2. 成型零件的工艺性

模具设计时，应力求成型零件具有较好的装配、加工及维修性能。为了提高成型零件的工艺性，主要应从以下几点考虑：

（1）不能产生尖钢、薄钢（见图2-95）。

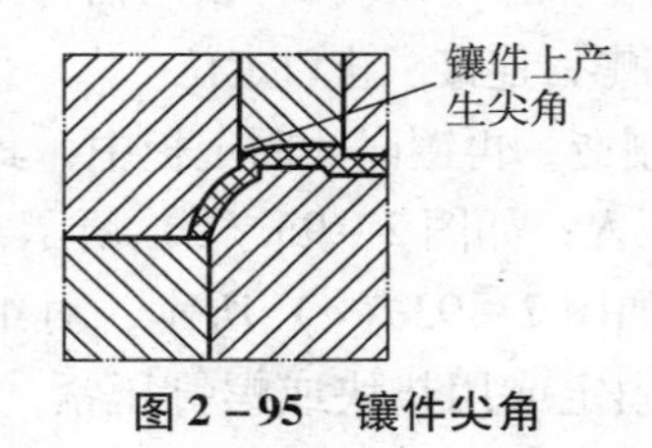

图 2－95　镶件尖角

（2）易于加工。

易于加工是成型零件设计的基本要求，模具设计时，应充分考虑每一个零件的加工性能，通过合理的镶拼组合来满足加工工艺要求。例如，为了塑件止口部位易于加工，一般采用如图 2－96 所示的镶拼结构。

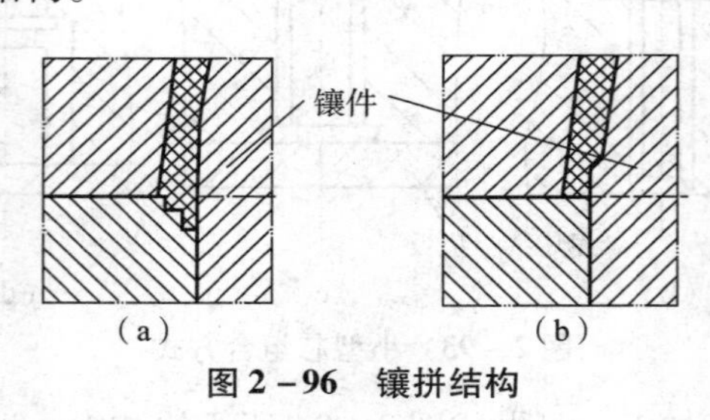

图 2－96　镶拼结构

（3）易于修整尺寸及维修。

对于成型零件中尺寸有可能变动的部位，应考虑组合结构，如图 2－97 所示；对易于磨损的碰、擦位，为了符合强度要求及维修方便，应采用镶拼结构。

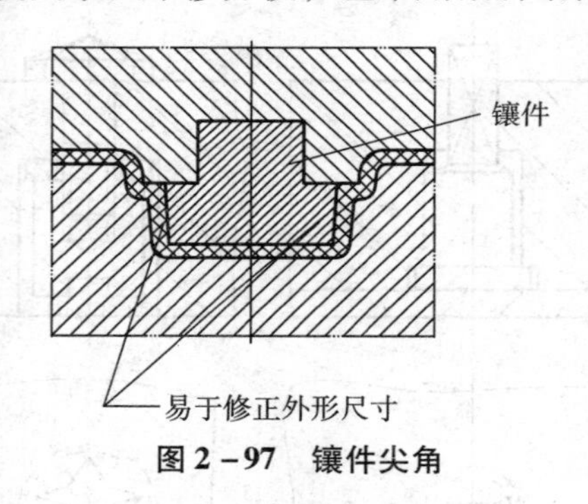

图 2－97　镶件尖角

（4）易于装配。

针对镶拼结构的成型零件而言，易于装配是模具设计的基本要求，而且应避免安装时出现差错。对于形状规整的镶件或模具中有多个外形尺寸相同的镶件，设计时应考虑避免镶件错位安装及同一镶件的转向安装。常常采用的方法是镶件非对称紧固或定位。

在图 2－98（a）中，紧固位置对称，易产生镶件 1 与镶件 2 的错位安装，同一镶件也容易转向安装。在图 2－98（b）中，每个镶件的紧固位置非对称布置，且镶件 1 与镶件 2 的紧固排位也不相同，从而避免了产生错位安装及同一镶件转向安装。另外，为了避免错位安装，也可采用定位销非对称排布的方法。

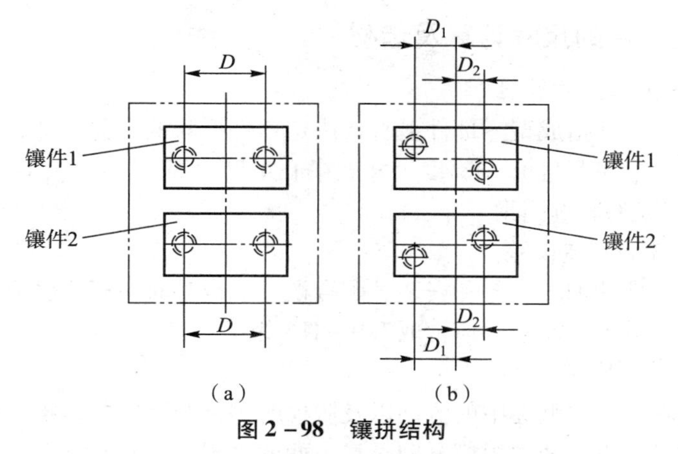

图 2－98　镶拼结构

（a）易装错；（b）不易装错

（5）不能影响外观。

在进行成型零件设计时，不仅要考虑其工艺性要求，而且要保证塑件外表面的要求。塑件是否允许夹线存在是决定其能否制作镶件的前提。若允许夹线存在，则应考虑镶拼结构，否则只能采用其他结构形式。在图 2－99（a）中，塑件表面允许夹线存在，则可以采用镶拼结构，以利于加工；在图 2－99（b）中，塑件正表面不允许夹线存在，为了利于加工或其他目的，将夹线位置移向侧壁，从而采用镶拼结构；在图 2－99（c）、（d）中，若圆弧处不允许夹线存在，则更改镶件结构，将夹线位置移向内壁。

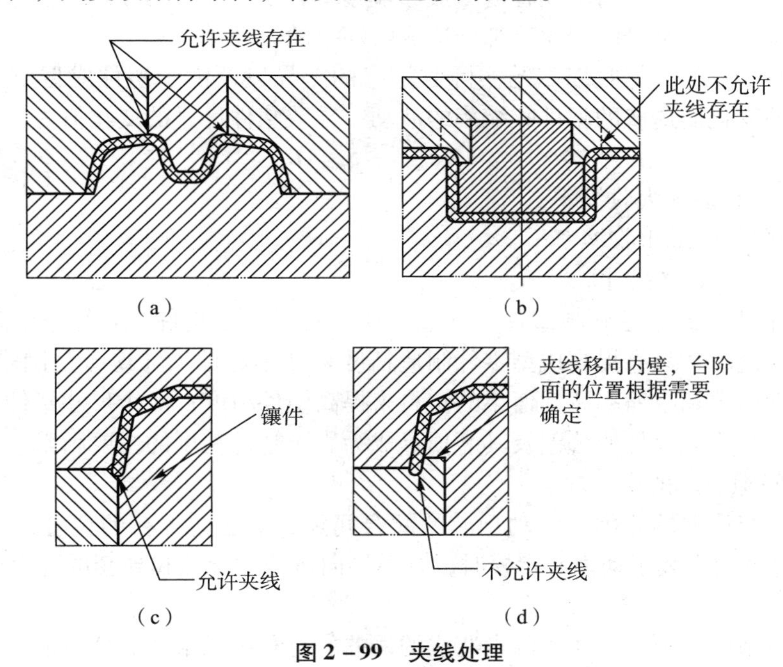

图 2－99　夹线处理

（6）综合考虑模具冷却。成型零件采用镶拼结构后，若造成局部冷却困难，应考虑采用其他冷却方法或整体结构。

（7）保证成型零件的强度。

2.4.2 成型零件的尺寸计算及选材

1. 成型零件的工作尺寸计算

成型零部件工作尺寸指成型零部件上直接决定塑件形状的有关尺寸，主要包括型腔与型芯的径向尺寸（含长、宽尺寸）和高度尺寸及中心距尺寸等。

1）塑件尺寸精度的影响因素

（1）成型零部件的制造误差。

包括：成型零部件的加工误差和安装、配合误差。设计时一般应将成型零件的制造公差控制在塑件相应公差的1/3左右，通常取IT9 ~ IT6级。

（2）成型零部件的磨损。

主要原因：塑料熔体在型腔中的流动以及脱模时塑件与型腔的摩擦，以后者造成的磨损为主。简化计算，只考虑与塑件脱模方向平行表面的磨损，对垂直于脱模方向的表面的磨损则予以忽略。

影响磨损量值的因素：成型塑件的材料、成型零部件的磨损性及生产纲领。

含玻璃纤维和石英粉等填料的塑件、型腔表面耐磨性差的零部件取大值。设计时根据塑料材料、成型零部件材料、热处理及型腔表面状态和模具要求的使用期限来确定最大磨损量，中、小型塑件最大磨损量一般取1/6塑件公差，大型塑件则取小于1/6塑件公差。

（3）塑料的成型收缩。

成型收缩：不是塑料的固有特性，是材料与条件的综合特性，随制品结构、工艺条件等影响而变化，如原料的预热与干燥程度、成型温度和压力波动、模具结构、塑件结构尺寸、不同的生产厂家、生产批号的变化等都会造成收缩率的波动。

由于设计时选取的计算收缩率与实际收缩率的差异以及由于塑件成型时工艺条件的波动、材料批号的变化而造成的塑件收缩率的波动，导致塑件尺寸的变化值为

$$\delta_s = (S_{max} - S_{min})L_s \tag{2-5}$$

式中，S_{max}——塑料的最大收缩率；

S_{min}——塑料的最小收缩率；

L_s——塑料的名义尺寸。

结论：塑件尺寸变化值 δ_s 与塑件尺寸成正比。对大尺寸塑件，收缩率波动对塑件尺寸精度影响较大。此时，只靠提高成型零件制造精度来减小塑件尺寸误差是困难和不经济的，应选用工艺条件稳定和收缩率波动值小的塑料来提高塑件精度；对小尺寸塑件，收缩率波动值的影响小，模具成型零件的公差及其磨损量成为影响塑件精度的主要因素。

（4）配合间隙引起的误差。

配合间隙引起误差的原因：活动型芯的配合间隙，引起塑件孔的位置误差或中心距误差；凹模与凸模分别安装于动模和定模时，合模导向机构中导柱和导套的配合间隙引起塑件的壁厚误差。

为保证塑件精度，须使上述各因素造成的误差的总和小于塑件的公差值，即

$$\delta_z + \delta_c + \delta_s + \delta_j \leqslant \Delta \tag{2-6}$$

式中，δ_z——成型零部件的制造误差；

δ_c——成型零部件的磨损量；

δ_s——塑料的收缩率波动引起的塑件尺寸变化值；

δ_j——由于配合间隙引起的塑件尺寸误差；

Δ——塑件的公差。

2）成型零部件工作尺寸的计算方法

理论上，成型零部件工作尺寸的计算方法有平均值法和公差带法，详见各种模具手册，此处略。实际上，成型零件的工作尺寸多可以通过塑件缩放直接得到，精度由加工设备及加工工艺直接保证。本书中的所有案例建议学生通过对塑件进行一定的缩放得到成型尺寸（缩放量与塑料的性能有关）。

2. 成型零件的结构尺寸设计

注塑成型过程中，型腔受到塑料熔体的压力会产生一定的内应力及变形，若型腔或底板壁厚不够，当内应力超过材料的许用应力时，型腔会因强度不够而破裂，且型腔刚度不足也会发生过大的弹性变形，从而导致溢料、脱模困难及影响塑件尺寸和精度。

获得型腔和底板厚度的方法有两种：一种是通过强度或刚度计算得到，另一种就是通过经验法查表得到。

1）计算方法

大型腔以刚度计算为主，小型腔以强度计算为主。圆形型腔直径 $D<67\sim86$ mm 时以强度计算为主；矩形型腔长边 $L<108\sim136$ mm 时以强度计算为主。当分界值不明确时，按两种方法计算型腔壁厚值，取其大者。具体的计算公式和方法请查阅模具手册。

2）经验查表法

（1）产品与产品的间距。

对于多腔模具，模仁的尺寸与产品间距有着很大的关联关系，表 2－14 给出了多腔模产品间距的推荐值。

表 2－14　多腔模产品间距的推荐值

产品尺寸	产品间距/mm
小件产品（<80 mm）	15～20
大件产品（≥80 mm）	20～30
注 1：产品料位越深（即产品越高），产品间距越大。 注 2：产品间有流道时，产品间距至少为 15 mm	

（2）产品边到模仁边的距离（*X*、*Y* 方向尺寸的确定）。

产品边到模仁边的距离见表 2－15。

注意：模仁尺寸（*X*、*Y* 方向尺寸）必须取整数，且最好是 10 的倍数。

表 2－15　产品边到模仁边的距离

产品尺寸	产品边到模仁边的距离/mm
小件产品（<80 mm）	25～30
大件产品（≥80 mm）	35～50

（3）模仁高度（厚度）尺寸的确定（*Z* 方向尺寸的确定）。

模仁高度（厚度）尺寸推荐值见表 2－16。模仁高度（厚度）尺寸（*Z* 方向尺寸）最好取整数＋0.5 mm，以保证 A 板和 B 板的开框深度为整数。

表 2－16　模仁高度尺寸

产品尺寸	产品最高位置到前模仁（型腔）顶面的距离 h_1/mm	产品最低位置到后模仁（型芯）底面的距离 h_2/mm
小件产品（＜80 mm）	25～30	$h_2 = h_1 +$（5～10）且 $h_2 \geq 20$
大件产品（≥80 mm）	35～50	

（4）模仁的尺寸确定。

根据前面推荐表格我们可以得到模仁的大概结构尺寸，一般情况下还要验证螺钉、水路、斜顶等特征的布置，如果不合适，则模仁结构尺寸还需要适当加大。

3. 成型零件的材料选择

成型零件需要很好的机械性能和加工工艺性，常用的成型零件的材料可参考表 2－17。

表 2－17　常用成型零件材料的牌号及性能

材料牌号	出厂硬度	适用模具	适用塑料	热处理	备注
M238	HRC30～34	需抛光的前模、前模镶件	ABS、PS、PE、PP、PA	淬火至 HRC54	不耐腐蚀
718S	HRC31～36			火焰加硬至 HRC52	
M238H	HRC33～41	需抛光的前模、前模镶件	ABS、PS、PE、PP	预加硬，无须淬火	
718H	HRC35～41				
M202	HRC29～33	（大模）前模、后模、镶件、行位		淬火至 HRC54	
MUP	HRC28～34				
M310	退火≤HRC20	镜面模、前模、后模	PC、PVC、PMMA、POM、TPE、TPU	淬火至 HRC57	耐腐蚀、透明件
S136	退火≤HRC18			淬火至 HRC54	
M300	HRC31～35	镜面模、前模、后模		淬火至 HRC48	
S136H	HRC31～36			预加硬、无须淬火	
黄牌钢	HB170～220	（大模）后模、模板、后模镶件（含模镶件）	ABS、PS、PE、PP、PA		不耐腐蚀
2738H	HRC32～38	（小模）前模、镶件、行位		预加硬，无须淬火	
2316VOD	HRC35～39	需抛光的前模、后模、镶件、行位	PC、PVC、PMMA、POM、TPE、TPU	淬火至 HRC48	耐腐蚀
2316ESR	HRC27～35	需纹面的前模、后模、镶件、行位			
2311	HRC29～35	（大模）前模、后模、镶件、行位	ABS、PS、PE、PP	火焰加硬至 HRC52	不耐腐蚀
K460	退火≤HRC20			淬火至 HRC64	
NAK55	HRC40～43	后模、镶件、行位		预加硬，无须淬火	
NAK80	HRC40～43	前模、后模、镶件、行位	ABS、PS、PE、PP	预加硬，无须淬火	
PAK90	HRC32～36	镜面模、前模、后模	PC、PVC、PMMA、POM、TPE、TPU	预加硬，无须淬火	耐腐蚀、透明件

2.4.3　盒盖注塑模具的模仁零件设计

盒盖注塑模具的模仁尺寸可设计成如图 2－100 所示的形式，外形尺寸为 120 mm×120 mm×18 mm，公差取 H8。

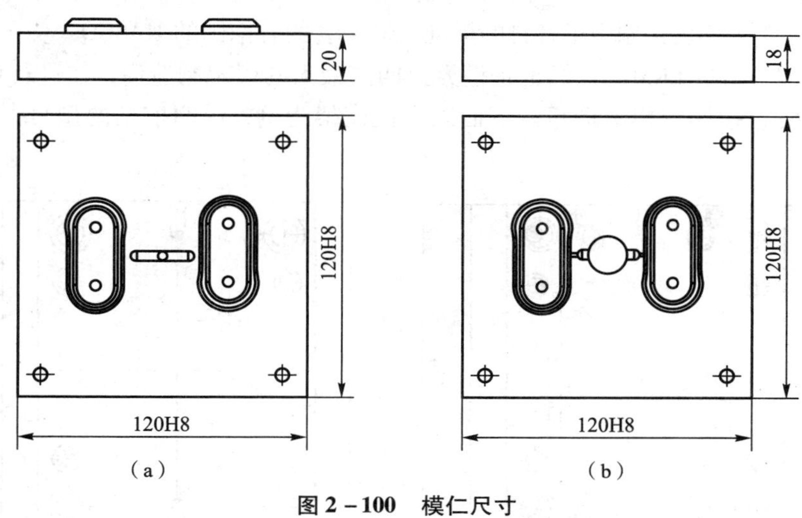

图 2－100　模仁尺寸

(a) 公模仁；(b) 母模仁

模仁壁厚要超过 2.4.2 节查表所得尺寸，模仁尺寸的大小不具有唯一性。模仁的材料选 S136H。

2.4.4　课内实践

(1) 绘制 2.4.1 节中成型零件结构示意图的 3D 示意图。

(2) 熟练完成盒盖注塑模具设计的塑件初始化、布局和分型等任务。

(3) 完成自选塑件模具设计过程中的成型零件设计。

单元五　模架及模具结构件的选择

教学内容：

模架的选择，模具结构件的选用。

教学重点：

模架类型的选择，模架尺寸的计算，模具结构件的选用。

教学难点：

模架尺寸的计算，结构件的选用。

目的要求：

能根据成型方案选择合适的模架及模具结构件。

建议教学方法：

结合多媒体课件讲解，软件操作演示。

2.5.1 常用模架的类型与规格介绍

注塑模具类型依据模具基本结构分为两类：一类是二板模，也称大水口模；另一类是三板模，也称细水口模。其他特殊结构的模具也是在上述两种类型的基础上改变而来的，如哈夫模、无流道模、双色模等。所有模具按固定在注射设备上的需要，又有工字模和直身模之分。

各国的模架制造商已经制定了各自的标准，最著名的有德国的 HASCO、美国的 DME、日本的 FUTABA 和中国的 LKM，它们也是世界上四家最大的模架制造商，在进行模架设计时，选好类型和规格直接调用模架即可。下面以龙记模架为例，说明模架的型号，如图 2－101 所示。

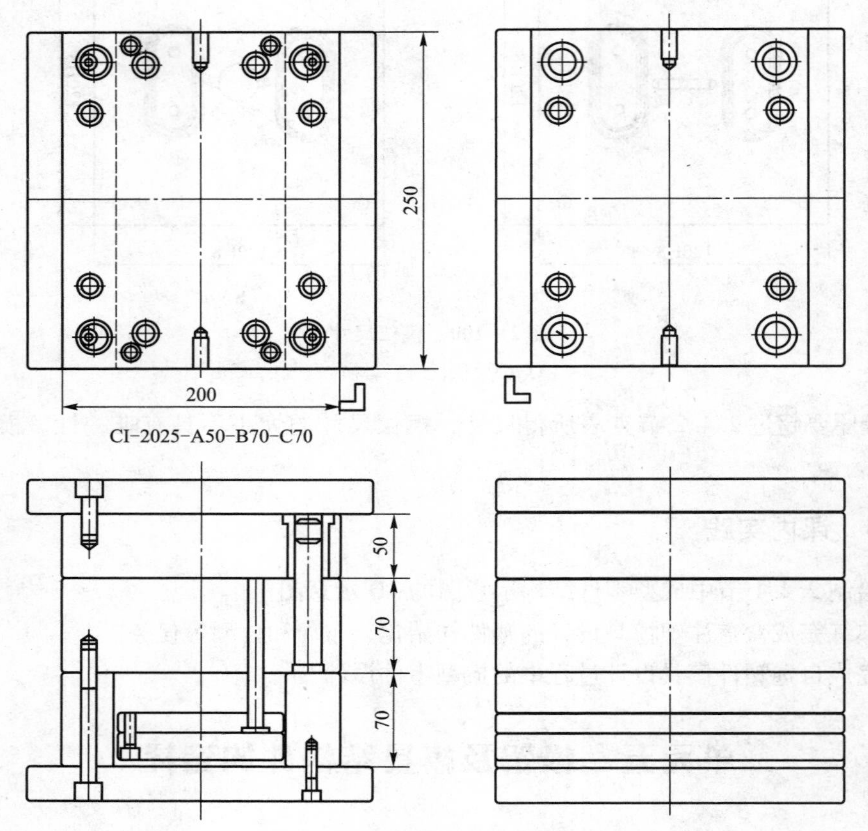

图 2－101　模架的二维图

图 2－101 表达的是一副 CI 大水口模架，型号为 CI－2025－A50－B70－C70，其中，CI 代表类型，2025 代表模板 X 方向（长度）尺寸为 200 mm、Y 方向（宽度）尺寸为 250 mm；A、B、C 板的高度分别为 50 mm、70 mm、70 mm。在调用模架时输入这些参数就可以得到图示的模架了。

通常模具宽度尺寸小于等于 300 mm，选择工字模；宽度尺寸大于 300 mm，选择直身模。

2.5.2 模架尺寸计算与选择

模架的宽与长由模仁的宽与长和模仁边到 A 板边或 B 板边的距离确定。

模仁边到 A 板边或 B 板边的距离一般取 50～70 mm，于是：

$$模架宽 = 模仁宽 + 2 \times (50 \sim 70)\ mm$$

$$模架长 = 模仁长 + 2 \times (50 \sim 70)\ mm$$

模仁大小与模架的关系如图 2－102 所示。在选择完模架后，可以参考表 2－18 的经验数据进行验证。

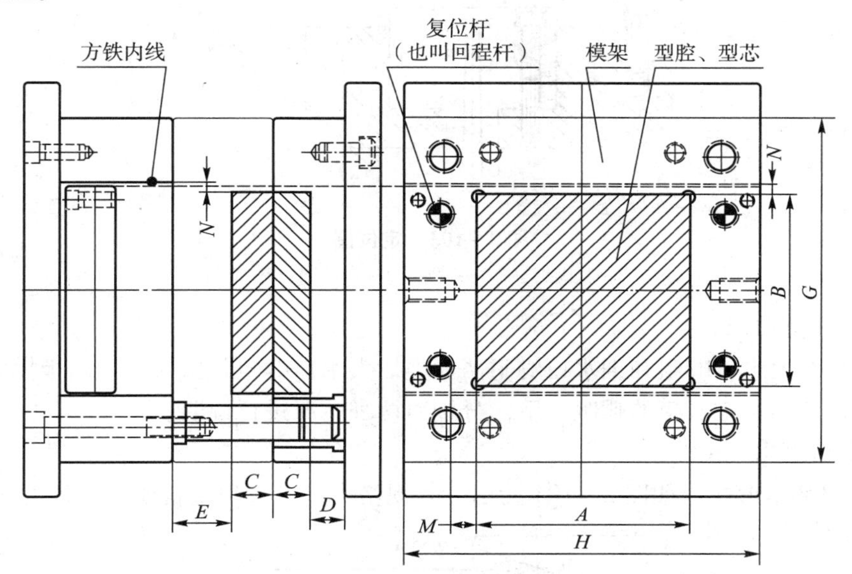

图 2－102　模仁与模架的关系

表 2－18　模架规格选取经验值

模仁大小 A，B/mm	M/mm	N/mm	D/mm	E/mm	模架规格
$A<100$ $B<90$	8～15	－3～5	20～22	35～45	1820～2023
$A=100\sim180$ $B=90\sim150$	8～15	0～5	22～25	40～50	1820～2530
$A=180\sim300$ $B=150\sim250$	12～20	0～5	25～28	45～65	2730～4045
$A=300\sim450$ $B=250\sim400$	15～25	0～20	30～35	55～90	4045～6570
$A=450\sim700$ $B=400\sim600$	20～30	5～30	30～35	85～150	7075～95105

经过简单计算和验证，盒盖宜选用的模架型号为 CI－2525－A50－B60－C80。

2.5.3　模架结构件的设计

1. 定位圈

（1）基本形式，如图 2－103 所示。

（2）装配形式，如图 2－103，螺钉：M6 × 20.0，数量：2。

（3）常用规格，ϕ35 mm × ϕ100 mm × 15 mm，其他规格可参阅塑料模具设计的各种插件。

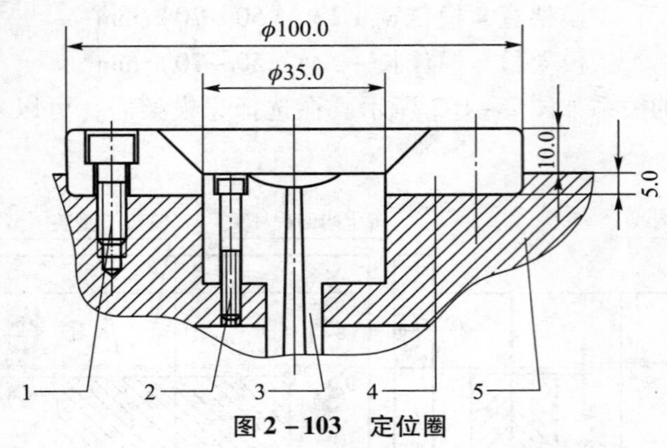

图 2－103 定位圈

1，2—紧固螺钉；3—唧咀；4—定位圈；5—面板

2．唧咀（浇口套）

唧咀通常有大水口唧咀和细水口唧咀两大类。大水口唧咀是指使用于两板模的唧咀，细水口唧咀是指使用于三板模的唧咀。下面分别对两种情况进行说明。

1）大水口唧咀

（1）常用基本形式，如图 2－104 所示。其规格类型可参阅塑料模具的各类插件。

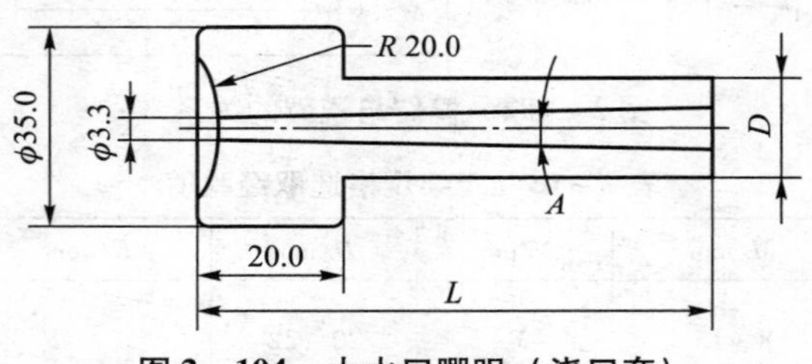

图 2－104 大水口唧咀（浇口套）

（2）大水口唧咀的选用方法。

大水口唧咀通常根据模具所成型塑件所需塑料量的多少、所需唧咀的长度选用。所需塑料量多时，选用较大的唧咀；反之则选用较小的类型。根据唧咀的长度选取不同的夹角“A”，以便唧咀尾端的孔径能与主流道的直径相匹配。一般情况下，根据模坯大小选取，模坯 3535 以下，选用 $D=\phi12$ mm 的类型；模坯 3535 以上，选用 $D=\phi16.0$ mm 的类型。

（3）装配方式。

基本装配方式如图 2－103 所示。螺钉规格：M4×20，数量：1。

若为了缩短唧咀的长度“L”，建议采用如图 2－105 所示的装配方式，同时必须加强前模紧固。当面板与主流道的间距 $D\geqslant60$ mm 时，建议采用此种方式。

2）细水口唧咀

（1）其基本形式如图 2－106 零件“2”所示，当使用隔热板时，$H=20.0$ mm；无隔热板时，$H=10.0$ mm。

（2）装配形式如图 2－106 所示，装配要求：锥面配合高度“H_1”须紧密贴合，一般 $H_1\geqslant8.0$ mm；保证图 2－106 所示尺寸“20.0 mm”。螺钉选择，规格：M8×20.0，数量：4。

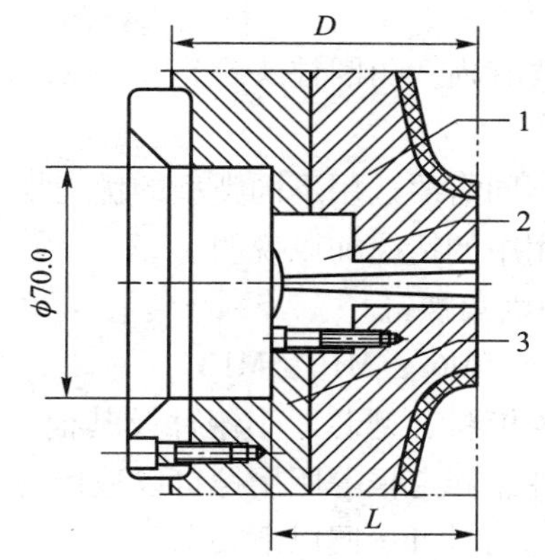

图 2-105　唧咀（浇口套）

1—前模；2—唧咀；3—面板

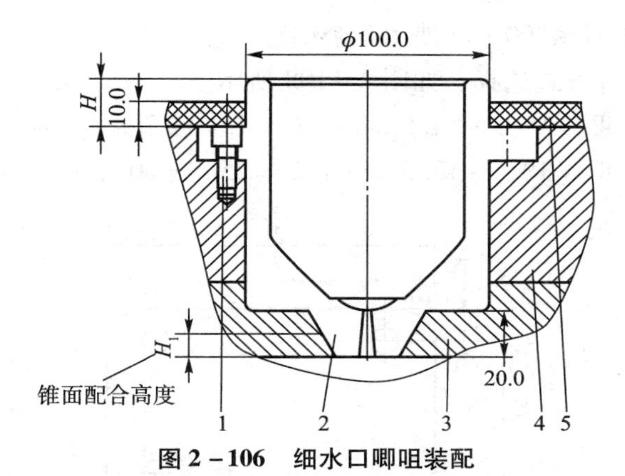

图 2-106　细水口唧咀装配

1—螺钉；2—细水口唧咀；3—水口板；4—面板；5—隔热板

（3）简化形式，如图 2-107 所示。

特点：制作简单，将大水口唧咀头部加工出锥面后即可使用。

缺点：主流道太长，浪费塑料，水口板与模胚 A 板的分型距离较大。

适用对象：模胚较小，一般在 3030 规格以下使用；使用普通型细水口唧咀时，拉料杆难以固定，这样就可避免为满足拉料杆的布置而增大模具尺寸。

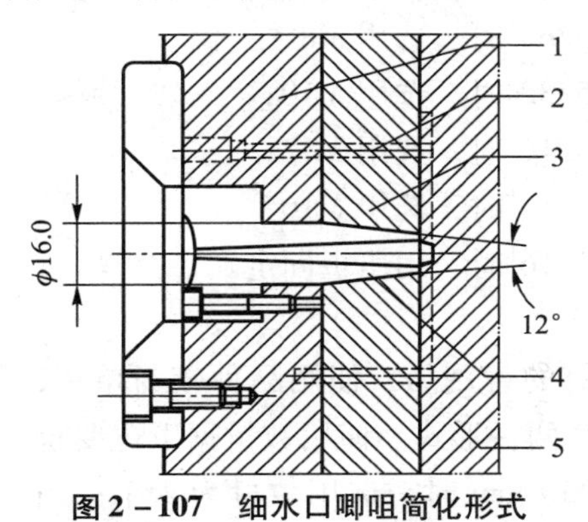

图 2-107　细水口唧咀简化形式

1—面板；2—拉料杆；3—水口板；4—细水口唧咀；5—A 板

3. 紧固螺钉

模具中常用的紧固螺钉主要有内六角圆柱头螺钉（内六角螺钉）、内六角平端紧定螺钉（无头螺钉）及六角头螺栓。

在模具中，紧固螺钉应按不同需要选用不同类型的优先规格，同时保证紧固力均匀、足够。下面将各类紧固螺钉在使用中的情况加以说明。

1）内六角圆柱头螺钉（内六角螺钉）

内六角螺钉的优先规格：M4，M6，M10，M12。

内六角螺钉主要用于前后模模料、型芯、小镶件及其他一些结构组件。除前述定位圈、唧咀所用的螺钉外，其他如镶件、固定板等所用螺钉以适用为主，并尽量满足优先规格。用于前、后模模料紧固的螺钉，选用时可参照以下要求：

规格：模料宽度≤300 mm 选用 M10 及以下；模料宽度>300 mm 选用 M12。

数量：模料长度≤300 mm 使用 4 个螺钉；模料长度>300 mm 且≤500 mm 使用 6 个螺钉；模料长度>500 mm 且≤800 mm 使用 8 个螺钉。

中心距：按下列两种方式选择，如图 2-108 所示。

①当选用 M10 时，$W_1=10.5\sim14.5$ mm，$L_1=15n$ 或 $20n$，n 表示倍数；

②当选用 M12 时，$W_1=12.5\sim13.5$ mm，$L_1=25n$ 或 $30n$，n 表示倍数。

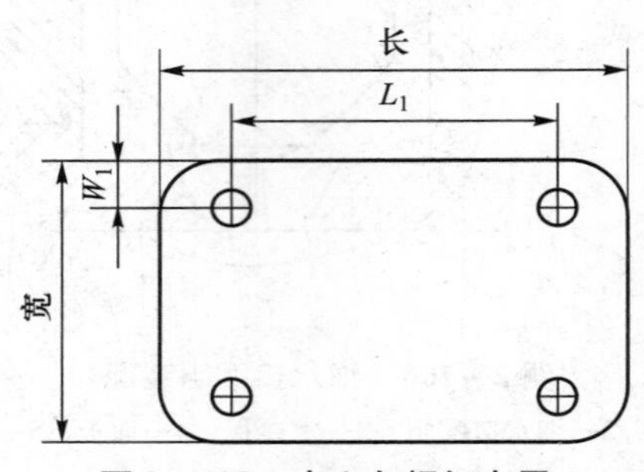

图 2-108　内六角螺钉布置

2）内六角平端紧定螺钉（无头螺钉）

无头螺钉主要用于镶针、拉料杆、司筒针的紧固。如图 2-109 所示，在标准件中，ϕd 和 ϕD 相互关联，ϕd 是实际上所用尺寸，所以通常以 ϕd 作为选用的依据，并按下列范围选用。

（1）当 $\phi d\leq3.0$ mm 或 9/64″时，选用 M8；

（2）当 $\phi d\leq3.5$ mm 或 5/32″时，选用 M10；

（3）当 $\phi d\leq7.0$ mm 或 3/16″时，选用 M12；

（4）当 $\phi d\leq8.0$ mm 或 5/16″时，选用 M16；

（5）当 $\phi d\geq8.0$ mm 或 5/16″时，用压板固定。

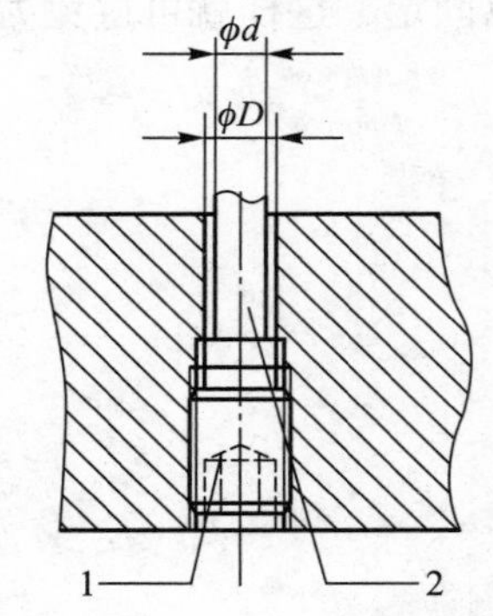

图 2-109　无头螺钉紧固

1—无头螺钉；2—司筒针

3）六角头螺栓

六角头螺栓仅作为垃圾钉的替用品，使用品种较为单一，一般使用 M10×20、M12×20 两种形式。使用数量据下述要求而定：当模坯顶针板长度≤350 mm 时，选用数量为 4 个；当坯顶针板长度≥400 mm 时，选用数量为 6 个；当模坯顶针板长度≥600 mm 时，选用数量为 8 个。

2.5.4　课内实践

（1）熟悉模架参数，完成盒盖零件的模架导入及螺钉、浇口套和定位圈的调入。

（2）根据自拟塑件的设计参数选定模架，并调入模架、螺钉、浇口套和定位圈。

（3）尝试调用各类标准件。

单元六　脱模机构设计

教学内容：

脱模机构的选择。

教学重点：

推出的方式及尺寸设计。

教学难点：

推出方式。

目的要求：

能选择合适的脱模方式并设计相关尺寸。

建议教学方法：

结合多媒体课件讲解，软件操作演示。

2.6.1　盒盖注塑模具的推出机构设计

盒盖注塑模具的脱模机构由 4 根 $\phi 6$ 推杆、4 根复位杆、一根 $\phi 4$ 拉料杆组成。如图 2－110 所示，推杆位于塑件圆心处，复位杆采用标准模架自带复位杆，拉料杆为 Z 字形杆。

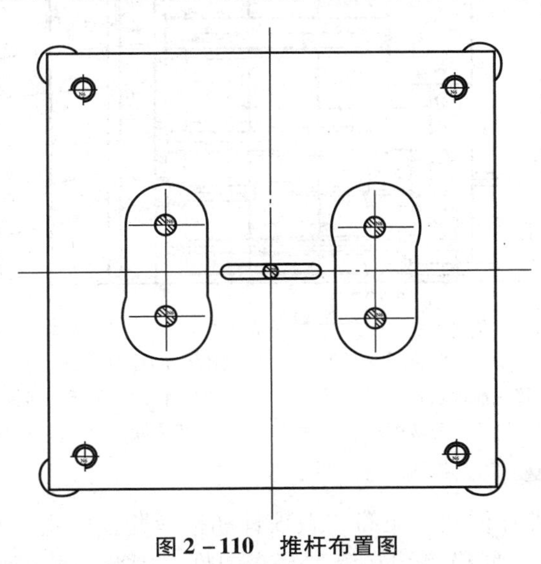

图 2－110　推杆布置图

2.6.2　顶杆和推板的设计

塑件脱模是注射成型过程中的最后一个环节，脱模的质量好坏将最后决定塑件的质量；当模具打开时，塑件须留在具有脱模机构的半模（常在动模）上，利用脱模机构脱出塑件。脱模设计原则如下：

（1）为使塑件不致因脱模产生变形，推力布置应尽量均匀，并尽量靠近胶料收缩包紧的型芯，或者难于脱模的部位，如塑件细长柱位，采用司筒脱模。

（2）推力点应作用在塑件刚性和强度最大的部位，避免作用在薄胶位，作用面也应尽可能大一些，如凸缘、（筋）骨位、壳体壁缘等位置，筒形塑件多采用推板脱模。

（3）避免脱模痕迹影响塑件外观，脱模位置应设在塑件隐蔽面（内部）或非外观表面；对透明塑件，尤其须注意脱模顶出位置及脱模形式的选择。

（4）避免因真空吸附而使塑件产生顶白、变形，可采用复合脱模或用透气钢排气，如顶杆与推板或顶杆与顶块脱模，顶杆可适当加大配合间隙排气，必要时还可设置进气阀。

（5）脱模机构应运作可靠、灵活，且具有足够的强度和耐磨性，如摆杆、斜顶脱模，应提高滑碰面强度、耐磨性，并在滑碰面开设润滑槽；也可进行渗氮处理，以提高表面硬度及耐磨性。

（6）模具回针（复位杆）长度应在合模后，与前模板接触或低于0.1 mm，如图2－111所示。

（7）弹簧复位常用于顶针板回位。由于弹簧复位不可靠，故需要可靠复位时，不能采用弹簧复位。

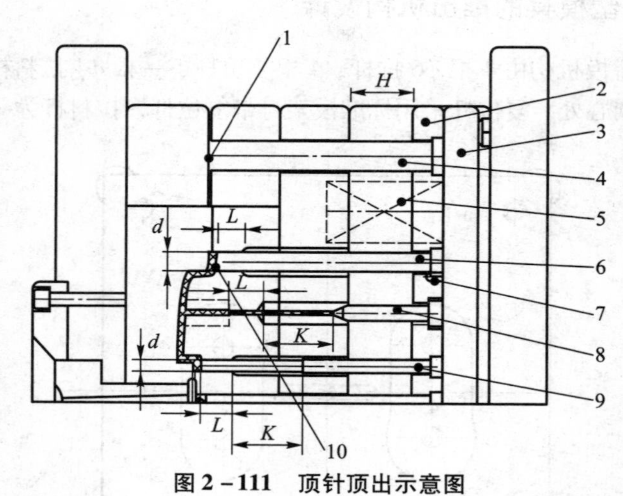

图2－111　顶针顶出示意图

1—回针接触前模板；2—面针板；3—底针板；4—回针；5—回位弹簧；6—顶针；7—防转销；8—扁顶针；9—有托顶针；10—顶位斜面

1. 顶针、扁顶针脱模

塑件脱模的常用方式有顶针、司筒、扁顶针和推板脱模。由于司筒、扁顶针价格较高（比顶针贵8~9倍），推板脱模多用在筒型薄壳塑件，因此，脱模使用最多的是顶针。当塑件周围无法布置顶针，如周围多为深骨位，骨深为15 mm时，可采用扁顶针脱模。顶针、扁顶针表面硬度在HRC55以上，表面粗糙度在 $Ra1.6$ μm以下。顶针、扁顶针脱模机构如图 2－111 所示，设置要点如下：

（1）当顶针直径 $d \leqslant 2.5$ mm 时，选用有托顶针，以提高顶针强度。

（2）扁顶针、有托顶针 $K \geqslant H$，如图 2－111 所示。

（3）顶位面是斜面，顶针固定端须加定位销；为防止顶出滑动，斜面可加工多个 R 形小槽，如图 2－112 所示。

（4）扁顶针、顶针与孔配合长度 $L = 10 \sim 15$ mm；对小直径顶针，L 取顶针直径的 5～6 倍。

（5）顶针距型腔边至少为 0.15 mm，如图 2－112 所示。

（6）避免顶针与前模产生碰面，如图 2－113 所示，否则易损伤前模或出披峰。

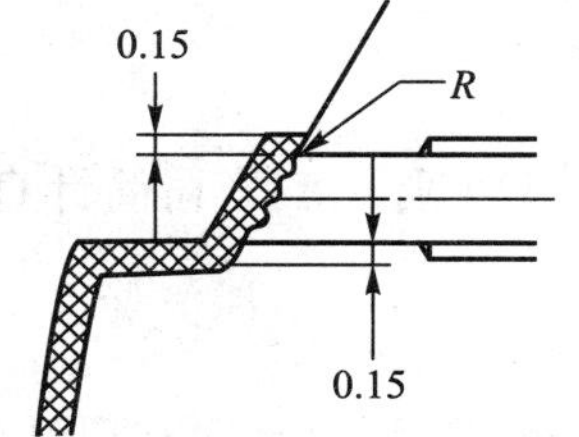

图 2－112　斜面顶针脱膜机构

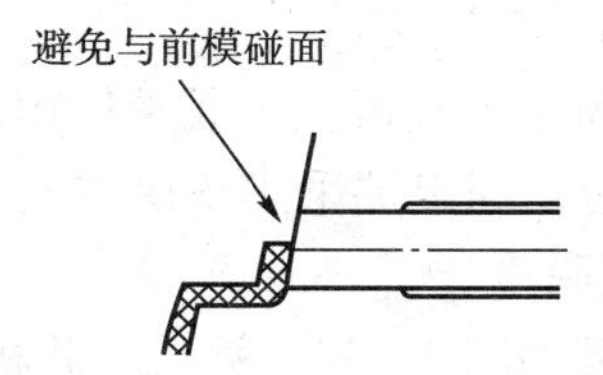

图 2－113　避免顶针与前模碰面

（7）顶针头部直径 d 及扁顶针配合尺寸 t、w 与后模配合段按配作间隙 0.04 mm 配合。

（8）顶针、扁顶针孔在其余非配合段的尺寸为 $d + 10.8$ mm 或 $d_1 + 110.8$ mm，台阶固定端与面针板孔间隙为 0.5 mm。

（9）顶针、扁顶针底部端面与面针板底面必须齐平。

（10）顶针顶部端面高出后模表面 $e \leqslant 0.1$ mm。

顶针的固定方式与型芯类似。

2. 司筒脱模

司筒脱模如图 2－114 所示，司筒常用于长度≥20 mm 的圆柱位脱模。标准司筒表面硬度为 HRC60，表面粗糙度 $Ra \leqslant 1.6$ μm。另外，司筒的壁厚应≥1 mm；布置司筒时，司筒针固定位不能与顶棍孔发生干涉。

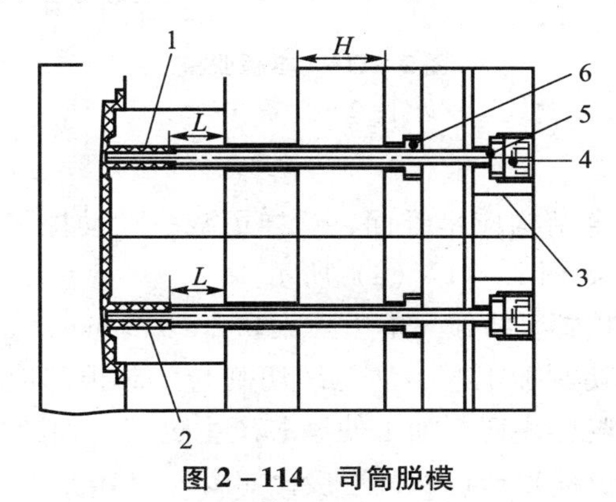

图 2－114　司筒脱模

1，2—台阶（猪嘴形）圆柱位；3—顶棍孔；4—无头螺钉；5—司筒针；6—司筒

1）司筒配合要求

司筒脱模配合关系如图 2－115 所示，配合要求如下：

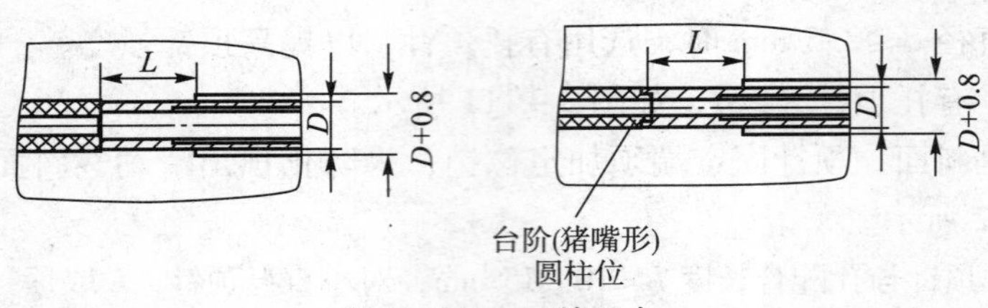

图 2-115　司筒配合

（1）司筒与后模配合段长度为 $L=10\sim15$ mm，其直径 D 配合间隙应≤0.04 mm。

（2）其余无配合段尺寸为 $D=10.8$ mm。

2）大司筒针固定

司筒针固定于底板上，通常使用无头螺钉，如图 2-114 所示。当司筒针直径 $d>8$ mm 或 5/16in① 时，固定端采用垫块方式固定。

3. 推板脱模

推板脱模如图 2-116 所示。此机构适用于深筒形、薄壁和不允许有顶针痕迹的塑件，或一件多腔的小壳体（如按钮塑件）。其特点是推力均匀，脱模平稳，塑件不易变形，其不适用于分模面周边形状复杂、推板型孔加工困难的塑件。

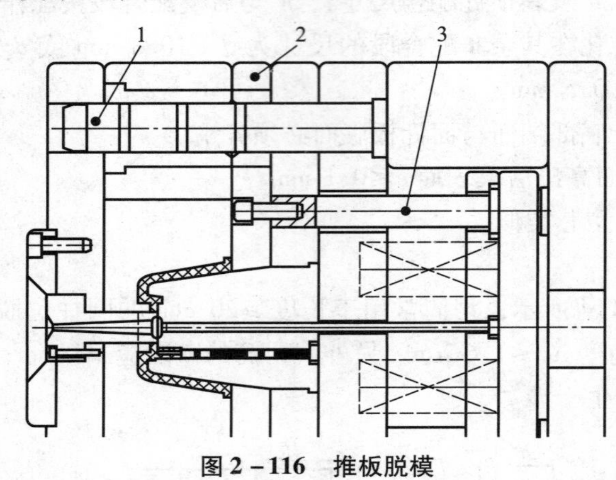

图 2-116　推板脱模

1—边钉；2—推板；3—回针

推板脱模机构要点：

（1）推板与型芯的配合结构应呈锥面，这样可减少运动擦伤，并起到辅助导向作用。其锥面斜度应为 3°~10°，如图 2-117（a）所示。

（2）推板内孔应比型芯成型部分（单边）大 0.2~0.3 mm，如图 2-117（b）所示。

（3）型芯锥面采用线切割加工时，注意线切割与型芯顶部应有 >0.1 mm 的间隙，如图 2-117（b）所示，并避免线切割加工使型芯产生过切，如图 2-117（c）所示。

（4）推板与回针（复位杆）通过螺钉连接，如图 2-116 所示。

（5）模坯订购时，注意推板与边钉配合孔须安装直导套。

（6）推板脱模后，须保证塑件不滞留在推板上。

① 1in = 2.54 cm。

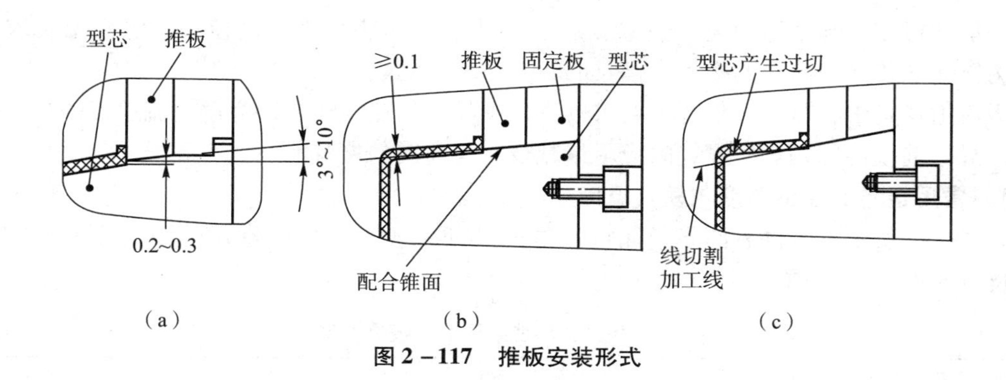

图 2－117　推板安装形式

2.6.3　其他推出方式介绍

脱模机构种类繁多，其设计是一项既复杂又灵活的工作。

按推出机构动作的动力源，有手动脱模、机动脱模、气动和液压脱模等；按推出机构动作的特点，分为一次推出（简单脱模机构）脱模、二次推出脱模、顺序脱模、点浇口自动脱模以及带螺纹塑件脱模等。

前面介绍的顶杆和推板脱模都是简单的一次脱模机构，也是我们最常见的脱模方式，其他脱模机构此处略过，需要时请查阅相关手册。

2.6.4　课内实践

（1）完成盒盖注塑模具脱模机构的制作。

（2）完成自拟塑件注塑模具脱模机构的设计与绘制。

（3）运用软件尝试各种脱模方式的标准件的调用。

单元七　温度调节系统的设计

教学内容：

模具的温度调节系统。

教学重点：

水路的形式和尺寸。

教学难点：

绘制水路，设计水路尺寸。

目的要求：

能根据模具尺寸绘制水路并设计尺寸。

建议教学方法：

结合多媒体课件讲解，软件操作演示。

2.7.1　温度调节系统设计

模具温度一般通过调节传热介质的温度，增设隔热板、加热棒的方法来控制。传热介质一般采用水、油等，它的通道常被称作冷却水道。

一般通过在冷却水道中通入热水、热油（热水机加热）来升高模温。当模温要求较高时，为防止热传导对热量的损失，模具面板上应增加隔热板。

无流道模具中，若流道板温度要求较高，则须由加热棒加热，为避免流道板的热量传至前模，导致前模冷却困难，设计时应尽量减少其与前模的接触面。

1. 常用塑料的注射温度与模具温度

表2－19所示为塑件表面质量无特殊要求（即一般光面）时常用的塑料注射温度和模具温度（模具温度指前模型腔的温度）。

表2－19　塑料注射温度和模具温度　℃

塑料名称	ABS	AS	HIPS	PC	PE	PP
注射温度	210～230	210～230	200～210	280～310	200～210	200～210
模具温度	60～80	50～70	40～70	90～110	35～65	40～80
塑料名称	PVC	POM	PMMA	PA6	PS	TPU
注射温度	160～180	180～200	190～230	200～210	200～210	210～220
模具温度	30～40	80～100	40～60	40～80	40～70	50～70

2. 冷却系统设计原则

（1）冷却水道的孔壁至型腔表面的距离应尽可能相等，一般取15～25 mm，如图2－118（a）所示。

（2）冷却水道数量应尽可能多，而且要便于加工。一般水道直径选用ϕ6.0 mm、ϕ8.0 mm、ϕ10.0 mm，两平行水道间距取40～60 mm，如图2－118（a）所示。

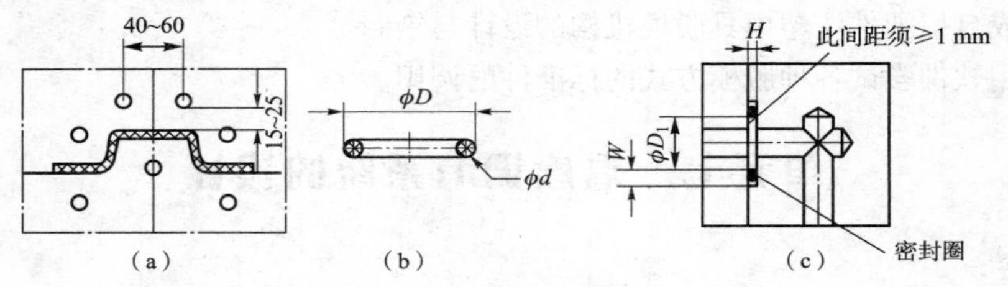

图2－118　冷却系统结构

（3）所有成型零部件均要求通冷却水道，除非无位置；热量聚集的部位须强化冷却，如喇叭位、厚胶位、浇口处等；A板、B板、水口板、浇口部分则视情况而定。

（4）降低入水口与出水口的温差。入水、出水温差会影响模具冷却的均匀性，故设计时应标明入水、出水方向，模具制作时要求在模坯上标明。运水流程不应过长，以防造成出、入水温差过大。

（5）尽量减少冷却水道中“死水”（不参与流动的介质）的存在。

（6）冷却水道应避免设在可预见的塑件熔接痕处。

（7）保证冷却水道的最小边距（即水孔周边的最小钢位厚度），要求当水道长度小于150 mm时，边距大于3 mm；当水道长度大于150 mm时，边距大于5 mm。

（8）冷却水道连接时要由O形圈密封，密封应可靠无漏水。

（9）对冷却水道布置有困难的部位应采取其他冷却方式，如铍铜、热管等。

（10）合理确定冷却水接头位置，避免影响模具的安装和固定。

3. O 形密封圈的密封结构

常用 O 形密封圈的结构如图 2 – 118（b）所示。常用密封结构如图 2 – 118（c）所示。常用密封圈的装配技术要求参见表 2 – 20。

表 2 – 20　密封圈的装配　　mm

密封圈规格		装配技术要求		
ϕD	ϕd	ϕD_1	H	W
13.0	2.5	8.0	1.8	3.2
16.0		11.0		
19.0		14.0		
16.0	3.5	9.0	2.7	4.7
19.0		12.0		
25.0		18.0		

4. 常见的冷却回路

常见的冷却回路示意图如图 2 – 119 所示。图 2 – 119（a）和（b）所示为环绕型，图 2 – 119（c）所示为直通型，此部分学习可以借助塑料模具插件进行。

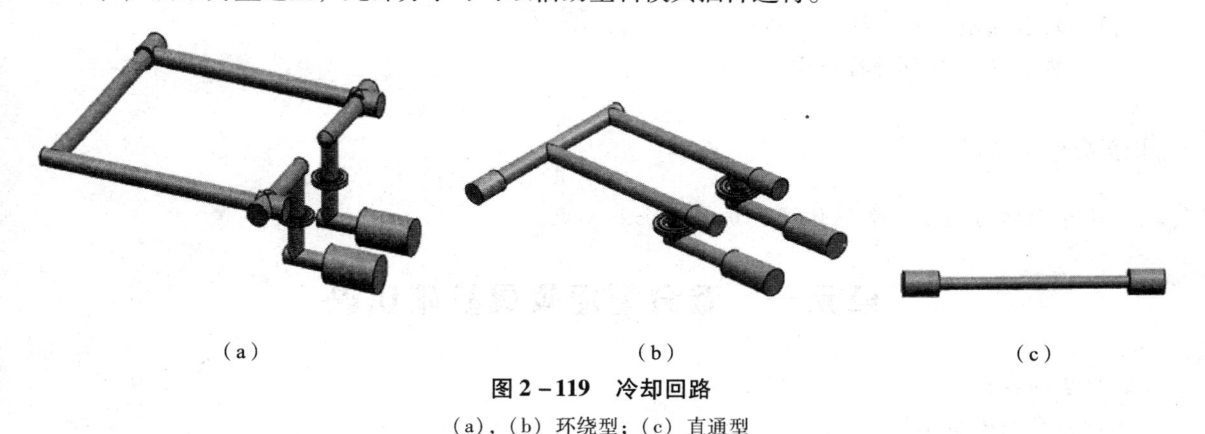

图 2 – 119　冷却回路

(a)，(b) 环绕型；(c) 直通型

2.7.2　课内实践

(1) 完成盒盖注塑模具未完成的冷却系统设计。

(2) 完成自拟产品的冷却系统设计。

(3) 运用软件尝试绘制各种冷却水路及其配件。

项目三　双分型面注塑模具设计

能力目标

1. 具备识读双分型面模具的能力；
2. 具备设计简单双分型面模具的能力。

知识目标

1. 熟悉双分型面模具的工作原理；
2. 熟悉常见的顺序分型方式；
3. 熟悉注塑机的选择与校核；
4. 熟悉双分型面模具的设计流程。

建议教学方法

软件操作与演示、多媒体课件讲解、企业参观。

单元一　双分型面模具基础认识

教学内容：

双分型面模具结构分析。

教学重点：

双分型面模具的结构。

教学难点：

双分型面模具的结构。

目的要求：

能看懂书中插图，能调用相关标准件。

建议教学方法：

结合多媒体课件讲解，软件演示。

3.1.1　双分型面模具的特点与工作原理

双分型面模具有两个分型面，浇注系统和塑件在模内分离，分别从两个分型面掉落。双分型面模具比起单分型面模具需要增加控制两个分型面打开顺序的顺序分型机构和浇注系统的顶出机构等。所以，双分型面模具比起单分型面模具来说要复杂一些。

双分型面模具又叫细水口模、三板模，细水口模具主要用来成型下列制品：

（1）一模一腔侧浇口进胶制品。如果采用大水口模，要么加大模胚造成浪费，要么唧咀严重偏心。

（2）一模多腔点浇口进胶制品。

（3）一模一腔多个点浇口进胶的制品，通常用于成型较大型的制品。

下面我们用一个例子来解释细水口模的工作原理。

模具的表述方式很多，在学习之前，同学们可以对应一些名称，如双分型面模具又叫细水口模具，定模又叫前模，浇注系统又叫流道，浇口又叫入水点等。

细水口模具的注塑生产过程，其中模具本身要完成的动作、要求和功能有：拉断细水口入水点→拉断浇口套入胶点→打开前模→顶出产品→取出产品→取出水口流道→前后模板合模→到下一个循环。

细水口系统模具的生产动作过程如图3-1所示，顺序为(a)-(b)-(c)-(d)-(e)-(f)-(g)-(h)。

下面对图3-1所示过程进行说明。

图3-1（a）中各处标注如图3-2所示，图3-1（a）所示为模具注满胶的状态，图3-2上所注的各点、距离等将在后面一一加以说明其功能和作用。

模具的工作原理与注塑机的工作过程紧密相关，注塑机的生产示意图如图3-3所示。注塑机定模板不动，模具的定模部分固定在注塑机的定模板上；模具的动模部分固定在注塑机的动模板上，可以一起做往复运动。

细水口模具在生产过程中，一般要打开3个地方，即01处、02处和03处，如图3-1所示。

模具设计的思路是：01处先打开，然后02处才打开，最后03处打开。只有这样才能完成注塑的生产过程，一旦打开次序出错，模具将无法生产。

然而，怎样设计才能让模具的打开动作按我们的设想次序来进行呢？下面一一说明模具各组成部分的功能和作用。

图3-1（b）的标注如图3-4所示。

当注塑机动模板向后运动时，会带动模具后模向后运动，此时，模具有可能打开的地方有3处：01、02、03。

（1）因拉料针扣住水口流道，同时也扣住了水口板，让图3-4中的02处打不开，即要打开02处，必须强行使C点与c点分开。

（2）01处打开，则必须强行拉开A点与a点的连接。

（3）03处打开，则必须强行拉开G点与g点的连接。

由（1）、（2）、（3）点得出，要使打开次序按01→02→03进行，则必须使G点的力大过$C+B$点的力，而$C+B$点的力又要大过A点的力，才能确保开模次序的正常动作。

A点的拉力大小直接与入水点大小相关，这是由产品设计和模具设计来决定的。

$C+B$点的拉力，其中C点的拉力大小直接与拉料的扣环大小有关。

G点的拉力大小是通过膨胀胶与孔的摩擦力大小来决定的，它是可调节的，即在注塑机上一样可以调。

图3-1（c）所示的各处标注如图3-5所示。

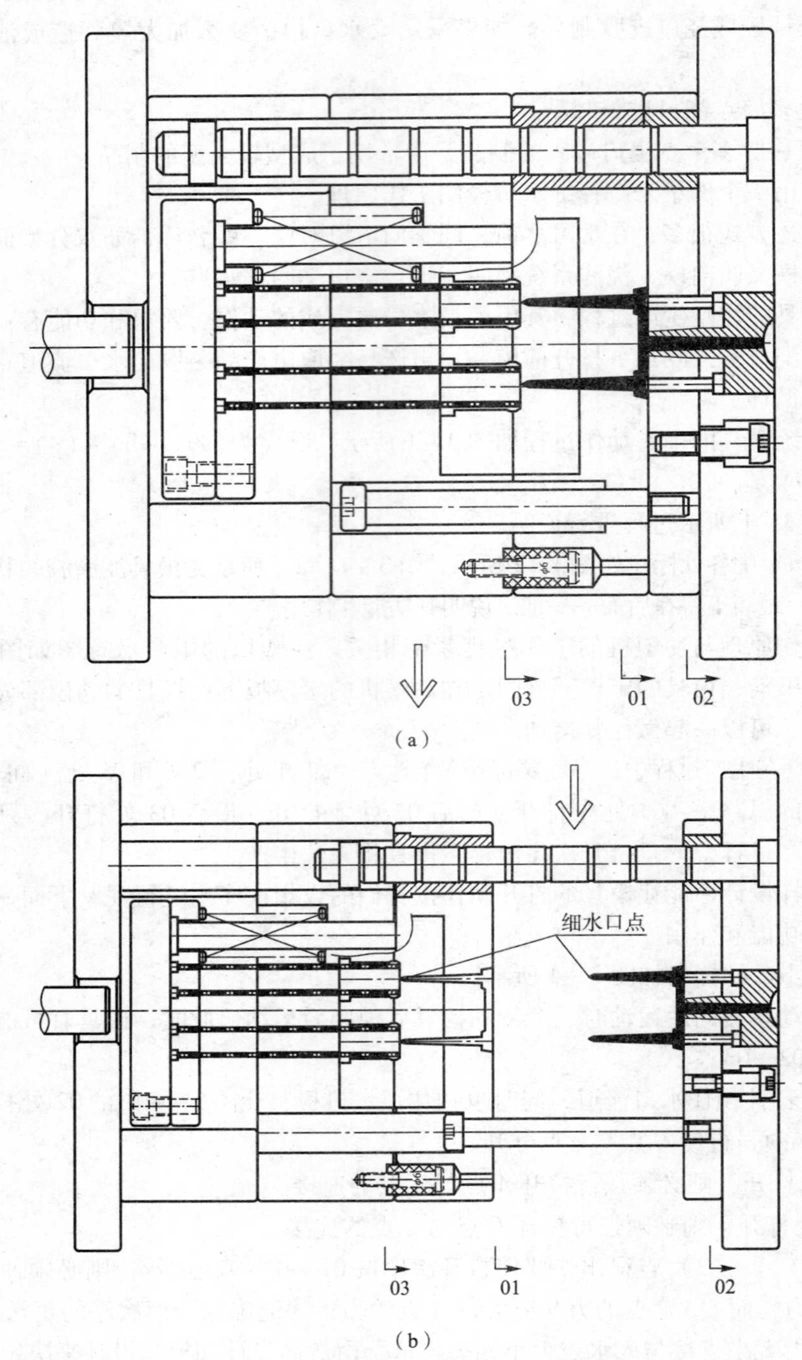

图 3－1　细水口系统模具的生产动作过程

(a) 注满胶的状态；(b) 从 01 处开模，拉断细水口点

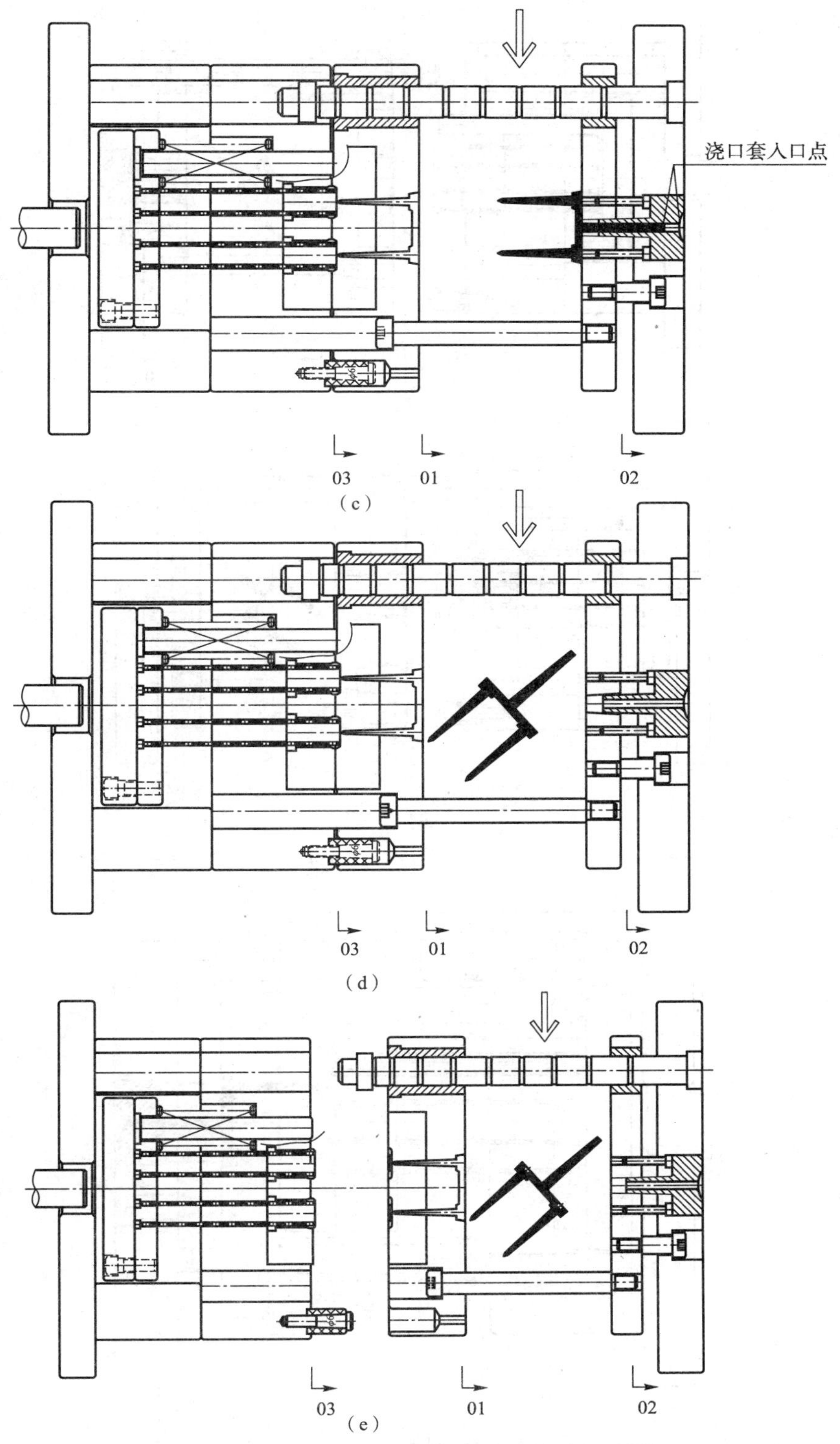

图 3－1　细水口系统模具的生产动作过程（续）

（c）从 02 处开模，拉断浇口套入口点；（d）流道松落；（e）从 03 处开模，打开前模

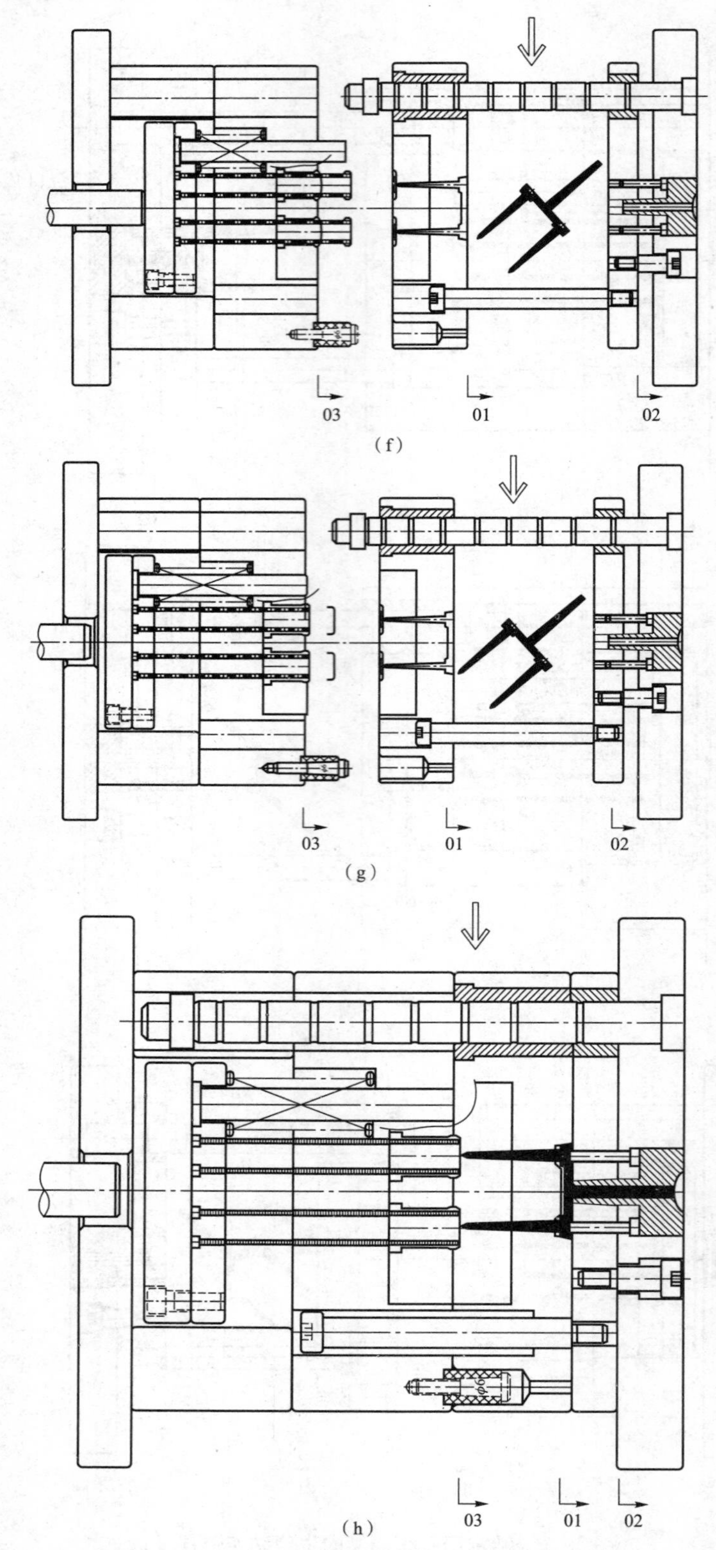

图 3－1　细水口系统模具的生产动作过程（续）

(f) 顶棍上移，通过顶针顶出产品；(g) 顶棍退回，产品落下或用手取出产品；(h) 模具合模，准备下一个生产循环

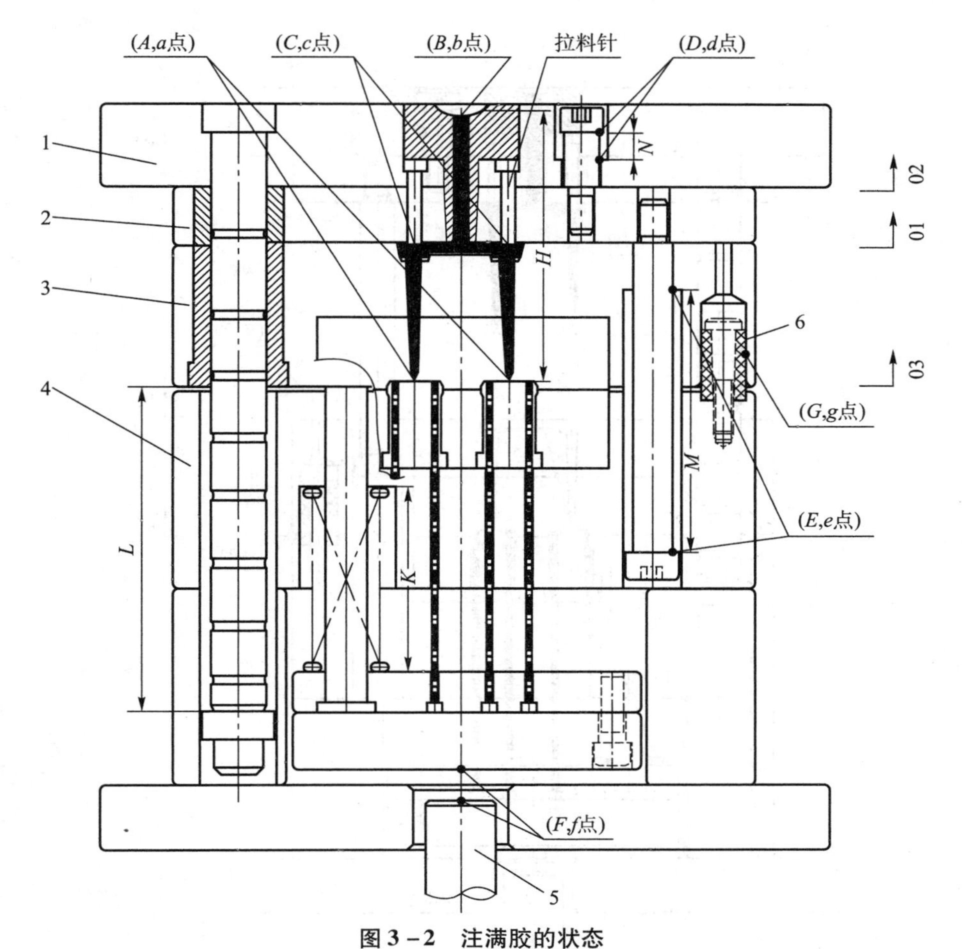

图 3－2　注满胶的状态

1—面板；2—水口板；3—前模板；4—后模板；5—顶棍；6—尼龙胶开闭器

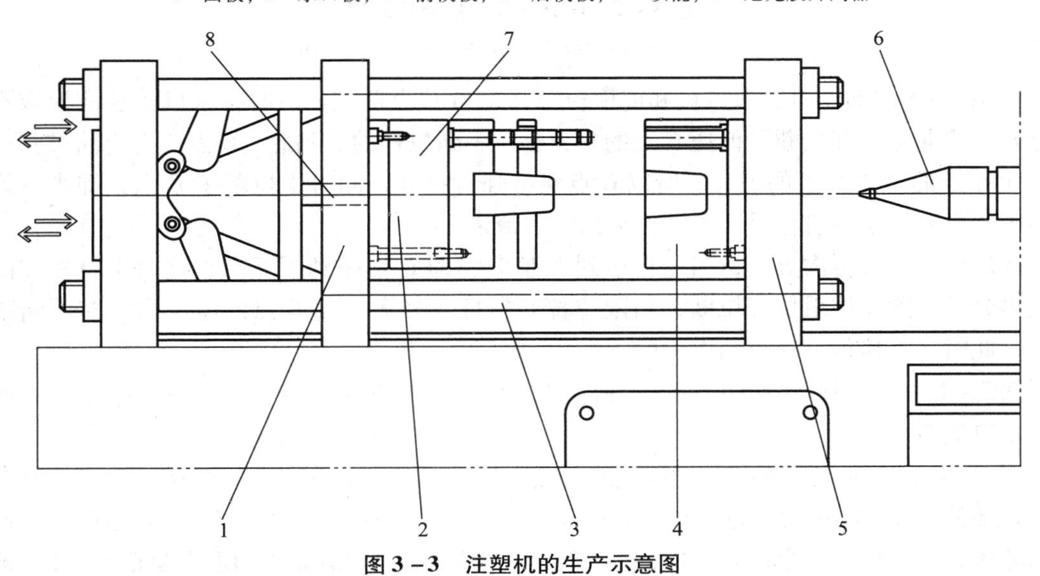

图 3－3　注塑机的生产示意图

1—注塑机动模板；2—模具后模；3—轨道；4—模具前模；5—注塑机定模板；
6—注塑头；7—动模做往复动作；8—顶棍做往复动作

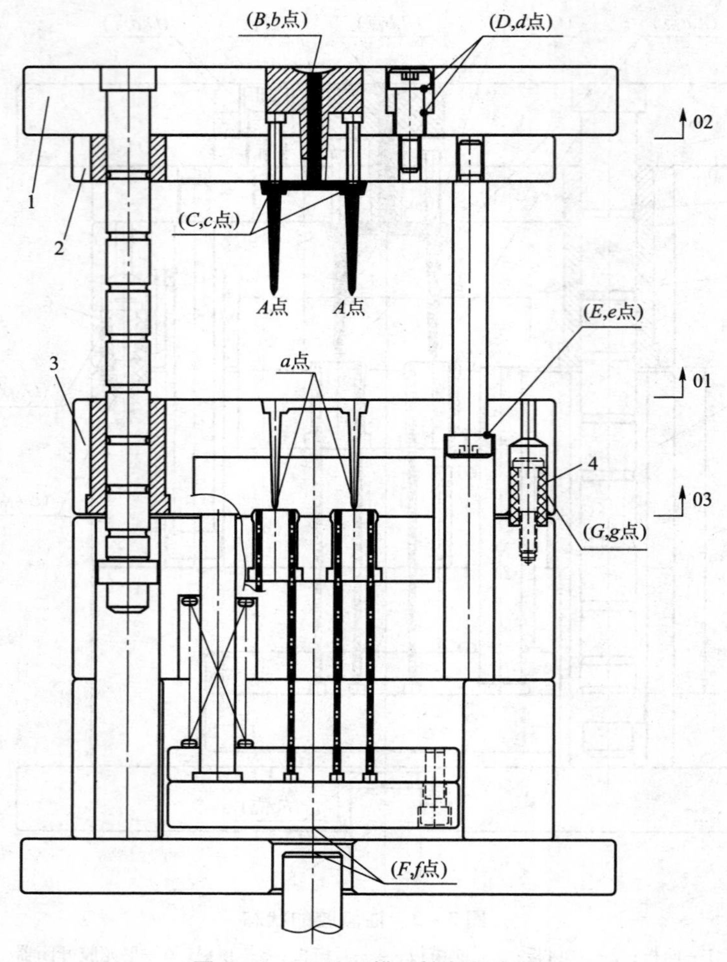

图 3-4　01 处开模，拉断细水口

1—面板；2—水口板；3—前模板；4—尼龙胶开闭器

在图 3-5 的动作时，水口板和前模板分开，当 *E* 点碰到 *e* 点时，水口板和前模板不能再分开，除非把拉杆拉断，但凭 *C* 点的扣力是拉不断拉杆的。到此，*C* 点或 *G* 点将被强行拉开，而 *G* 点的力比 *C* 点的力大，所以 *C* 点将被强行拉开，同时也拉断了 *B* 点，即水口流道松落了，只要用手或机械手一夹即可夹出水口流道。

水口板和面板再次分开，当行程达到 *N* 值时，即 *D* 点碰到了 *d* 点，这时水口板和面板不能再分开，除非把限位杆拉断；而限位杆和拉杆一样大，凭 *G* 点的摩擦力是拉不断限位杆的。此时，将执行下一个动作。

图 3-1（d）的标注如图 3-6 所示，水口流道已经落下，只要用手或机械手一夹即可夹出水口流道。

图 3-1（e）的标注如图 3-7 所示。在图 3-6 动作时，*D* 点已经碰到了 *d* 点，当 *E* 点碰到 *e* 点后，开模的拉力通过限位杆和拉杆传到了 *G* 点。而 *G* 点的力仅仅是通过胶膨胀而产生的摩擦力，要想拉断限位杆和拉杆是不可能的。这时，前模板和后模板被强行分开，即第三步开模 03 处打开，产品的前模部分将展示在面前。

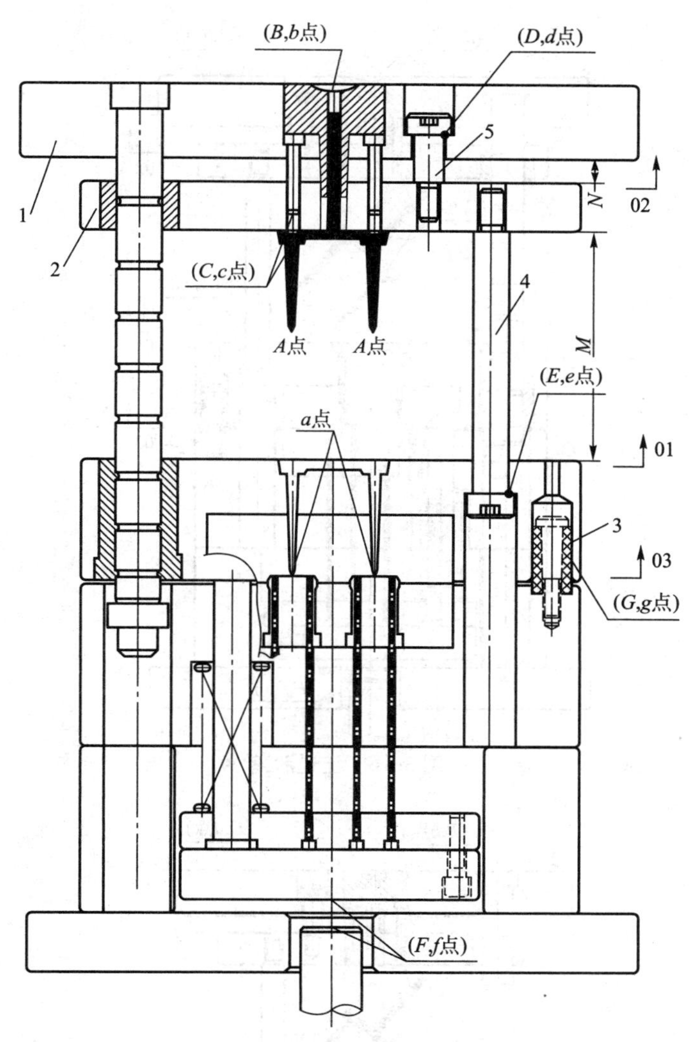

图3-5 02处开模，拉断浇口套入口点

1—面板；2—水口板；3—尼龙胶开闭器；4—拉杆；5—限位杆

图3-1（f）的各标注如图3-8所示。在图3-7的动作完成之后，顶棍向上推进，顶住顶针底板的底部，带动顶针、斜顶、直顶、顶块等向上运动，把产品顶出后模镶件，用手或机械手取出产品即可。顶针面板和顶针底板向上的运动是靠回程杆或中托司来导向的，同时复位弹簧受压缩。至此，图3-8的动作完成。

图3-1（g）的各标注如图3-9所示。在图3-8的动作完成后，因为有顶针挂住产品，这时产品是不会自动落下的，而有的产品希望能自动落下，此时，顶棍必须后移，同时，复位弹簧上的压缩力没有了，弹簧会顶住顶针板回弹，带动顶针回弹，这样挂住产品的顶针缩回去后，产品就自动掉到了地上，在注塑机的下面放一个箱接住产品即可。

在图3-8或图3-9完成后，模具就会合模，如图3-10所示。

到这里，细水口模具一个完整的生产过程完成了，接下来就是另一个周期的循环。这样不停地重复上述从图3-1（a）~图3-1（h）（图3-2~图3-10）的过程，注塑机即可进行不间断的生产。

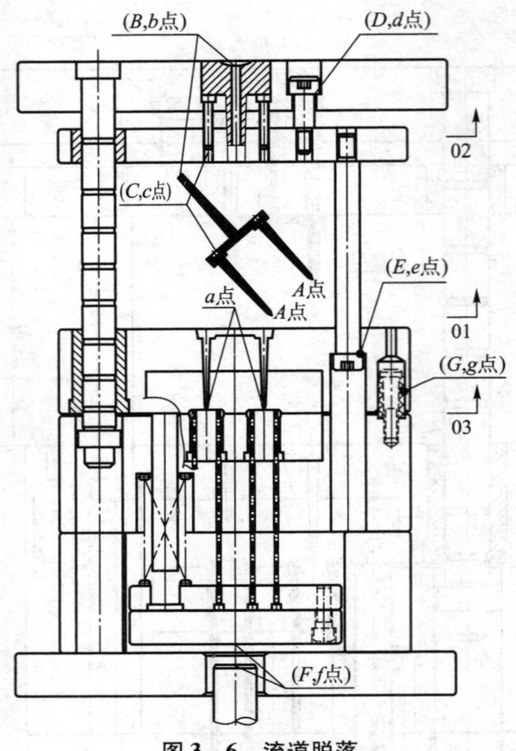

图 3-6　流道脱落

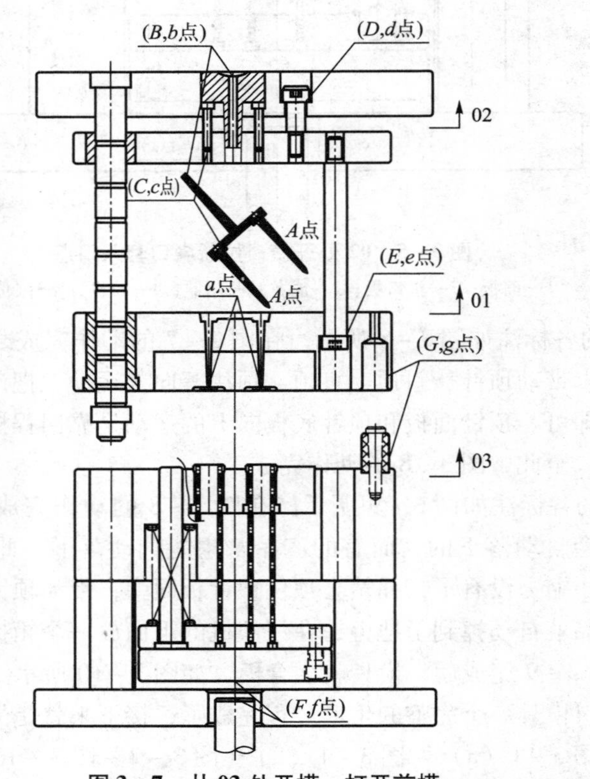

图 3-7　从 03 处开模，打开前模

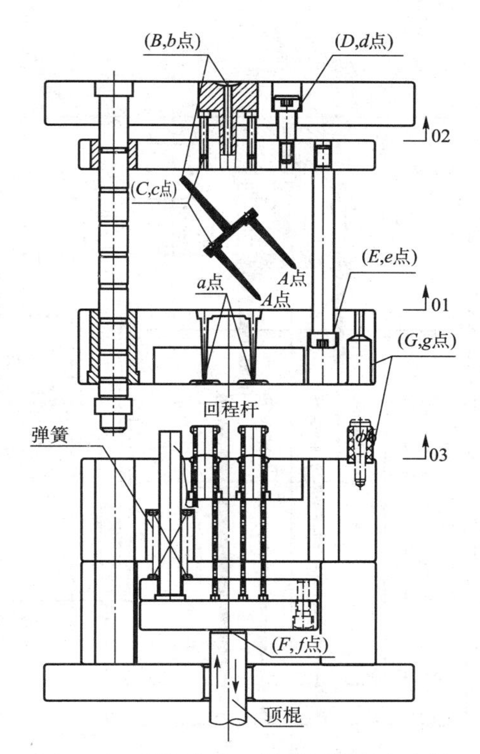

图3-8 顶棍上移，通过顶针顶出产品

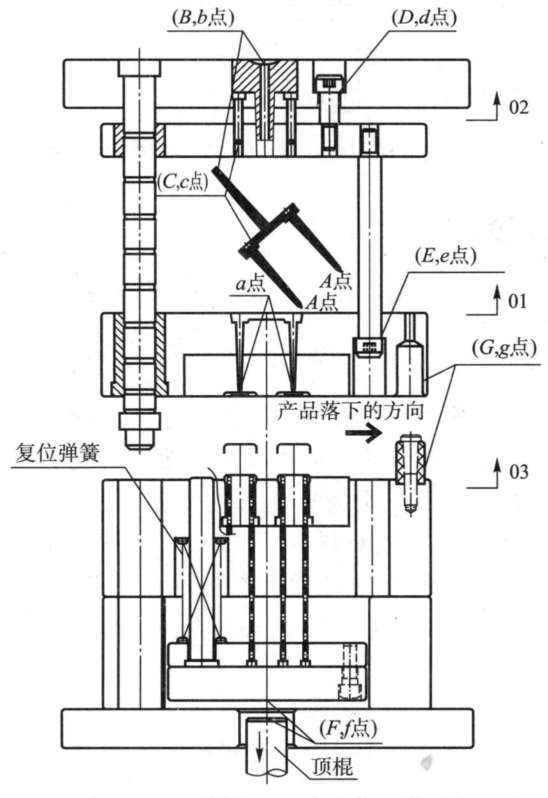

图3-9 顶针退回，产品落下或手取

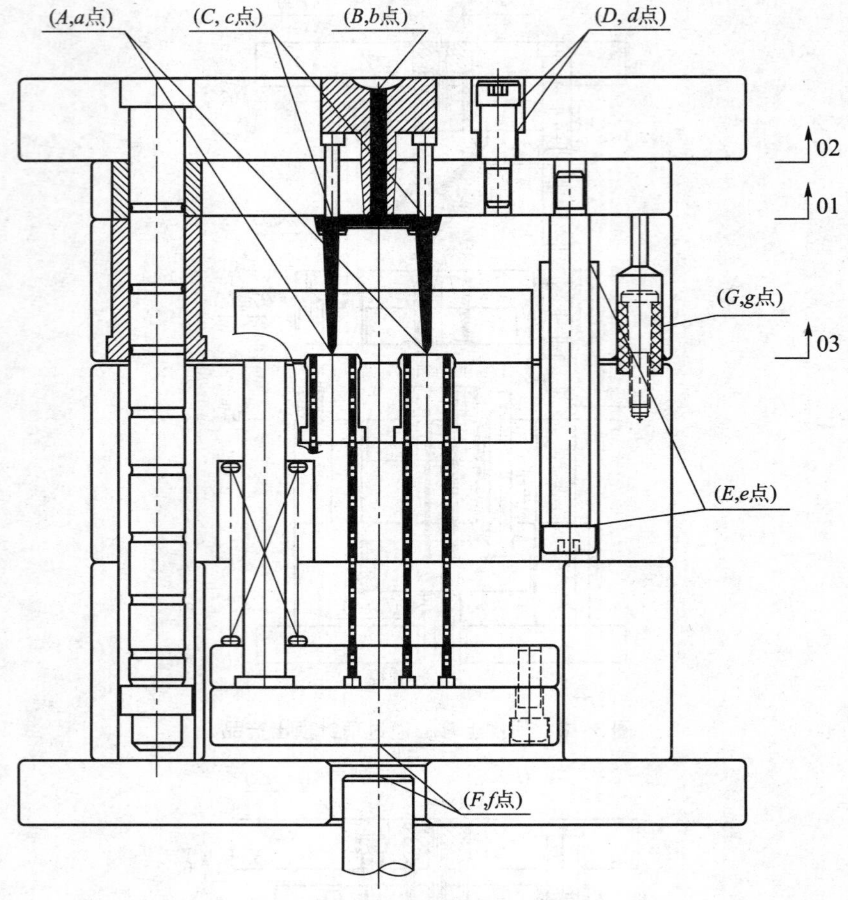

图 3－10　模具合模注射，等待开模

3.1.2　三板模常用标准件介绍

与两板模相比，三板模主要多出了控制分型顺序的机构件及浇注系统推出的机构件，下面我们对这些方面进行简单说明。

1. 尼龙胶钉（开闭器）

一般细水口模较常采用尼龙胶钉代替拉钩，控制分型的先后次序。尼龙胶钉结构简单，易装配，并且可通过调整螺丝的松紧来控制尼龙棒的膨胀。开模时，利用尼龙棒与孔的摩擦力使 A、B 板一起运动。但对于大型模具，这种结构不常用。其顶部常开 $\phi5$ mm 的孔排气。图 3－11 列出的是常用的一种尼龙胶钉（开闭器），在模具中，尼龙胶钉（开闭器）通常是 4～8 个对称布置。

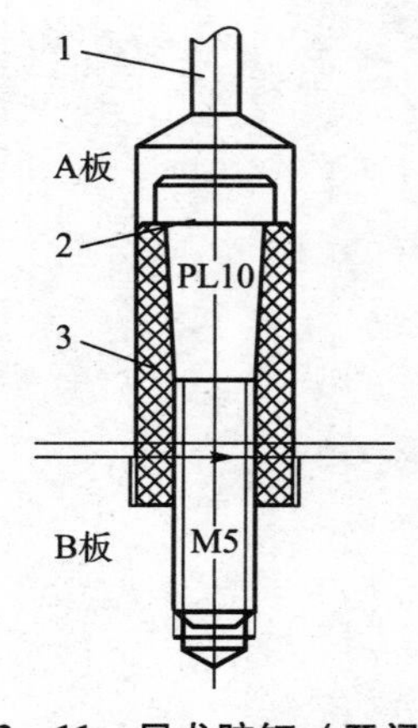

图 3－11　尼龙胶钉（开闭器）

1—排气孔；2—螺孔；3—尼龙棒

2. 定距拉板

定距拉板可以控制开模距离，与水口板组合可以方便浇注系统自动脱落。

（1）装配形式。如图 3－12 所示。

（2）技术要求：D_1 一般取 10～12mm；D_2 的尺寸应稍大于流道在开模方向上的投影总长度，但不能小于 110mm；D_3 要求大于 1.0mm；D_4 一般取 25mm 左右，其他尺寸参考图 3－12。

（3）材料：45 钢。

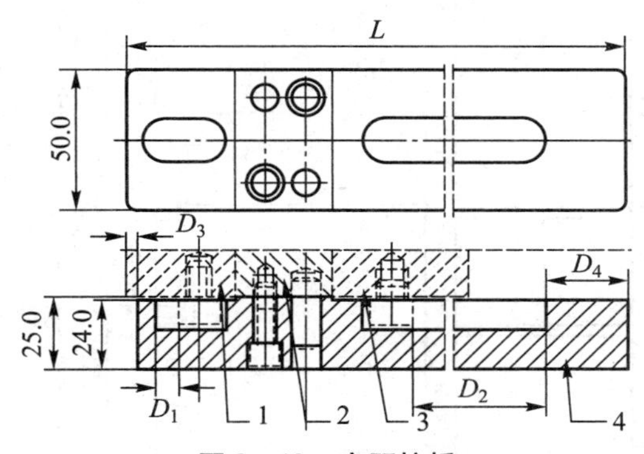

图 3－12　定距拉板

1—面板；2—水口板；3—A 板；4—定距拉板

3. 小拉杆（见图 3－13）

1）小拉杆的作用

（1）控制第一次和第二次开模行程。

（2）传导力至水口板（剥料板），使水口板（剥料板）运动。

2）小拉杆设计方法

（1）直径确定。直径确定可参考表 3－1。

表 3－1　小拉杆的直径　　mm

模座尺寸	小拉杆直径
300×300 以下	ø16
300～450	ø20
450～600	ø20
600～	ø20
注：模架规格 2525，拉杆直径取 16 mm；模架规格 3030，拉杆直径取 20 mm	

（2）通常取四支，模具较小时可取两支，注意是否会影响浇注系统取出。

（3）小拉杆行程：

$$S_1 = \text{浇注系统总长}(L) + 20 \sim 35\ \text{mm}$$

（4）注意小拉杆上端 T 形套安装时需加装弹簧垫圈，以防松动。

（5）在水口板与母模板间加弹簧，弹簧行程取 20 mm 左右，规格可采用 TF 系列。

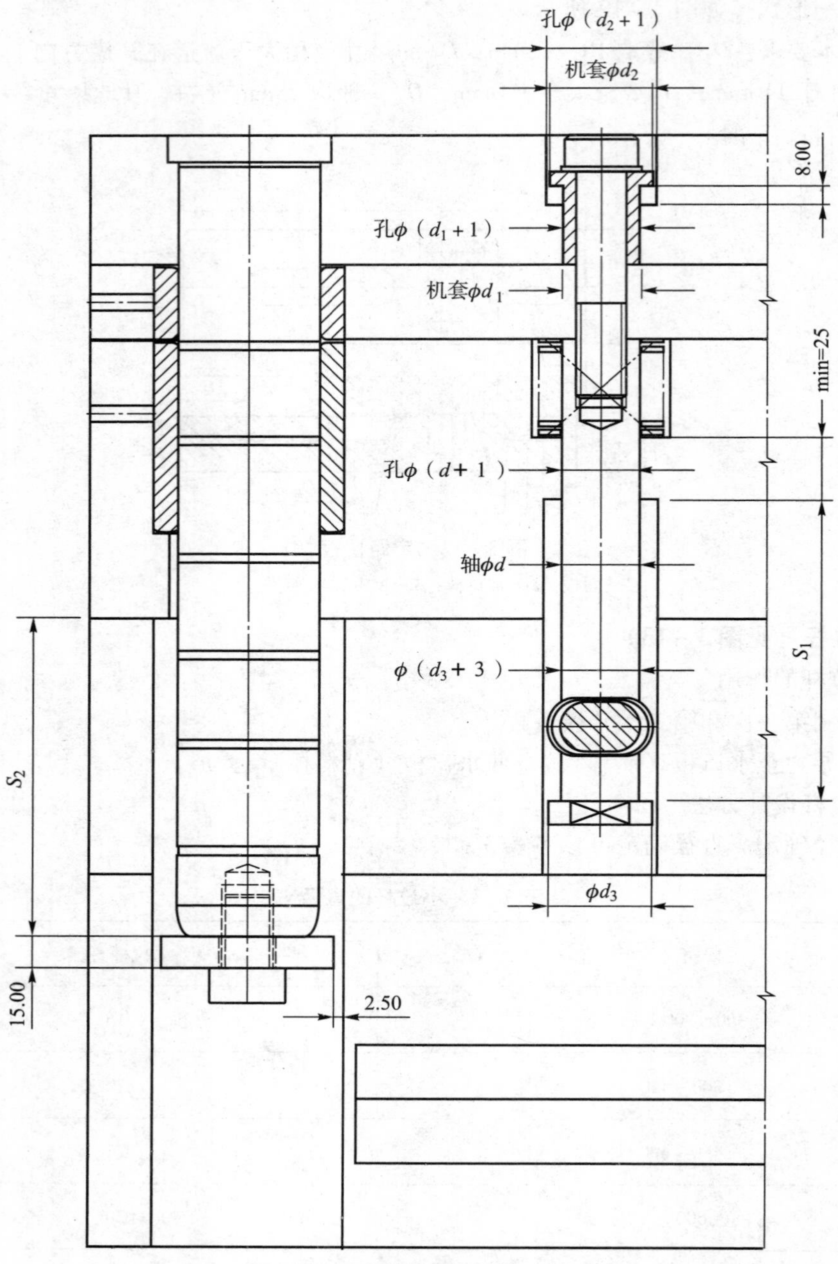

图 3－13　小拉杆和大拉杆（一）

小拉杆有多种形式，图 3－13 只是其中一种，图 3－14 所示为另一种形式。

拉杆长度如图 3－14 所示。

4. 大拉杆（见图 3－13）

1）大拉杆的作用

（1）开模时支撑母模板及水口板重量。

（2）开模，合模时起导向作用。

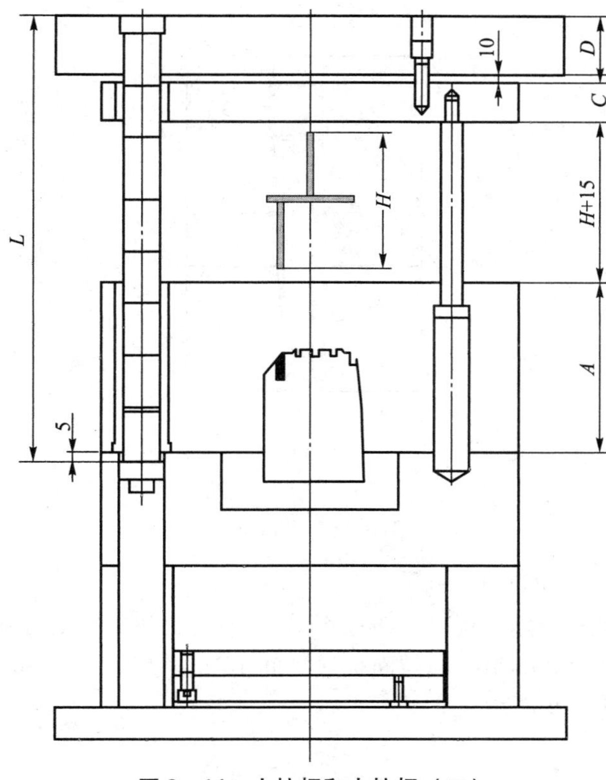

图 3－14　小拉杆和大拉杆（二）

2）大拉杆设计方法

（1）大拉杆行程：

$$S_2 = \text{小拉杆行程 } S_1 + \text{水口板行程（8 mm）} + \text{安全值（2 mm）}$$

（2）大拉杆位置的确定。

当模座空间较小时，可以将导柱省略，而采用大拉杆代替导柱，但是大拉杆的形式应有以下改变：

①公模侧加装导柱衬套；

②取消大拉杆的行程挡块。

5. 拉料钉（见图 3－15）

1）拉料钉的作用

（1）将浇注系统从母模板中脱离；

（2）在第一次开模时，拉料钉的倒钩能保证 A 板与水口板不分开。

2）设计要点

（1）在进胶点上方，排布拉料钉。

（2）当料头长或有曲线变化时，每隔一段距离在转弯处增加拉料钉。

（3）水口板前端需有 5°的斜度。

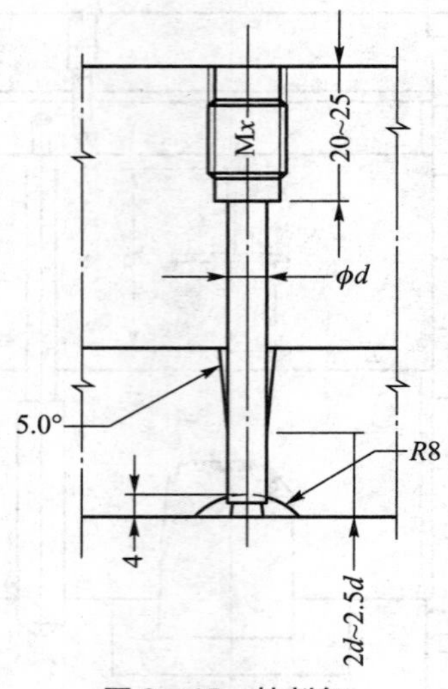

图 3－15　拉料钉

6. 三板模的浇口套（唧咀）

所有细水口模一般采用标准唧咀，超过 4545 以上的模胚，采用自制唧咀。

当面板较厚时，在保证唧咀托底与面板底之间 10 mm（至少 5 mm）距离的情况下，将唧咀沉入面板，如图 3－16 所示。

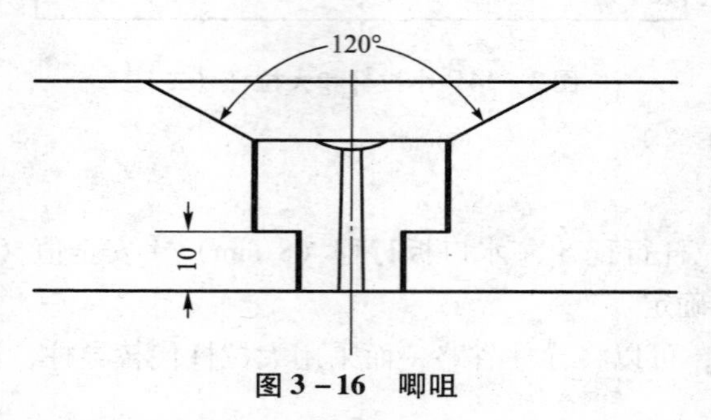

图 3－16　唧咀

7. 点浇口的形式与尺寸

点浇口垂直设置于制品表面，其尺寸如图 3－17 所示。

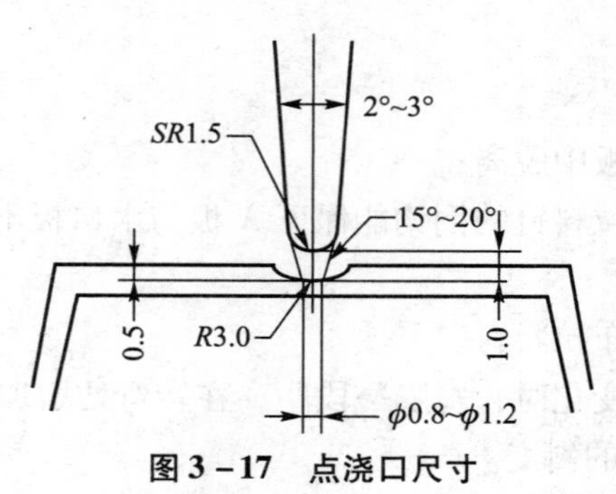

图 3－17　点浇口尺寸

3.1.3 课内实践

（1）表述图 3－1 的工作原理。

（2）利用 2D 软件调用并熟悉三板模的相关标准件。

（3）利用 3D 软件调用并熟悉三板模的相关标准件。

单元二 注塑机的选择

教学内容：

注塑机的类型和选用，简单操机。

教学重点：

注塑机的类型和选用。

教学难点：

注塑机的类型和选用。

目的要求：

能根据分析，合理选择注塑机。

建议教学方法：

结合多媒体课件讲解，现场操作演示。

3.2.1 注塑机介绍

注塑机又称为注塑成型机或者注射机，它的工作原理是通过借助一些塑料成型模具的帮助，将一些热塑性塑料或者热固性材料制成一些特定的形状，属于成型设备。

1. 注塑机的分类

1）按机器外形特征分

按机器外形特征可分为卧式注射机、立式注射机和角式注射机。

（1）卧式注射机。如图 3－18（a）所示，卧式注射机的注射装置与合模装置的轴线同一线水平排列。优点是机身低，便于操作和维修；机器重心低，安装稳定性好；塑件顶出后可利用其自重作用而自动下落，容易实现自动操作。缺点是模具的安装和塑件的安放比较麻烦；占地面积较大。其对于大、中、小型注射机都适用，是目前国内外大、中型注射机广为采用的形式。

（2）立式注射机。如图 3－18（b）所示，立式注射机注射装置与合模装置的轴线同一线垂直排列。优点是占地面极小；模具的装拆和嵌件的安放都较方便。缺点是塑件顶出后常需用人工取出，不易实现自动化；由于机身高，机器重心较高，机器的稳定性较差，维修和加料也不方便。这种类型注射机多为注射量在 60 cm^3 以下的小型注射机。

（3）角式注射机。角式注射机是介于卧式和立式之间的一种形式，它的注射装置与合模装置的轴线互相垂直排列，注射装置的轴线与模具的分型面同处于同一平面上，其布置有两种形式，如图 3－18（c）所示。优点是结构简单，注射成型时熔料是从模具的侧面进入型腔，特别适用于加工中心部分不允许留有浇口痕迹的制品。缺点是开、合模机构是纯机械传动，无法准确可靠地注射和保持压力及锁模力，模具受冲击和振动较大。

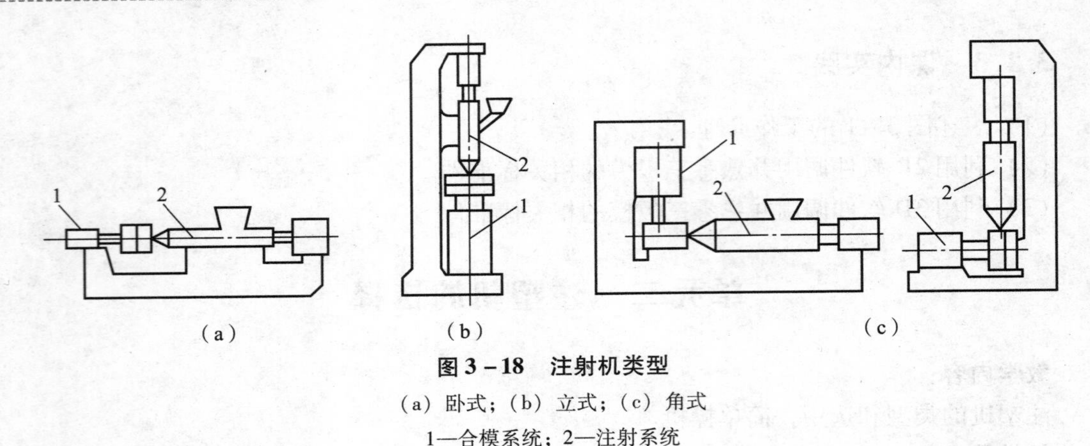

图 3－18　注射机类型

（a）卧式；（b）立式；（c）角式

1—合模系统；2—注射系统

2）按塑料在料筒的塑化方式分

按塑料在料筒的塑化方式不同可分为柱塞式注射机和螺杆式注射机。

（1）柱塞式注射机。

注射柱塞为直径 20～100 mm 的金属圆杆，当其后退时物料自料斗定量地落入料筒内，柱塞前进，原料通过料筒与分流梭的腔将塑料分成薄片，均匀加热，并在剪切作用下塑料进一步混合和塑化，完成注射。多为立式注射机，注射量小于 30～60 g，不易成型流动性差和热敏性强的塑料。柱塞式注射机由于自身的结构特点，在注射成型中存在着塑化不均、注射压力损失大等问题。

（2）螺杆式注射机。

螺杆在料筒内旋转时，将料斗内的塑料卷入，逐渐压实、排气和塑化，将塑料熔体推向料筒的前端，积存在料筒顶部和喷嘴之间，螺杆本身受熔体的压力而缓慢后退。当积存的熔体达到预定的注射量时，螺杆停止转动，在液压缸的推动下，将熔体注入模具。卧式注射机多为螺杆式。

3）按设备加工能力分

按设备加工能力可分为超小型注射机、小型注射机、中型注射机和大型注射机。

4）按注射机的用途分

按注射机的用途可分为通用注射机和专用注射机（热固性塑料注射机、发泡塑料注射机、多色注射机等）。

2．注射机的规格型号

注射机产品型号表示方法各国不尽相同，国内也没有完全统一，目前国内常用的型号编制方法有机械部标准 GB/T 12783—1991，由基本型号和辅助型号两部分组成，如图 3－19 所示。

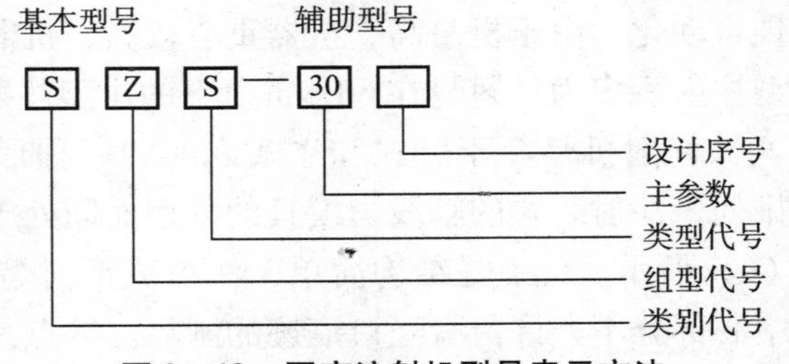

图 3－19　国产注射机型号表示方法

型号中的第一项代表塑料机械类，以大写汉语拼音字母“S”（塑）表示；第二项代表注射成型组，以大写汉语拼音字母“Z”（注）表示；第三项代表区别于通用型或专用型组，通用型者省略，专用型也用相应的大写汉语拼音字母表示，如多模注射机以“M”（模）表示，多色注射机以“S”（色）表示，混合多色注射机以“H”（混）表示，热固性塑料注射机以“G”（固）表示；第四项代表注射容量主参数，以阿拉伯数字表示，单位为 cm^3。卧式基本型主参数前不加注代号，立式的注“L”（立），角式注“J”（角）。如果是不带预塑的柱塞式注射机，则在代号之前加注“Z”（柱）。如 SZ－ZL30 表示注射容量为30 cm^3的立式柱塞式塑料注射机。

国际上比较通用的是注射容积与合模力共同表示法，注射容积与合模力是从成型塑件重量与合模力两个主要方面表示设备的加工能力的，因此比较全面合理。如 SZ－63/400，即表示塑料注射机（SZ），理论注射容积为 63cm^3，合模力为 400kN。

此外，还有用 XS－ZY 表示注射机型号的，如 XS－ZY－125A，XS－ZY 指预塑式（Y）塑料（S）注射（Z）成型（X）机，125 指设备的注射容积为 125cm^3，A 为设备设计序号第一次改型。也有塑料机械生产厂家为了加强宣传作用，用厂家名称缩写加上注射容积或合模力数值来表示注射机的规格。如 HD188 为宁波市海达塑料机械有限公司生产的注射机，188 指注射机的合模力为 1 880 kN。

表 3－2 摘列了部分 XS－Z、XS－ZY 系列注射机的主要技术参数。

表 3－2 部分 XS－Z、XS－ZY 系列注射机主要技术参数

项目 \ 型号	XS－Z 30/25	XS－Z 60/50	XS－ZY 60/40	XS－ZY 125/90	XS－ZY 250/180	XS－ZY 250/160	XS－ZY 350/250
螺杆直径/mm	30	40	35	42	50	50	55
注射容量/cm^3	30	60	60	125	250	250	350
注射重量/g	27	55	55	114	228	228	320
注射压力/MPa	116	120	135	116	147	127	107
注射速率/（$g \cdot s^{-1}$）	38	60	70	72	114	134	145
塑化能力/（$kg \cdot h^{-1}$）	13	20	24	35	55	55	70
注射方式	柱塞式	柱塞式	螺杆式	螺杆式	螺杆式	螺杆式	螺杆式
锁模力/kN	250	500	400	900	1800	1600	2500
移模行程/mm	160	180	270	300	500	350	260
拉杆间距/mm	235	190×300	330×300	260×290	295×373	370×370	290×368
最大模厚/mm	180	200	250	300	350	400	400
最小模厚/mm	60	70	150	200	200	200	170
合模方式	肘杆	肘杆	液压	肘杆	液压	肘杆	肘杆
顶出行程/mm	140	160	70	180	90	220	240

续表

项目 \ 型号	XS－Z 30/25	XS－Z 60/50	XS－ZY 60/40	XS－ZY 125/90	XS－ZY 250/180	XS－ZY 250/160	XS－ZY 350/250
顶出力/kN	12	15	12	15	28	30	35
定位孔径/mm	55	55	80	100	100	100	125
喷嘴移出量/mm	10	10	20	20	20	20	20
喷嘴球半径/mm	10	10	10	10	18	18	18
系统压力/MPa	6	6	14.2	6	6	6.8	6
电动机功率/kW	5.5	11	15	15	24	39	24
加热功率/kW	2.2	2.7	4.7	5	9.8	6.7	10
外形尺寸（L×W×H）/（m×m×m）	2.4×0.8×1.5	3.5×0.9×1.6	3.3×0.9×1.6	3.4×0.8×1.6	4.7×1×4.5	5×1.3×1.9	4.7×4×1.8
重量/t	1	2	3	3.5	4.5	6	7

3. 注射机的选用和注射模的关系

任何注射模都是安装在注射机上使用的，在注射成型生产中二者密不可分。注射机的选用就是根据所要生产的塑件确定注射机的型号，使塑件的注射模及注射工艺等所要求的注射机的规格参数在可调的范围内，同时调整注射机的技术参数至所需要的参数。

设计注射模时，首先要确定模具的结构、类型和尺寸，同时还必须了解模具和注射机的关系及注射机的有关工艺参数、模具安装部位的相关尺寸。因此，对模具和注射机的一些参数，如模具的型腔个数及注射机的最大注射量、最大注射压力、锁模力、有关安装尺寸、开模行程和顶出装置等有关数据进行校核，并通过校核来设计模具和选用注射机型号，确保设计出的模具在所选用的注射机上安装和使用。

1）型腔数量的确定和校核

设计模具首先就是要确定模具型腔的数量，型腔的数量与注射机的塑化速率、最大注射量和锁模力有关，因此，必须从这三个方面对型腔的数量进行校核。

（1）按注射机的额定塑化量确定型腔数量：

$$n \leqslant (KMT/3\,600 - M_1)/M \tag{3-1}$$

式中，n——型腔数量；

K——注射机额定塑化量的利用系数，一般取0.8；

M——注射机的额定塑化量（g/h或cm^3/h）；

T——成型周期（s）；

M_1——浇注系统所需塑料的质量或体积（g或cm^3）；

M——单个塑件的质量或体积（g或cm^3）。

（2）按注射机的最大注射量确定型腔数量：

$$n \leqslant (KM_p - M_1)/M \tag{3-2}$$

式中，M_p——注射机允许的最大注射量（g/h或cm^3/h）；

K——注射机最大注射量的利用系数，一般取0.8。

（3）按注射机的额定锁模力确定型腔数量：

$$n \leqslant (F_p - PA_1) / PA \qquad (3-3)$$

式中，F_p——注射机的额定锁模力（N）；

P——塑料熔体对型腔的压力（MPa），一般取注射压力的80%；

A_1——浇注系统在模具分型面上的投影面积（mm^2）；

A——塑件在模具分型面上的投影面积（mm^2）。

用上述三式确定型腔数量时，还需要考虑塑件的生产成本和尺寸精度，型腔数量多，塑件成本低，但型腔数量多，塑件的尺寸精度将降低。生产经验表明，每增加一个型腔，塑件的尺寸精度将降低4%～8%。此外，由于型腔数量多，模具尺寸增大，故还应考虑注射机安装模板尺寸的大小。

2）最大注射量的校核

塑件和浇注系统凝料的总质量一般要小于注射机公称注射量的80%。最大注射量的校核应注意的是柱塞式注射机和螺杆式注射机标定的公称注射量是不同的，国际上规定柱塞式注射机的公称注射量是以一次注射聚苯乙烯的最大克数为标准；而螺杆式注射机标定的公称注射量是以螺杆在料筒中的最大推出容积来表示的。

3）注射压力的校核

注射压力的校核是校核注射机的额定注射压力能否满足塑件成型时所需的压力，为此，注射机的额定注射压力应大于塑件成型所需要的注射压力。

$$P \geqslant p \qquad (3-4)$$

式中，P——注射机公称注射压力（MPa）；

p——塑料成型时所需的注射压力（MPa）。

注射压力受浇注系统、型腔内阻力、模具温度等因素影响。注射压力过大，飞边大，脱模困难，塑件表面质量差，内应力大；注射压力过小，塑料熔体不能顺利充满型腔，无法成型。

4）锁模力的校核

锁模力也称合模力，是指注射机的合模装置对模具所施加的最大夹紧力，由于高压塑料熔体充满型腔时会产生一个沿注射机轴向（模具开合方向）的很大推力，这个力如果大于注射机的公称锁模力，将产生溢料现象。因此，注射机的公称锁模力必须满足：

$$F > p(A + A_1) \qquad (3-5)$$

5）安装部分的尺寸校核

设计模具时应校核的主要参数有喷嘴尺寸、定位圈尺寸、最大模具厚度、最小模具厚度及模板上的安装螺孔尺寸。

（1）喷嘴尺寸。

模具需要与注射机对接，所以模具的主流道始端应与注射机喷嘴头球面半径相适应，如图3－20（a）所示，注射机前端的R_0、前端孔径d_0与模具主流道浇口套始端的R和小端直径d应满足下列关系

$$R = R_0 + (1 \sim 2)\ mm$$

$$d = d_0 + (0.5 \sim 1)\ \text{mm}$$

浇口套球面半径 R 应比喷嘴球面半径 R_0 大 1 ~ 2 mm，保证高压熔体不从狭缝处溢出。浇口套小端孔径 d 应比喷嘴孔径 d_0 大 0.5 ~ 1 mm，保证注射成型在主流道处不形成死角，无熔料积存，便于主流道内的塑料凝料脱出。图 3 – 20（b）所示为配合不良的情况。

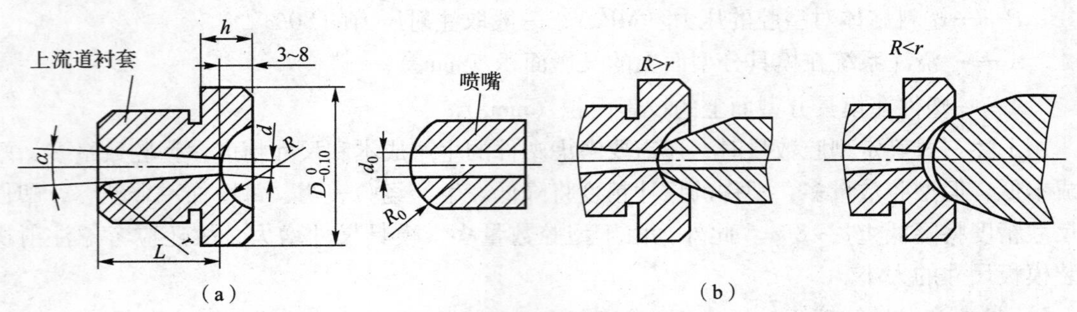

图 3 – 20　喷嘴和浇口套的关系

（2）定位圈尺寸。

为了使模具主流道的中心线与注射机喷嘴的中心线相重合，注射机定模板上设有一定位孔，模具的定位部分（或主流道衬套）要设有一个凸台，即定位圈，两者之间按一定的间隙配合，如图 3 – 21 所示。

h：小型模具取 8 ~ 10 mm；大型模具取 10 ~ 15 mm。

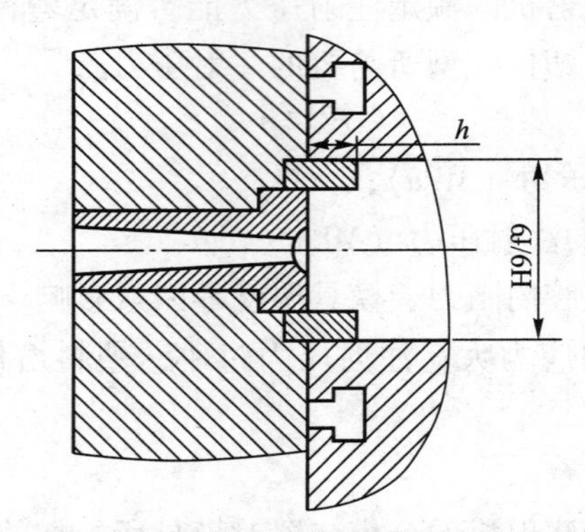

图 3 – 21　模具的定位圈和注射机定位孔的配合

（3）模具的厚度。

注塑模的动、定模两部分闭合后，沿闭合方向的长度叫模具厚度或模具闭合高度。各种规格的注射机，可安装模具的最大厚度和最小厚度均有限制（国产机械锁模的角式注射机对模具的最小厚度无限制），在设计模具时应使模具的总厚度位于注射机可安装模具的最大厚度和最小厚度之间，如图 3 – 22 所示。同时应校核模具的外形尺寸，使得模具能从注射机拉杆之间装入。

一般情况下，实际模具厚度 H_M 与注塑机允许安装的最大模厚 H_{max} 及最小模厚 H_{min} 之间必须满足以下条件，即：

$$H_{min} \leqslant H_M \leqslant H_{max} \tag{3-6}$$

其中，

$$H_{max} = H_{min} + \Delta H$$

式中，H_M——模具闭合厚度（mm）；

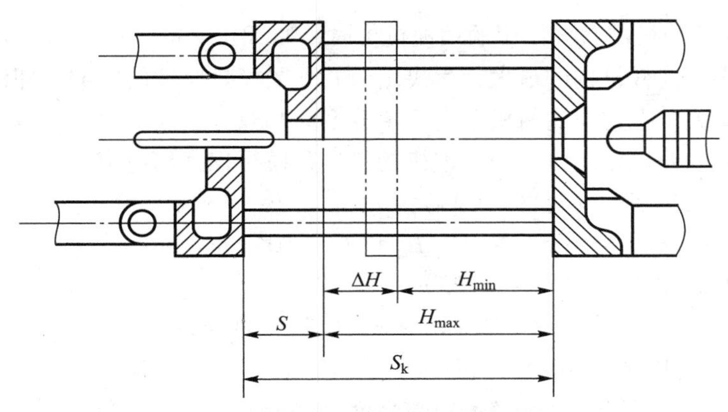

图 3－22 注射机动、定模固定板的间距

H_{min}——注射机允许的最小模具厚度（mm）；

H_{max}——注射机允许的最大模具厚度（mm）；

ΔH——注射机调节螺母的长度（mm）。

如果对所选用的注塑机，出现 $H_M < H_{min}$ 的情况，则可采用加设垫板，以增大 H_M 的方法解决合模问题。

（4）模具的安装和紧固。

模具的动模安装在注射机动模板上，模具的定模安装在注射机定模板上。为了安装紧固模具，注射机上的动模和定模两个固定板上都开有许多间距不同的螺孔。因此，设计模具时必须注意模具的安装尺寸应当与这些螺孔的位置及孔径相适应（只要保证与其中一组对应即可），以便能将动模和定模分别紧固在对应的两个固定板上。

模具常用的安装紧固方法有两种：一种是在模具的安装部位打螺栓通孔，用螺栓直接和注射机的固定板紧固，如图 3－23（a）所示；另一种方法是采用压板压紧模具的安装部位，如图 3－23（b）所示。一般模具重量较轻则采用压板固定，模具重量较重则采用螺钉固定。

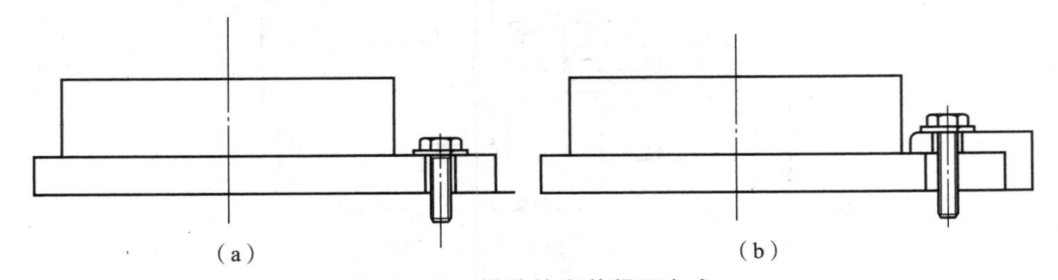

图 3－23 模具的安装紧固方式

（a）螺钉固定；（b）压板固定

6）开模行程和顶出机构的校核

开模行程也叫作合模行程，指模具开合过程中动模固定板的移动距离，用符号 S 表示。注射机的开模行程是有限制的，塑件从模具中取出时所需的开模距离必须小于注射机的最大开模距离，否则塑件将无法从模具中脱出。开模行程的大小直接影响模具所能成型制品的高度。因此，设计模具时必须校核注塑机的开模行程和所需要的开模距离是否与相适应。下面分三种情况加以讨论。

（1）注射机最大开模行程与模具厚度无关。

当注射机采用液压机械联合作用的锁模机构时，如 XS－Z30、XS－ZY－125、XS－Z－50 等，最大开模行程由连杆机构的最大行程决定，并不受模具厚度的影响，即注射机最大开模行程与模具厚度无关。在这类注射机上使用单分型面和双分型面注塑模，可分别用下面两种方法校核模具所需的开模距离是否与注塑机的最大开模行程互相适应。

①对于单分型面注塑模（见图 3－24）：

$$S_{max} \geqslant H_1 + H_2 + (5 \sim 10)\ \text{mm} \tag{3-7}$$

②对于双分型面注塑模（见图 3－25）：

$$S_{max} \geqslant H_1 + H_2 + a + (5 \sim 10)\ \text{mm} \tag{3-8}$$

式中，H_1——塑件所用的脱模距离（mm）；

H_2——塑件和塑件的浇注系统凝料总高度（mm）；

a——取出浇注系统凝料必需的长度（mm）。

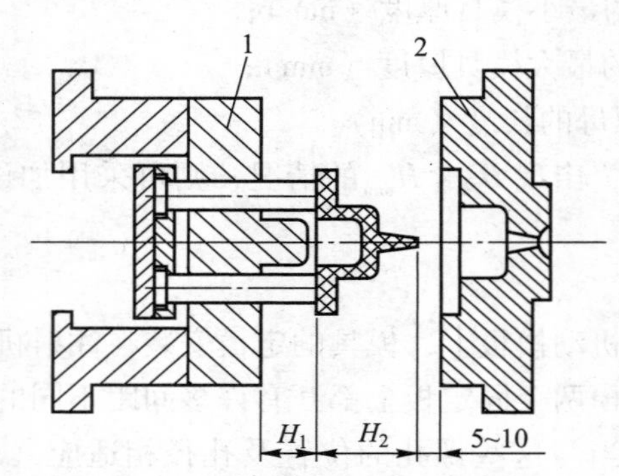

图 3－24　单分型面注射模开模情况

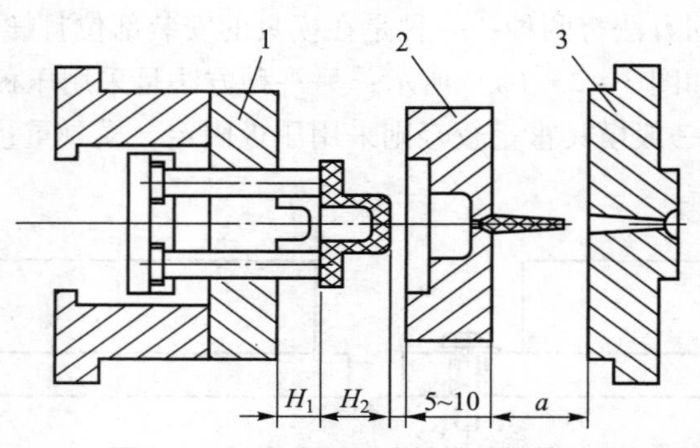

图 3－25　双分型面注射模开模情况

（2）注射机最大开模行程与模具厚度有关。

当注射机采用全液压式合模系统，如 XS－ZY－250 和机械合模的 SY－45、SYS－20 等角式注射机时，其最大开模行程直接与模具厚度有关，即

$$S_{max} = S_k - H_M \tag{3-9}$$

式中，S_k——注塑机动模固定板和定模固定板的最大间距（mm）；

H_M——模具厚度（mm）。

如果在上述两类注塑机上使用单分型面或双分型面模具，可分别用下面两种方法校核模具所需的开模距离是否与注塑机的最大开模行程 S_{max} 相适应。

①对于单分型面注塑模（见图 3－26）：

$$S_{max}=S_k-H_M \geqslant H_1+H_2+(5\sim10)\ \text{mm} \tag{3-10}$$

或

$$S_k \geqslant H_M+H_1+H_2+(5\sim10)\ \text{mm} \tag{3-11}$$

②对于双分型面注塑模（见图3－25）：

$$S_{max}=S_k-H_M \geqslant H_1+H_2+a+(5\sim10)\ \text{mm} \tag{3-12}$$

或

$$S_k \geqslant H_M+H_1+H_2+a+(5\sim10)\ \text{mm} \tag{3-13}$$

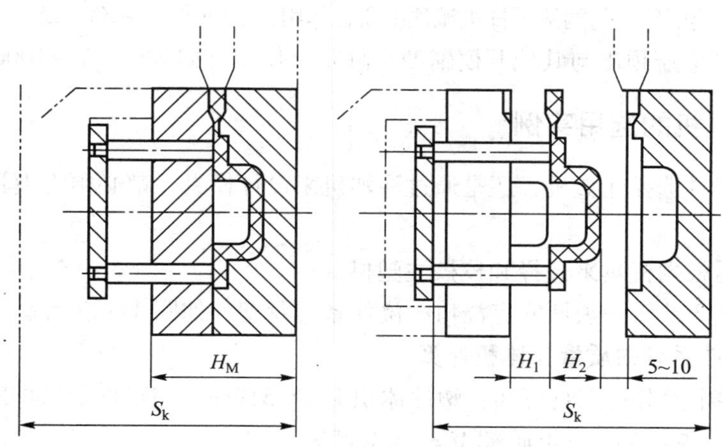

图3－26　直角式单分型面注射模开模情况

（3）有侧向抽芯时的最大开模行程校核。

当模具需要利用开模动作完成侧向抽芯动作时，如图3－27所示，所需最大开模行程必须还要考虑侧向抽芯抽拔距离。设完成侧向抽芯动作的开模距离为H_c，则可分下面两种情况校核模具所需的开模距离是否与注塑机的最大开模行程相适应。

（a）当$H_c>H_1+H_2$时，可用H_c代替前面诸校核公式中的H_1+H_2，其他各项均保持不变。

（b）当$H_c \leqslant H_1+H_2$时，可不考虑H_c对最大开模行程的影响，仍用以上诸式进行校核。

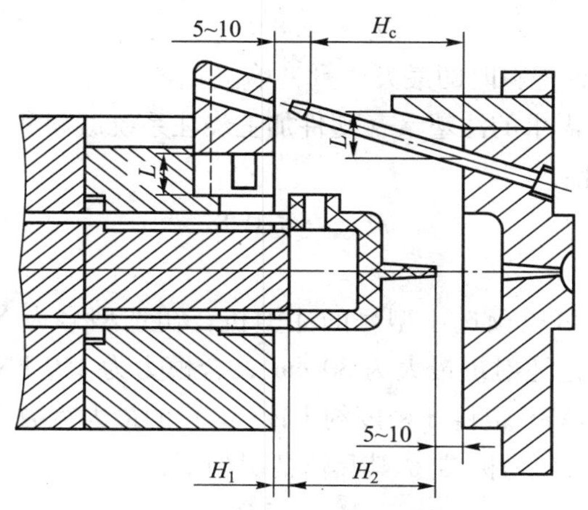

图3－27　有侧向抽芯时开模行程的校核

7）模具推出装置和注射机顶出装置校核

由于各种注射机合模系统中顶出装置的不同，在设计模具时必须使模内的推出脱模机构与合模系统的顶出装置相匹配。一般是根据合模系统顶出装置的顶出形式、顶杆直径、顶杆间距和顶出距离等，对模具内的顶杆或推杆配置位置、长度能否达到使塑件脱模的效果进行校核。目前国产注塑机中顶出装置的顶出形式分为下面几类：

（1）中心顶杆机械顶出，如卧式 XS－Z60、XS－ZY－360、SYS－30、SYS－45；

（2）两侧双顶杆机械顶出，如 XS－Z－30、XS－ZY－125；

（3）中心顶杆液压顶出与两侧顶杆机械顶出联合作用，如卧式 XS－ZY－250、XS－ZY－500；

（4）中心顶杆液压顶出与其他开模辅助油缸联合作用，如 XS－ZY－1000。

3.2.2 注塑机的选用实例

不论是根据模具选择注塑机，还是通过注塑机来设计模具，都必须将模具与注塑机的参数进行校核。

下面的例子是根据模具来选择和校核注塑机。

模具图例见 3.3 节，一模两穴点浇口，浇注系统及塑件如图 3－29 所示。

1. 塑件及浇注系统的质量、体积计算

通过 UG 软件中的分析工具可知：塑件体积 $V=7.519\text{cm}^3$；浇注系统体积 $V=4.197\text{cm}^3$。LDPE 的密度 ρ 取 0.95g/cm^3，由质量 $M=\rho\times V$ 可知：

$$\text{塑件质量}=\rho\times V=6.767\ \text{g}$$

$$\text{浇注系统质量}=\rho\times V=3.777\ \text{g}$$

所以，总重量 $M=6.767+3.777=10.54$（g）。

2. 根据注塑量初选注射机的型号

最大注射量是指注射机螺栓式柱塞以最大注射行程注塑时，一次所能达到的塑料注射量。

所设计的注射模，塑料件加浇注系统凝料所用的塑料量，不应超过最大注塑量，对于正常成批量生产，应满足下面的式子：

$$M_r \leqslant 0.8M_{max}$$

式中，M_{max}——注塑任意种塑料时的最大质量，单位 g；

M_r——成型塑件所需求的注塑量（塑件加上浇注系统凝料所用注塑量），由定义可知 M_r 即上节所讲的 M，因此：

$$M_{max} \geqslant M/0.8$$

即 M_{max} 必须大于 13.18。

根据以上的初步计算可以预选小型号的注塑机，初选型号为 XS－Z30/25 的卧式注射机。这款塑料注射机，理论注射量最大为 30 cm^3，合模力为 250 kN。理论注塑量一般有两种表示：一种规定以注塑 ABS 塑料（密度约 1 g/cm^3）的最大克数为标准；而另一种规定以注塑塑料的最大容积（cm^3）为标准，其具体情况如下：

$$M_{max}=VD$$

式中，M_{max}——注塑任意种塑料时的最大宽积质量，单位 g；

V——理论注塑量，单位 cm^3；

D——所注塑的塑料熔体密度 g/ cm^3；

经过计算得 $M_{max}=30\times1.05=31.5\geqslant$ 塑件与浇注系统的重量 13.18，符合要求。

其主要技术参数参考表 3－2。

3. 注塑压力的校核

注塑时，螺杆作用于塑料熔体的压力，在熔体流经机筒、喷嘴、模具的浇注系统以后，在型腔中余下的模腔压力 P 在型腔中产生一个使模具沿切型面胀开的胀模力 F_2，该力的大小为

$$F_2=PA=P(nA_x+A_j)$$

式中，P——熔融塑料在型腔内的压力为 40～110MPa，取 50 MPa；

A——塑件和浇注系统在分型面上的投影面积之和，mm^2；

A_x——塑件在分型面上的投影面积，mm^2；

A_j——塑件浇注系统在模具分型面上的投影面积，mm^2。

通过计算可得

$$A_x=2\times1\ 650=3\ 300\ (mm^2)$$

$$A_j=654\ mm^2$$

$$A=3\ 300+654=3\ 954\ (mm^2)$$

$$F_2=3\ 954\times50=197.7\ (kN)$$

由于 197.7 kN＜250 kN，故选取的注射机的锁模力为 250 kN，符合要求。

4. 模具与注射机安装部分的校核

1）喷嘴尺寸

注射机头为球面，其球面半径与相应接触的模具主流道始端凹下的球面半径相适应，此处只需在设计时选择合适的浇口套口部球面半径即可。

2）模具厚度

模具厚度 H（又称闭合高度）必须满足：

$$H_{min}<H<H_{max}$$

式中，H_{min}——注射机允许的最小厚度，即动、定模板之间的最小开距；

H_{max}——注射机允许的最大模厚。

注射机允许厚度 60 mm＜H＜180 mm，模具厚度 276 mm，此处注塑机的参数不满足要求，所以需要重新选择注塑机。

再次选择更大型号注塑机 XS－ZY－125，此注塑机型号大，前面涉及的参数都能满足要求，注射机允许厚度 200 mm＜H＜300 mm，模具厚度也能满足要求。

5. 开模行程校核

开模行程 S（合模行程）指模具开合过程中动模固定板的移动距离。注射机的最大开模行程与模具厚度无关，对于双分型面注射模，参考图 3－25，最大开模行程为

$$S_{max}\geqslant H_1+H_2+a+(5\sim10)\ mm$$

式中，S_k——注塑机动模固定板和定模固定板的最大间距（mm）；

H_M——模具厚度（mm）；

H_1——制品所用的脱模距离（mm）；

H_2——制品高度（mm）；

a——取出浇注系统凝料必需的长度（mm）。

根据所选的模架规格及设计的型腔尺寸，可知：制品所用的脱模距离 $H_1=5$ mm；制品高度 $H_2=7$ mm；取出浇注系统凝料必需的长度 $a=98$ mm，所以

$$H_1+H_2+a+(5\sim10)=120\text{ mm}$$

查表 3－2，注塑机的开模行程 $S_{max}=300\text{ mm}\geqslant120\text{ mm}$（符合要求）。

综上所述，选择 XS－ZY－125 注塑机是满足要求的，最终选择型号为 XS－ZY－125 的注塑机。

3.2.3 课内实践

（1）对项目二中设计的模具进行注塑机选择与校核。

（2）对项目二总的案例模具进行注塑机选择与校核。

单元三 双分型面模具案例设计

教学内容：

盒盖双分型面模具设计。

教学重点：

成型工艺分析，模具结构设计，模具尺寸计算，模具图纸计算。

教学难点：

模具结构设计，模具图纸绘制。

目的要求：

能设计简单双分型面模具，能调用相关标准件。

建议教学方法：

结合多媒体课件讲解，软件演示。

3.3.1 塑件工艺分析及成型方案确定

许多塑料制品要求外观光滑，不允许有较大的浇口痕迹，此时选择侧浇口和直接浇口都不能满足使用要求。而在生产中，我们最常用的浇口除了侧浇口和直接浇口外，还有点浇口和潜伏式浇口。点浇口和潜伏式浇口不仅可以满足塑料制品外观光滑、浇注系统痕迹小的要求，而且可以实现浇注系统与塑件在模内分离。与直接浇口及侧浇口模具相比，点浇口和潜伏式浇口的模具设计与制造要困难一些。

潜伏式浇口适用于两板模模架，具体操作实例可参照课内实践 2.1.3.

本节的重点是借助项目二的塑料案例引入双分型面模具（三板模）的设计。

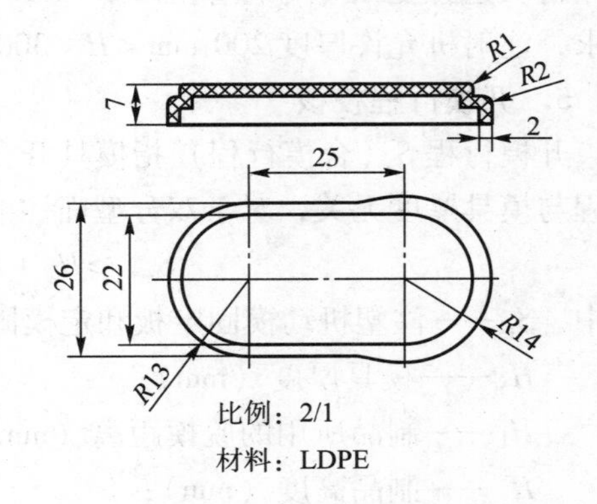

图 3－28 塑件图

1. 设计信息阅读（见图 3－28）

1）塑料制件技术要求

（1）材料：LDPE；

（2）材料收缩率：1.5%；

（3）技术要求：表面光洁无毛刺、无缩痕，产品外表面不允许有大的浇口痕迹；

（4）原始数据：参阅制件二维工程图及三维数据模型。

2）模具结构设计要求

（1）模腔数：一模两腔，合理布置；

（2）成型零件收缩率：1.5%；

（3）模具能够实现制件全自动脱模方式要求；

（4）优先选用标准模架及相关标准件；

（5）以满足塑件要求、保证质量和制件生产效率为前提条件，兼顾模具的制造工艺性及制造成本，充分考虑模具的使用寿命；

（6）保证模具使用时的操作安全，确保模具修理和维护方便。

2. 信息分析与方案确定

1）布局

一模两穴，平衡布置，如图3－29（a）所示。

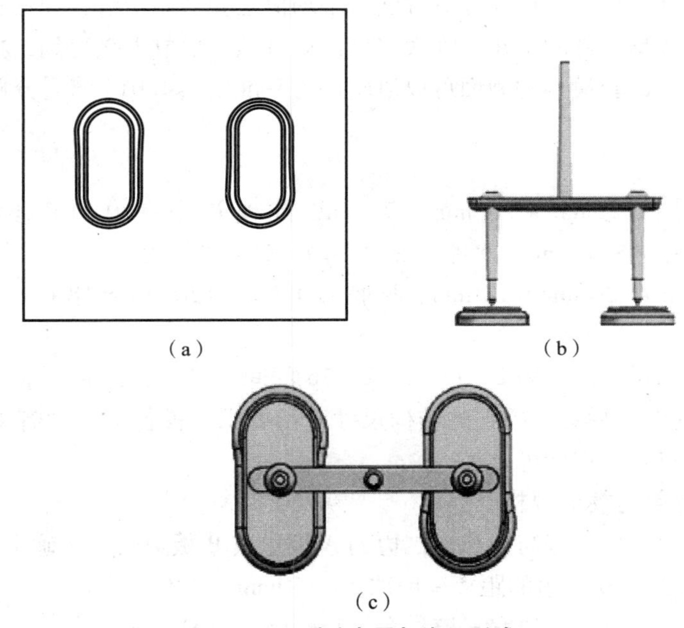

（a）　（b）　（c）

图3－29　型腔布局与浇口形式

（a）一模两穴；（b），（c）点浇口

2）浇口形式与位置

点浇口，如图3－29（b）和（c）所示。潜伏式浇口也可以满足要求，此产品潜伏式浇口的模具设计是3.3.5课内实践的一项内容。

3）模架形式

龙记细水口模架DCI。

综述：一模两穴，点浇口，采用四根推杆推出，模架采用龙记DCI，型芯、型腔采用整体嵌入式结构，动、定模分别采用一条冷却循环水路。采用尼龙胶钉和小拉杆控制运动及开模顺序。模具结构草图如图3－30所示。

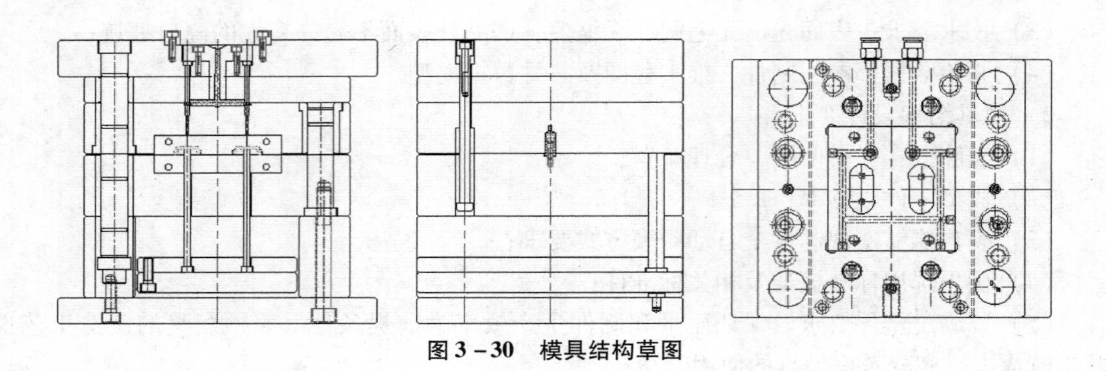

图 3-30　模具结构草图

3.3.2　模具尺寸计算与校核

1. 成型零件尺寸设计

1）型面尺寸

理论上，成型零部件工作尺寸计算方法有平均值法和公差带法，详见各种模具手册，此处略过。实际上，成型零件的工作尺寸大多可以通过塑件缩放直接得到，精度由加工设备及加工工艺直接保证。此套模具的型面可以以塑件为基准放大 1.015 倍后分模得到，具体参考分模后的 3D 型面尺寸。

2）结构尺寸

塑件外形尺寸：52 mm × 26 mm × 7 mm，此模具是一模两穴，参考表 2-14 ~ 表 2-16，预计采用 ϕ6.0 mm 的水路，采用四个 M10 的紧固螺钉。综合考虑，初取模仁尺寸为型芯 120 mm × 120 mm × 18 mm、型腔 120 mm × 120 mm × 18 mm，模仁尺寸布局如图 3-31 所示。

经验算，此结构尺寸满足表 2-14 ~ 表 2-16 的间距要求，同时，水路的最小边距也不小于 3 mm，对于这个小模具，模仁的结构尺寸满足要求。模仁的尺寸有多种选择，这里只是其中一种可能，只要合理即可。

2. 模架尺寸计算与模架规格

模架的宽与长由模仁的宽与长和模仁边到 A 板边或 B 板边的距离确定。

模仁边到 A 板边或 B 板边的距离一般取 50 ~ 70mm，于是：

$$模架宽 = 模仁宽 + 2 \times (50 \sim 70)\ mm$$

$$模架长 = 模仁长 + 2 \times (50 \sim 70)\ mm$$

初步拟定模架的长 × 宽为 250 mm × 250 mm，取工字形模架 DCI2525-50-60-80。

A 板高度 50 mm、B 板高度 60 mm、C 板高度 80 mm。

参考表 2-18 进行验算，虽然模架型号 2323 的 M、N、D、E 等各项参数已经满足要求，但考虑到后面要补充小拉杆和开闭器等，所以仍选定模架 DCI2525-50-60-80。如果后期布置小拉杆及开闭器等仍存在空间不够的问题，则模架需要进一步放大或考虑其他控制开模顺序的机构。

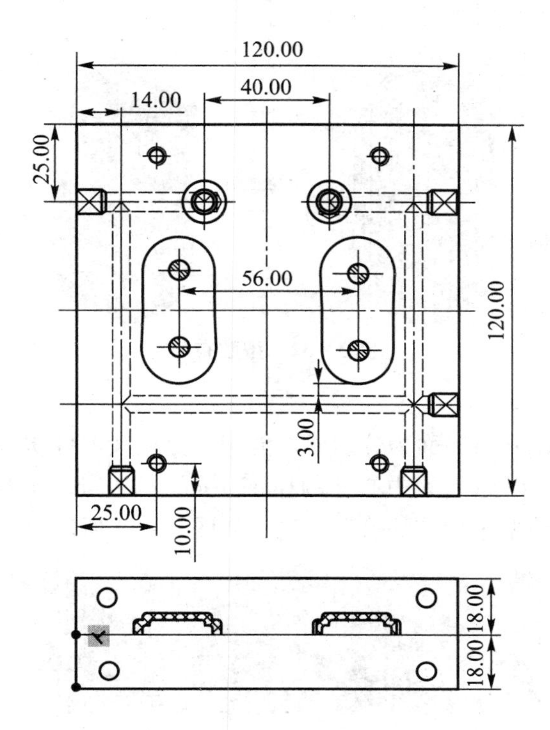

图 3－31　模仁结构尺寸

3. 模具标准件尺寸设计

1）定位圈和浇口套

选用通用的 ϕ100 mm 定位圈；选择细水口浇口套，浇口套大径 65 mm，通过浇口套压紧拉料钉。

2）小拉杆

采用 ϕ16 mm 螺丝衬套小拉杆，小拉杆的行程为 110 mm（浇注系统长度约为 90 mm，加安全距离 20 mm）。

3）开闭器

采用通用型开闭器，锁在后模，尼龙胶直径取 16 mm，4 个对称布置。

4）其他件

如水嘴、垃圾钉等在绘图设计时进行选择。

3.3.3　模具图纸绘制

1. 产品初始化

完成拔模（内外拔模角度 1°）及拔模验证，产品收缩（放大 1.015）、产品布局（一模两穴，对角对称，间距 56 mm，开口面与 *XY* 面平齐），如图 3－32 所示。

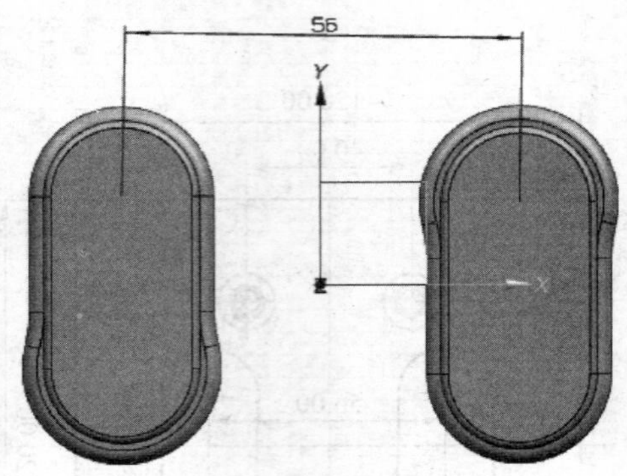

图 3－32　型腔布局

2. 型芯型腔建模

此塑件结构简单，以开口底面为分型面，能满足分型及塑件质量要求，所以分型面为平面，与 *XY* 基准面重合。以原点为中心，制作 120 mm × 120 mm × 18 mm 的上下两个方块，然后进行布尔运算，得到型芯型腔的大致结构，如图 3－33 所示。

图 3－33　型芯、型腔

1—型腔；2—塑件；3—型芯

3. 模架调入并开框

根据前面的分析，选择龙记标准模架 DCI2525－50－60－80，A、B 板间距取 1 mm，调入模架，开框：清角型，清角半径 10 mm。如图 3－34 所示。

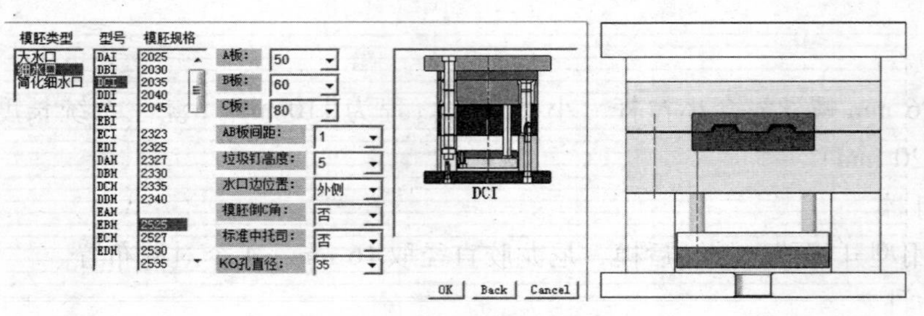

图 3－34　调入模架及开框

4. 浇注系统设计。

1）定位圈和浇口套的调入

定位圈外径 100 mm，安装尺寸如图 3－35（a）所示，选择细水口的浇口套，参数见图 3－35（b），最终调入后得到的效果如图 3－35（c）所示。

2）点浇口的设计

参考图 3－36（a）所示的参数设置两个点浇口，并修剪模板和模仁，效果如图 3－36（b）所示，两个拉料钉自动生成了，利用浇口套直接压紧拉料钉，所以可以将拉料钉上自动生成的紧定螺钉移动到不用的图层。

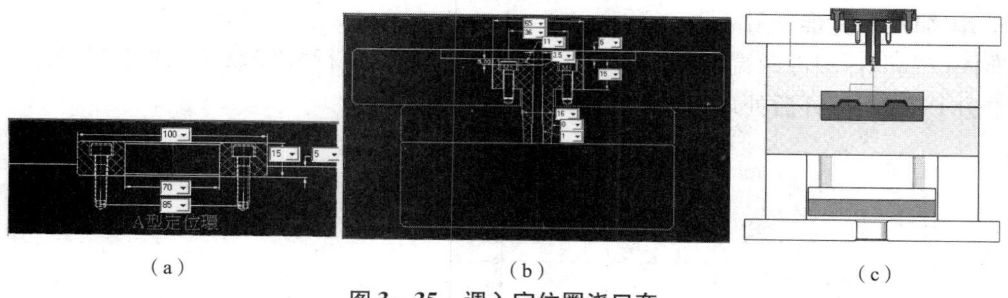

（a）　　　　（b）　　　　（c）

图 3－35　调入定位圈浇口套

（a）安装尺寸；（b）浇口套参数；（c）效果图

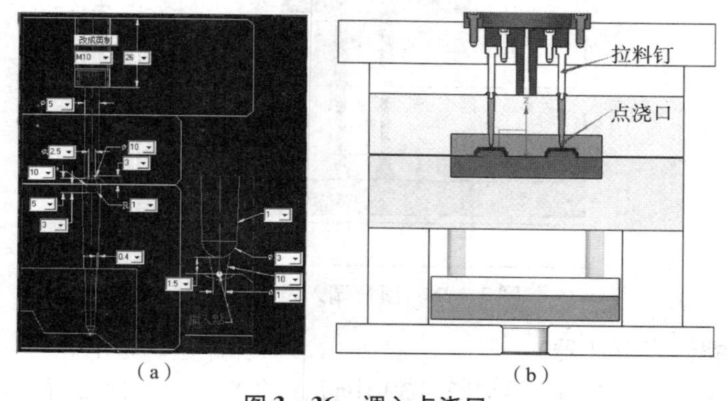

（a）　　　　（b）

图 3－36　调入点浇口

（a）设置点浇口；（b）效果图

3）分流道的设计

分流道可以采用圆形分流道，也可以采用 U 形分流道，设计过程相似。从图 3－30 的结构草图可以看出，使用的是圆形分流道，在这里我们使用 U 形分流道来绘制模具流道，同学们可以自己尝试使用圆形分流道再制作一次。分流道的截面参数参考图 3－37（a），调入后进行布尔运算，效果如图 3－37（b）所示。

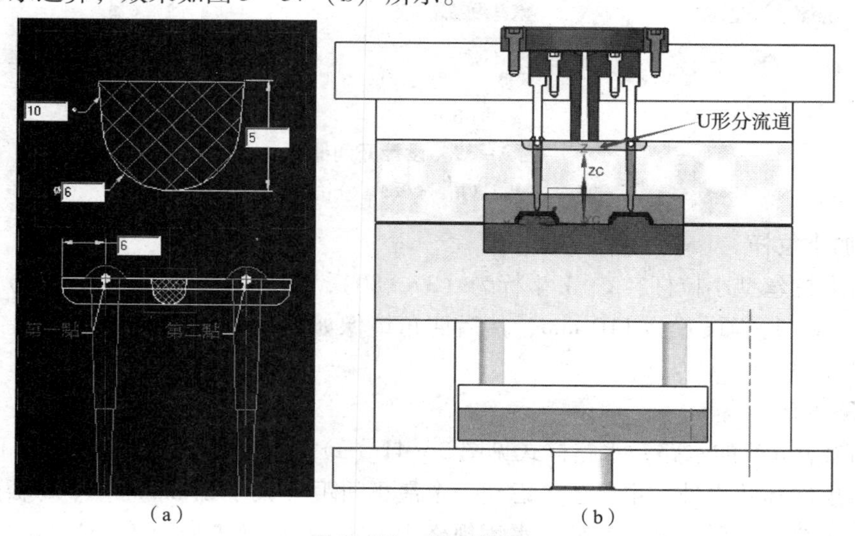

（a）　　　　（b）

图 3－37　分流道调入

（a）截面参数；（b）效果图

5. 添加推杆及推杆后处理

推杆位置设在塑件两端圆弧的圆心，直径取 6 mm，进行推杆修剪和推杆避空，避空间隙为单边 1 mm，推杆后处理完成后的效果如图 3－38 所示。

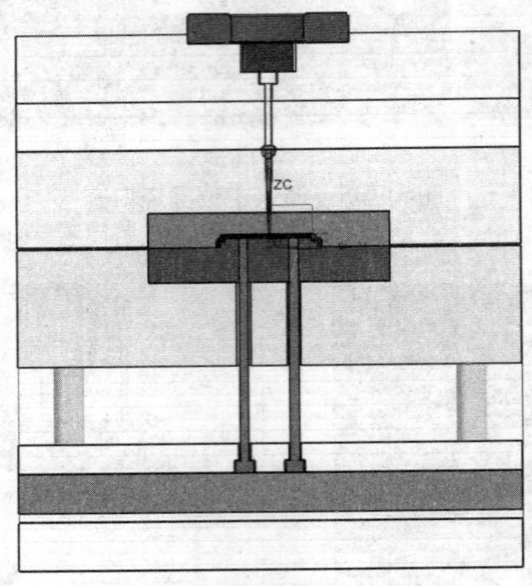

图 3－38 顶杆调入及后处理

6. 添加尼龙螺钉（开闭器）

开闭器常 4～8 个对称布置，在图 3－30 中设计的是 4 个对称布置，位置分别在 X 和 Y 向的正、负向，距离原点 97 mm。添加好的开闭器如图 3－39 所示。

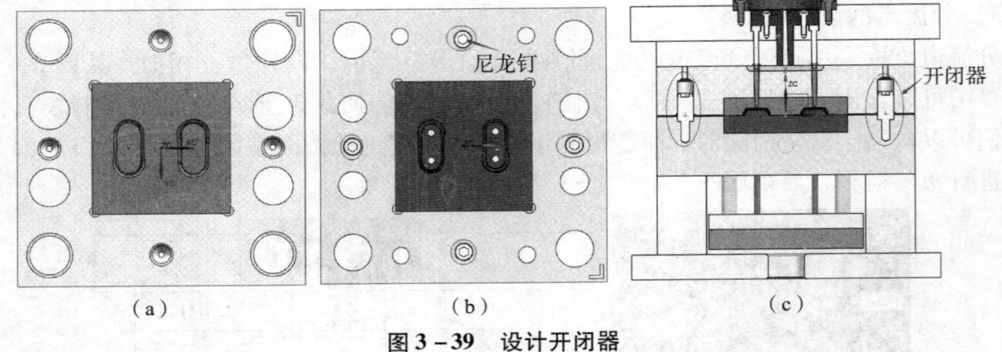

图 3－39 设计开闭器

(a) A 板；(b) B 板；(c) 组合图

7. 添加小拉杆

选择衬套螺丝型小拉杆，X、Y 坐标为（37，80），尺寸设置见图 3－40（a），小拉杆的直径取 16 mm，行程设置为 110 mm，然后四角镜像如图 3－40（b）所示，最终截面效果见图 3－40（c）。

8. 水路设计

采用直径 6 mm 的水路，水路样式见图 3－41（a），水路参数见图 3－41（b），水路的设计除了考虑冷却效果外，主要还考虑到一个最小间距（大于 3 mm）。A、B 板的水路设计基本一致。水路生成后，补充水嘴，水嘴规格为 1/8。最终效果如图 3－41（c）所示。

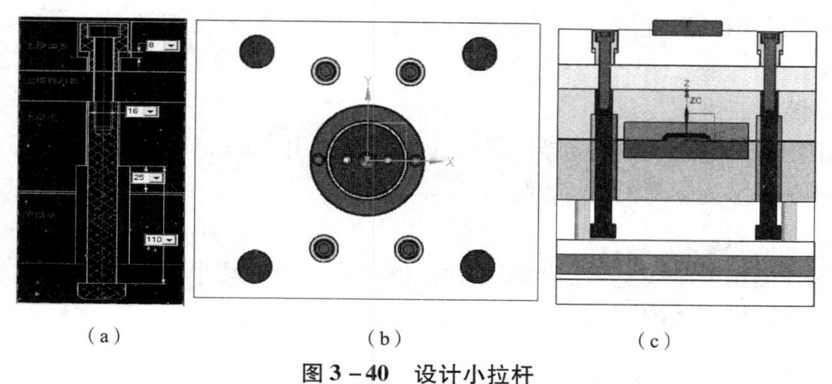

（a）　　（b）　　（c）

图 3－40　设计小拉杆

（a）参数；（b）布置；（c）组合图

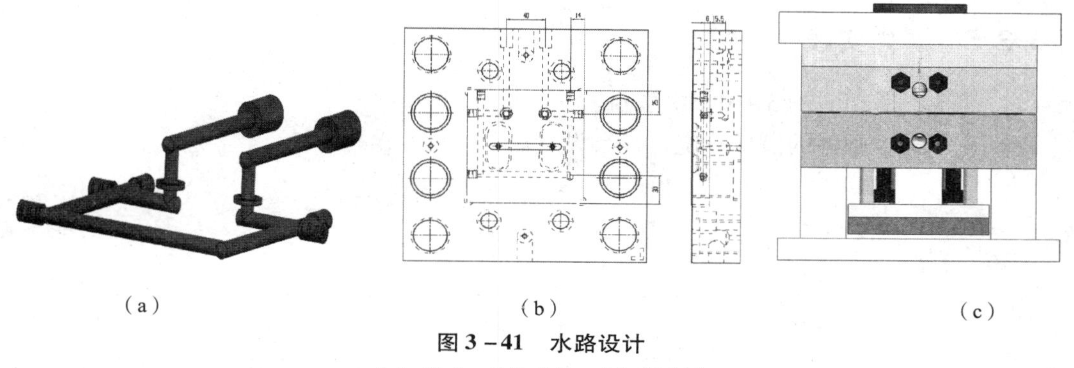

（a）　　（b）　　（c）

图 3－41　水路设计

（a）形式；（b）参数；（c）组合图

9. 添加紧固螺钉及垃圾钉

根据前面学习，我们知道模仁与 A、B 板间的紧固螺钉取 M10，4 根，考虑到与水路避开，螺钉按 *X* 方向偏 25 mm、*Y* 方向偏 10 mm 进行对称布置。A、B 板的螺钉设置一致，如图 3－42（a）所示。垃圾钉与复位杆位置对正，选用直径 16 mm 的垃圾钉 4 个，如图 3－42（b）所示。

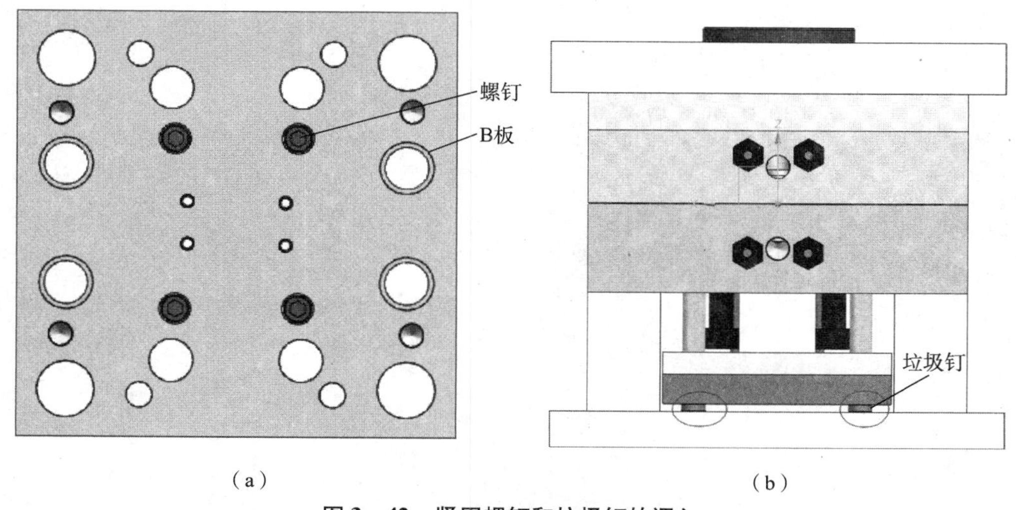

（a）　　（b）

图 3－42　紧固螺钉和垃圾钉的调入

（a）紧固螺钉；（b）垃圾钉

由于不计划采用弹簧复位，所以此处不在复位杆上增加复位弹簧了。至此，模具 3D 的绘制过程结束。

10. 模具装配二维图生成

模具二维图可以通过 3D 直接导出得到，也可以运用 AutoCAD 等二维软件，借助插件来完成。图 3－43 所示为参考的 2D 装配图。

11. 模仁零件图设计

模仁的零件图主要是表达出需要加工的孔位尺寸、外形尺寸和配合公差等，模仁的材料可参考表 2－17 选择 S136H 及相应的热处理。

3.3.4 注塑机的选择与校核

此节的内容请参阅 3.2.2。

3.3.5 课内实践

（1）完成盒盖模具的 3D 和 2D 绘制。

（2）完成盒盖塑件的潜伏式浇口模具设计。

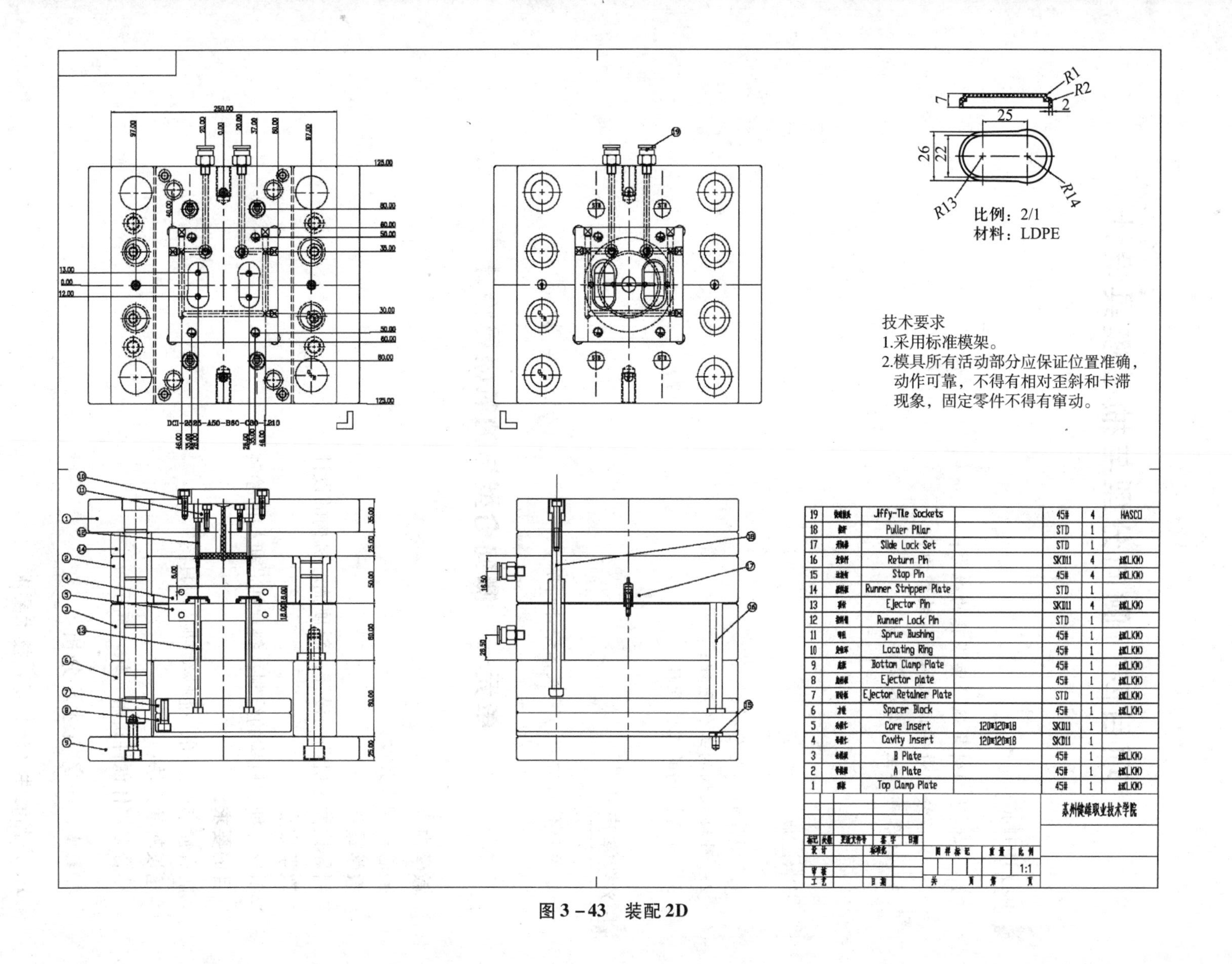
R1
R2
2
7
25
26
22
R13
R14
比例：2/1
材料：LDPE
技术要求
1.采用标准模架。
2.模具所有活动部分应保证位置准确，
动作可靠，不得有相对歪斜和卡滞
现象，固定零件不得有窜动。
DCI-2525-A50-B60-C80-L210
19 Jiffy-Tle Sockets 45# 4 HASCO
18 Puller Pillar STD 1
17 Slide Lock Set STD 1
16 Return Pin SKD11 4
15 Stop Pin 45# 4
14 Runner Stripper Plate STD 1
13 Ejector Pin SKD11 4
12 Runner Lock Pin STD 1
11 Sprue Bushing 45# 1
10 Locating Ring 45# 1
9 Bottom Clamp Plate 45# 1
8 Ejector plate 45# 1
7 Ejector Retainer Plate STD 1
6 Spacer Block 45# 1
5 Core Insert 120*120*18 SKD11 1
4 Cavity Insert 120*120*18 SKD11 1
3 B Plate 45# 1
2 A Plate 45# 1
1 Top Clamp Plate 45# 1
苏州健雄职业技术学院
1:1

图 3-43　装配 2D

项目四　侧向分型与抽芯模具设计

能力目标

1. 具备绘制斜导柱滑块模具的能力；
2. 具备绘制带斜顶机构模具的能力；
3. 具备塑件工艺分析的能力。

知识目标

1. 塑件的工艺分析；
2. 滑块机构的工作原理；
3. 斜顶机构的工作原理。

建议教学方法

软件操作与演示、多媒体课件讲解。

单元一　侧向分型与抽芯模具设计

教学内容：

抽芯机构模具设计。

教学重点：

斜导柱抽芯机构的设计，斜顶抽芯机构的设计。

教学难点：

斜导柱抽芯机构的绘制，斜顶抽芯机构的绘制。

目的要求：

能看懂书中插图，能抄绘抽芯模具图。

建议教学方法：

结合多媒体课件讲解，软件演示。

4.1.1　任务概述及分析

1. 产品制件（玩具壳）技术要求

（1）材料：PS；

（2）材料收缩率：0.5%；

（3）技术要求：表面光洁无毛刺、无缩痕；

（4）原始数据：根据制件产品 3D 图（见图 4－1）及参考模具装配图（见图 4－2）。

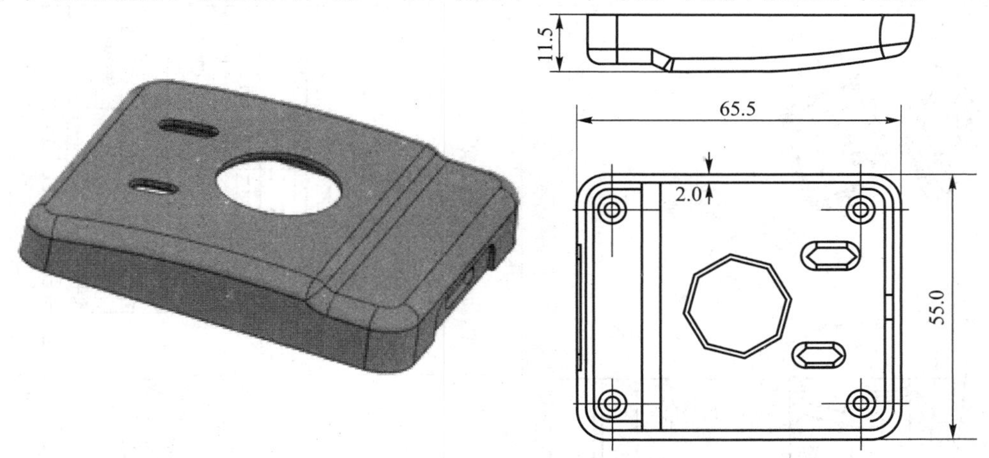

图 4－1　玩具壳塑件图

2. 模具结构设计要求

（1）模腔数：试样模具一模一腔，企业生产模具按照年产量 10 万件设计型腔数量，合理布置；

（2）成型零件收缩率：0.5%；

（3）产品内、外轮廓以底面为基准面进行 3°的拔模处理，司筒（推管）内、外表面以司筒底面为基准进行 1.5°的拔模处理。

（4）模具能够实现制件全自动脱模方式要求；

（5）以满足塑件要求、保证质量和制件生产效率为前提条件，兼顾模具的制造工艺性及制造成本，充分考虑模具的使用寿命；

（6）保证模具使用时的操作安全，确保模具修理和维护方便。

3. 塑件工艺分析

1）原材料分析

根据项目二的学习，我们可知 PS 塑料的成型性很好，PS 的成型性能详见项目二，很适合注塑成型。

2）塑件的尺寸及精度分析

玩具壳塑件为壁厚 2 mm 的壳型件，外形尺寸 65 mm × 55 mm × 11.5 mm，塑件的其他尺寸参考 3D，适合注塑成型。塑件尺寸无特殊要求，取未注公差 MT6 级，适合注塑成型。

3）塑件表面质量分析

表面光洁无毛刺、无缩痕。

4）塑件结构分析

玩具壳塑件，上表面有 3 个通孔，内表面有 4 个管柱，侧壁有一个通孔，内壁有一个凸起，如图 4－3 所示。按要求：产品内、外轮廓以底面为基准面进行 3°的拔模处理，司筒（推管）内、外表面以司筒底面为基准进行 1.5°的拔模处理，结构不复杂，适合注塑成型。

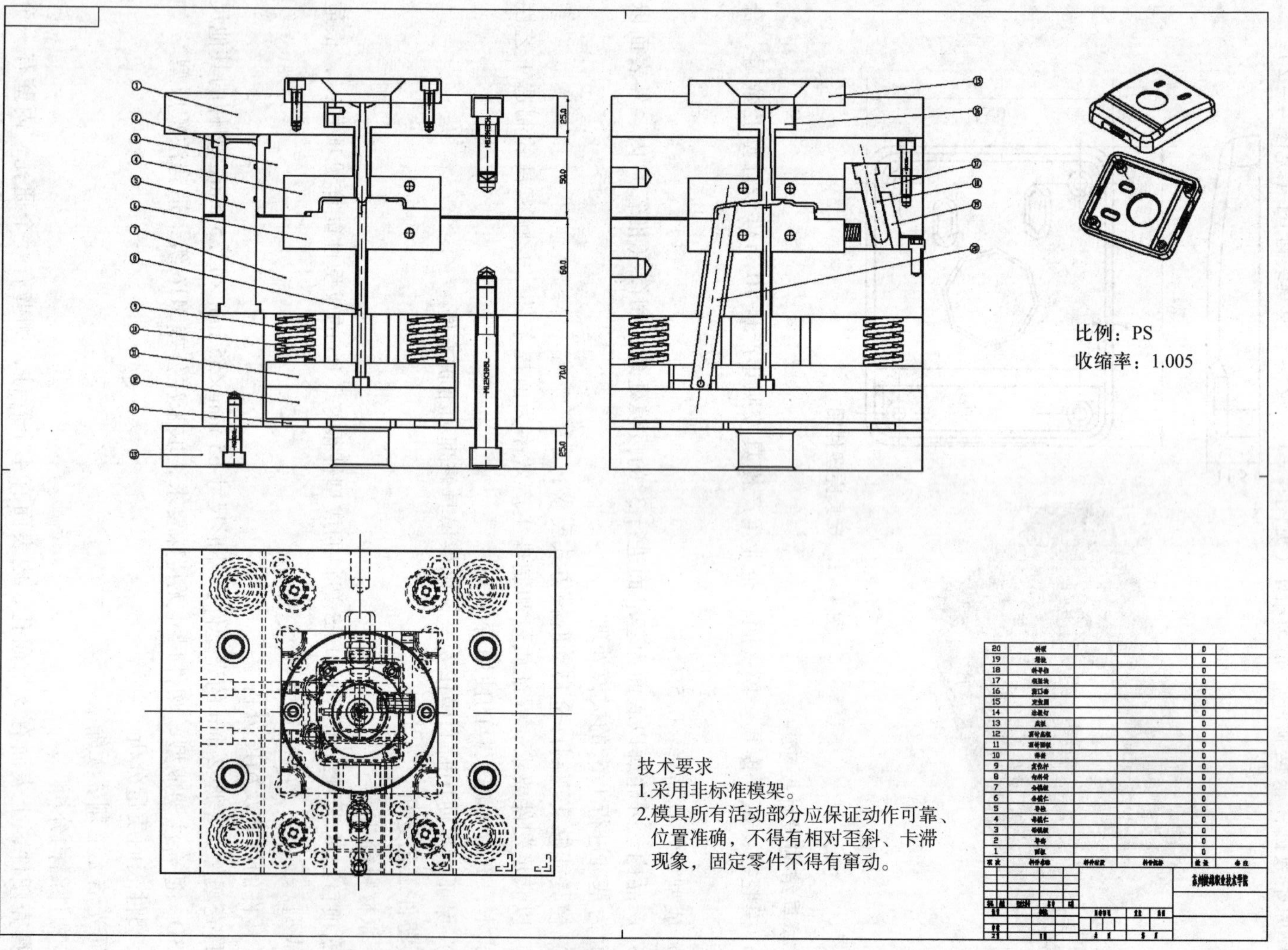
比例：PS
收缩率：1.005
技术要求
1.采用非标准模架。
2.模具所有活动部分应保证动作可靠、位置准确，不得有相对歪斜、卡滞现象，固定零件不得有窜动。

图4-2 装配图

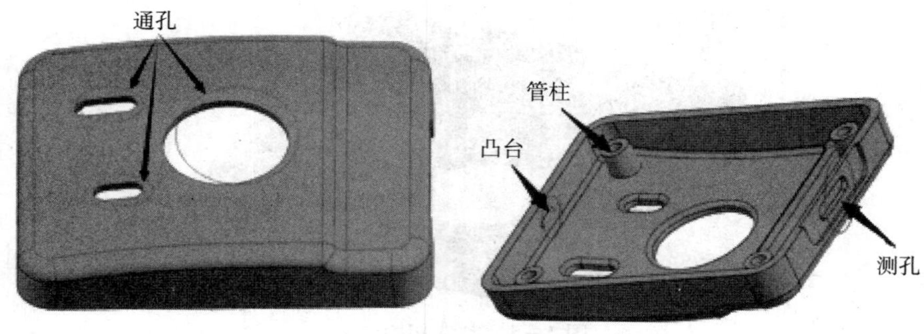

图 4－3　结构特征

4. 成型工艺分析

1）型腔布局

由给定的模架和装配图可知，采用的是一模一腔的形式，排列方式如图 4－4 所示。

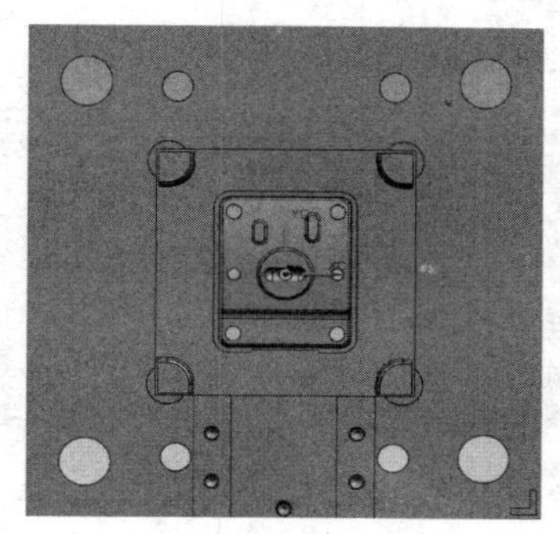

图 4－4　型腔布局

2）成型方案

浇注方式：一模一腔侧浇口进胶（两个浇口），主流道位于制件中心圆处。

模具结构：采用 CI 型模架；4 个柱管通过司针司筒成型；侧孔由滑块成型；内凸由斜顶成型；在模仁四角设置 4 个虎口精定位。

顶出系统：推杆和司筒共同顶出，滑块配合斜导柱实现抽芯运动，斜顶抽芯及顶出；复位杆和弹簧复位。

4.1.2　抽芯模具设计

本小节借助绘图操作流程来展示整个设计过程，在绘图过程中需要充分运用插件，简化设计过程。

模具设计过程如下：

1）设置收缩、拔模及模具部件验证

材料收缩率：0.5%。

拔模：产品内、外轮廓以底面为基准面进行 3°的拔模处理，司筒（推管）内、外表面以司筒底面为基准进行 1.5°的拔模处理。

模具部件验证：黄色面设置在型腔部分，蓝色面设置在型芯部分。

结果如图 4－5 所示。

图 4－5　制件初始化

2）分型

分型出的结果如图 4－6 所示，这里内凸结构暂时没有处理。

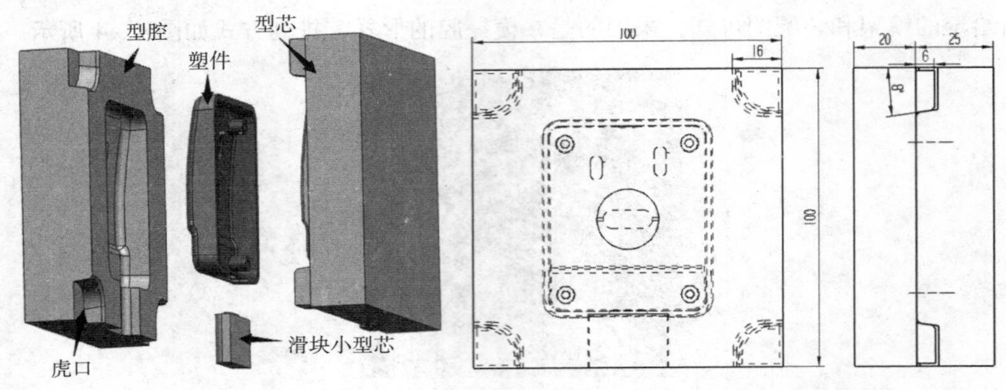

图 4－6　分型

3）调入模架，开框

参考装配图中的模架，调入的模架为龙记 CI2020－A50－B60－C70，开框采用清角 *R*16，调入后的效果如图 4－7 所示。

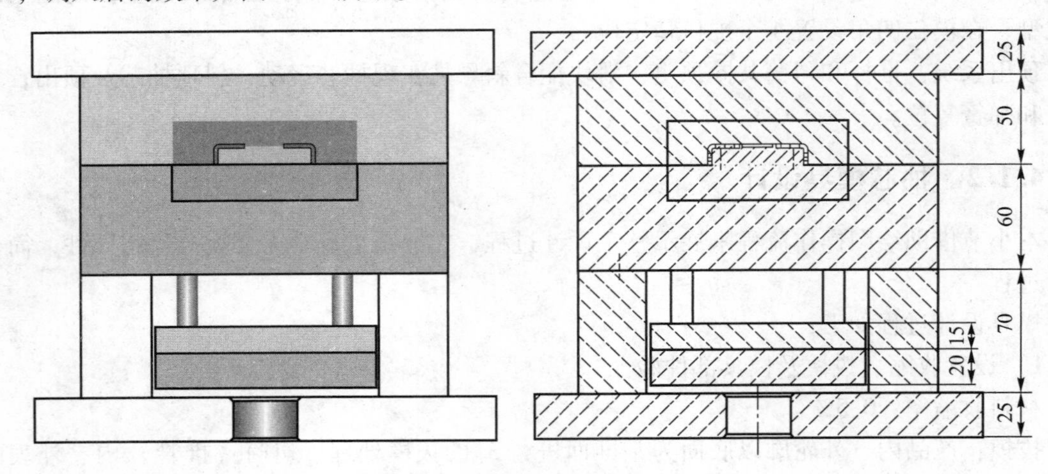

图 4－7　调入模架并开框

4）制作浇注系统

浇注系统的制作主要包括浇口套和定位圈的选择与调入；分流道和浇口的设计与绘制。

在插件中，调入浇口套和定位圈时尺寸参照图 4-8（a）和（b）。

在插件中选择分流道为 $R3$ 的半圆截面，浇口尺寸为 1.2 mm×0.8 mm×2 mm。相关尺寸及效果如图 4-8（b）所示。

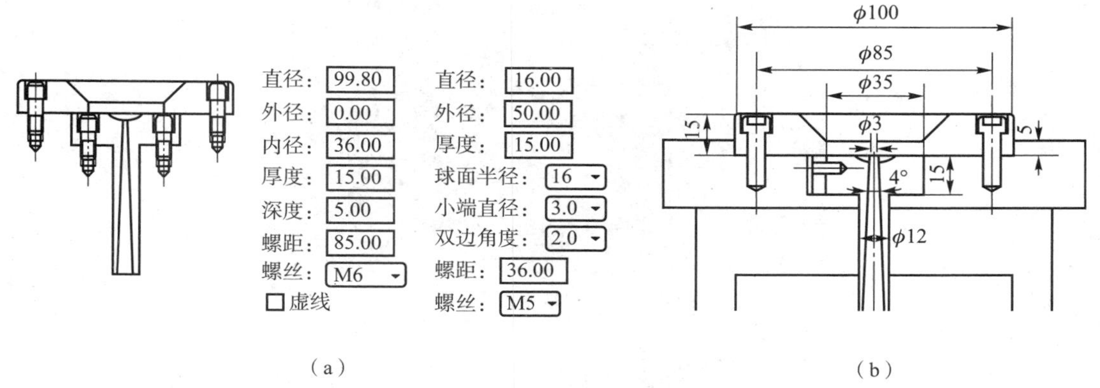

（a）　　　　（b）

图 4-8　浇注系统

5）滑块的调入

滑块的调入可参考图 4-9，抽芯距为 6 mm，所选的参数主要是参考装配图样图，具体参数值可以验证其合理性。调入滑块后将滑块体与小型芯求和，局部小地方的处理采用同步建模的替换面、删除面等命令完善。

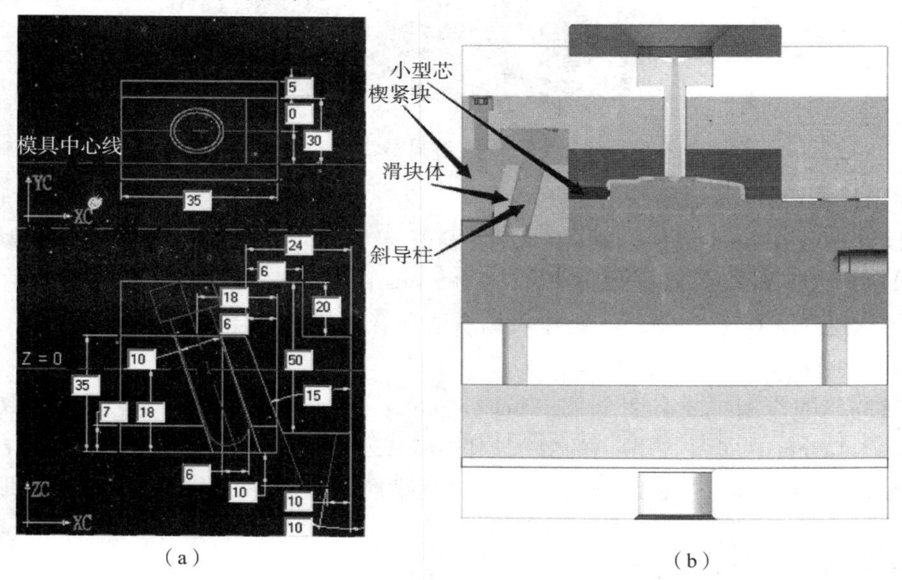

（a）　　　　（b）

图 4-9　滑块调入

6）滑块弹簧制作

在距离滑块底面 10 mm 高度的中心位置制作直径 11 mm、深度 12 mm 的孔，并调入外径 10 mm、簧径 1.5 mm 的压缩弹簧，如图 4-10 所示。

7）螺钉制作

需要制作螺钉的地方主要有动定模仁的紧固、楔紧块的紧固、压条紧固和滑块限位等处，如图 4-11 所示。

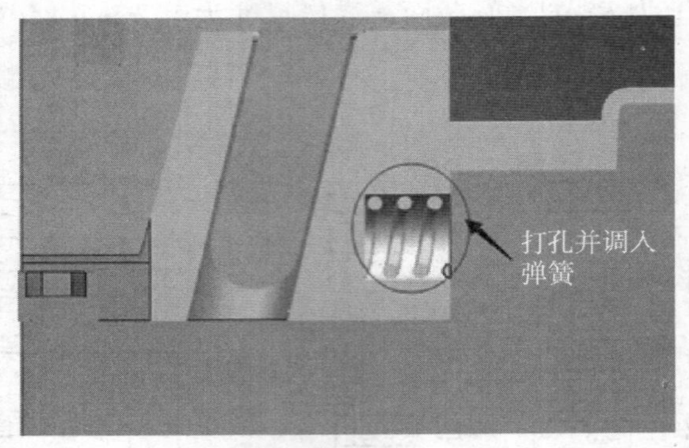

图4-10 滑块弹簧制作图

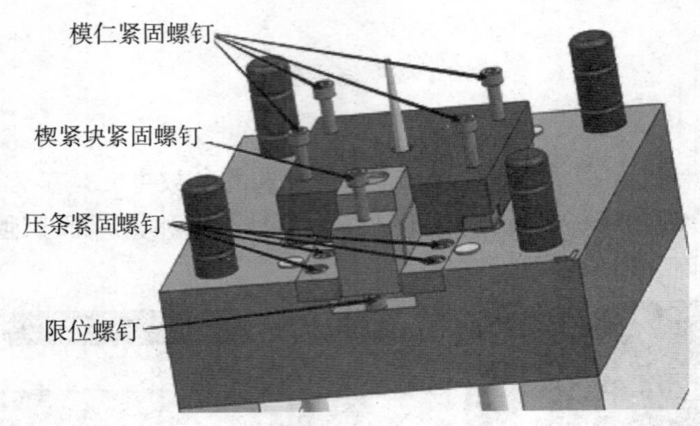

图4-11 螺钉制作

8）顶出机构设计

这里设计的顶出机构包括四根司针、四根司筒（司针、司筒取插件识别的默认值即可)、一根直径为4 mm的拉料杆、两根直径为5 mm的顶杆，如图4-12（a）所示，司针、司筒都要设置避空，在图4-12（b）中可以看清配合段与非配合段。

9）斜顶制作

斜顶在此处的作用主要有两个，一是内凸成型，二是制件顶出。斜顶角度取8°，截面为12 mm×12 mm的矩形，做出的效果如图4-13所示。画斜顶的参照点可以自定，本例中参考数据是斜顶与模仁底面的交线离模仁边线最小距离13.5mm，大家可以取不同的参数。

10）水路制作

图4-14（a）所示为定模的水路，动模水路与定模结构及参数基本一致。如图4-14（b）所示，绘制水路时要注意避开模仁和模板上的螺钉、斜顶、推杆等孔位。

11）复位弹簧调入

调入四根回针弹簧和四个拉料钉，拉料钉位置位于回针正下方，如图4-15所示。

12）装配工程图制作

最终得到的装配图如图4-16所示。

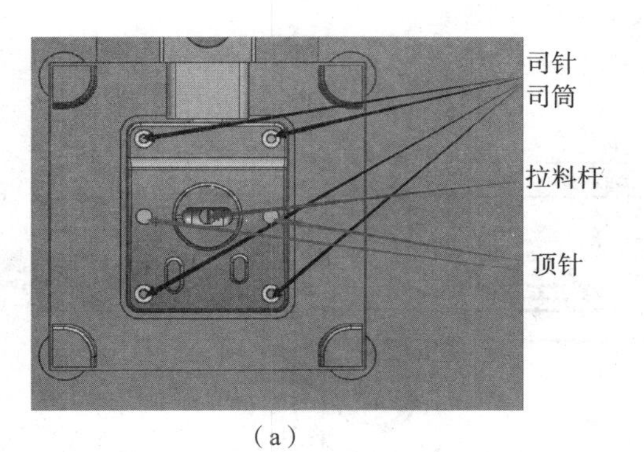

（a）

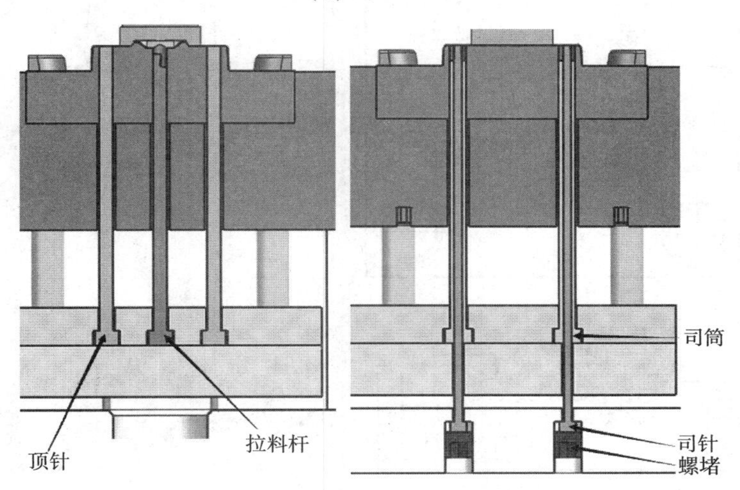

（b）

图 4－12　顶出机构

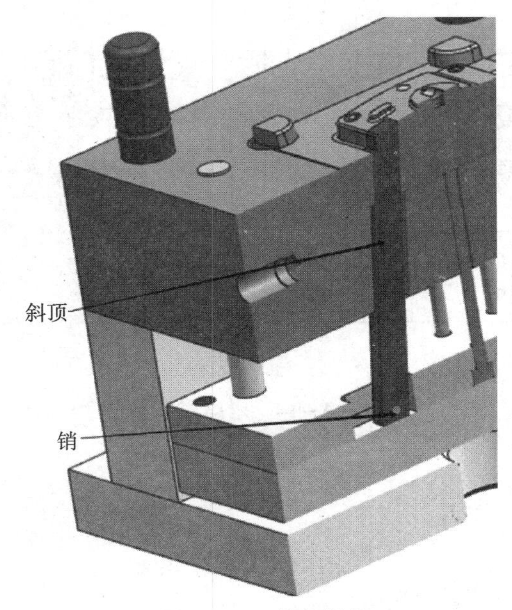

图 4－13　斜顶制作

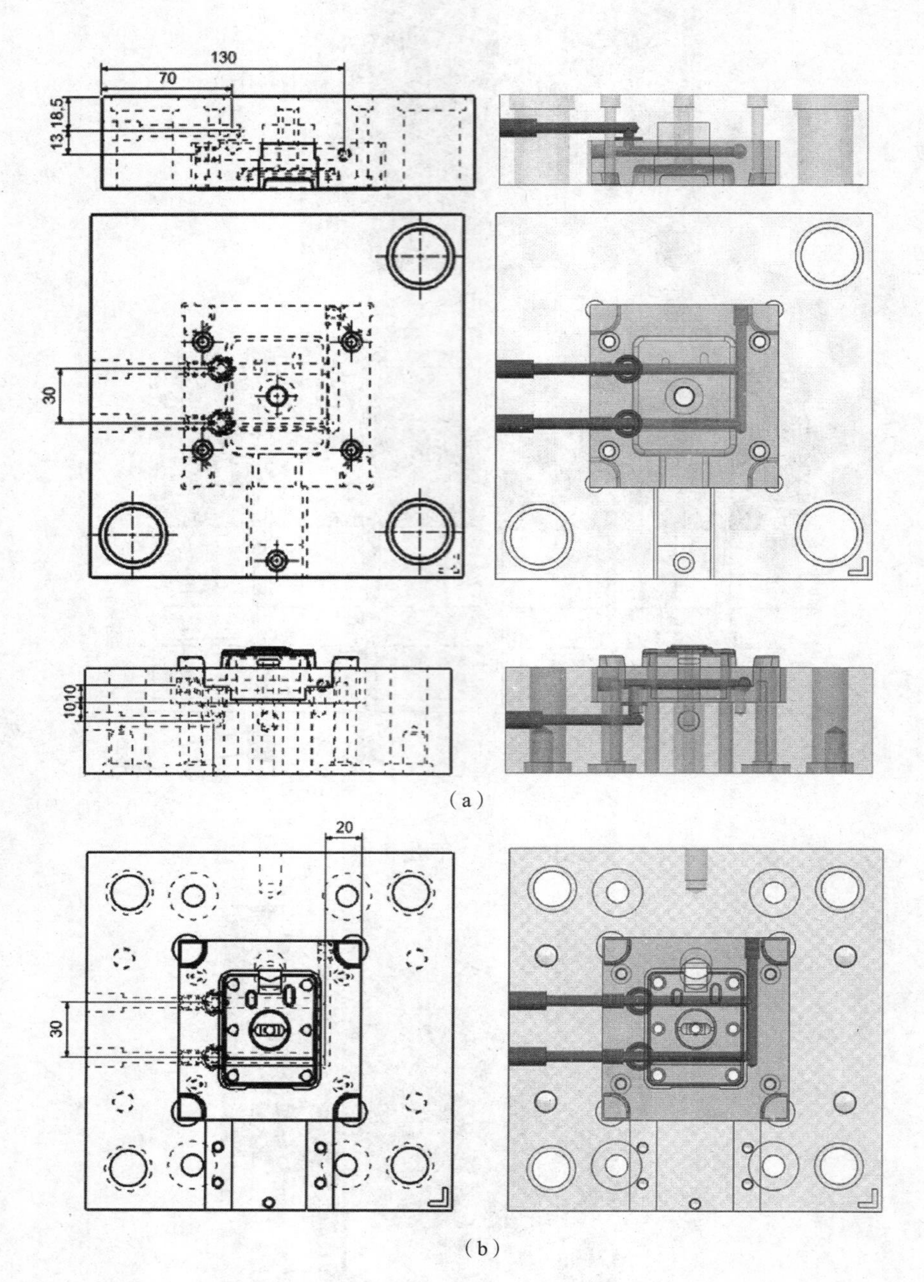

（a）

（b）

图 4－14　水路制作

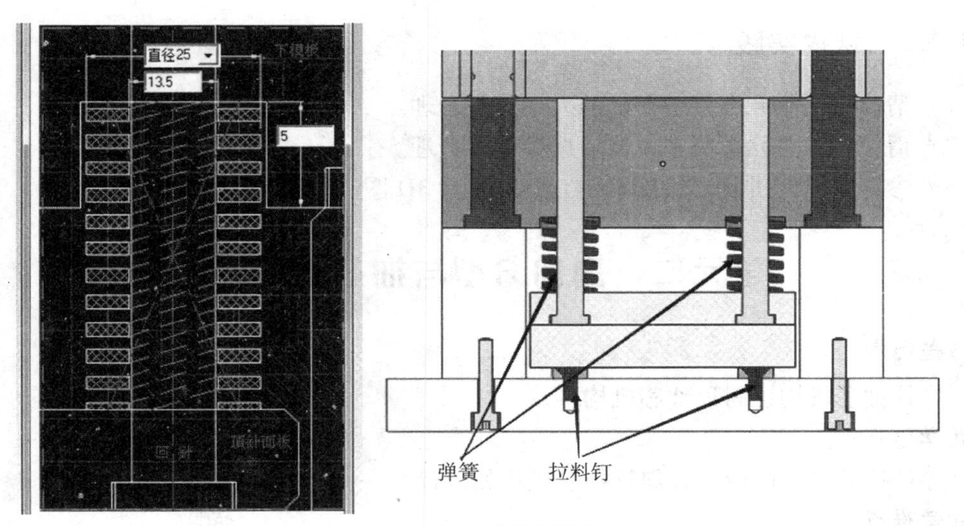

图 4 - 15　回针弹簧与拉料钉

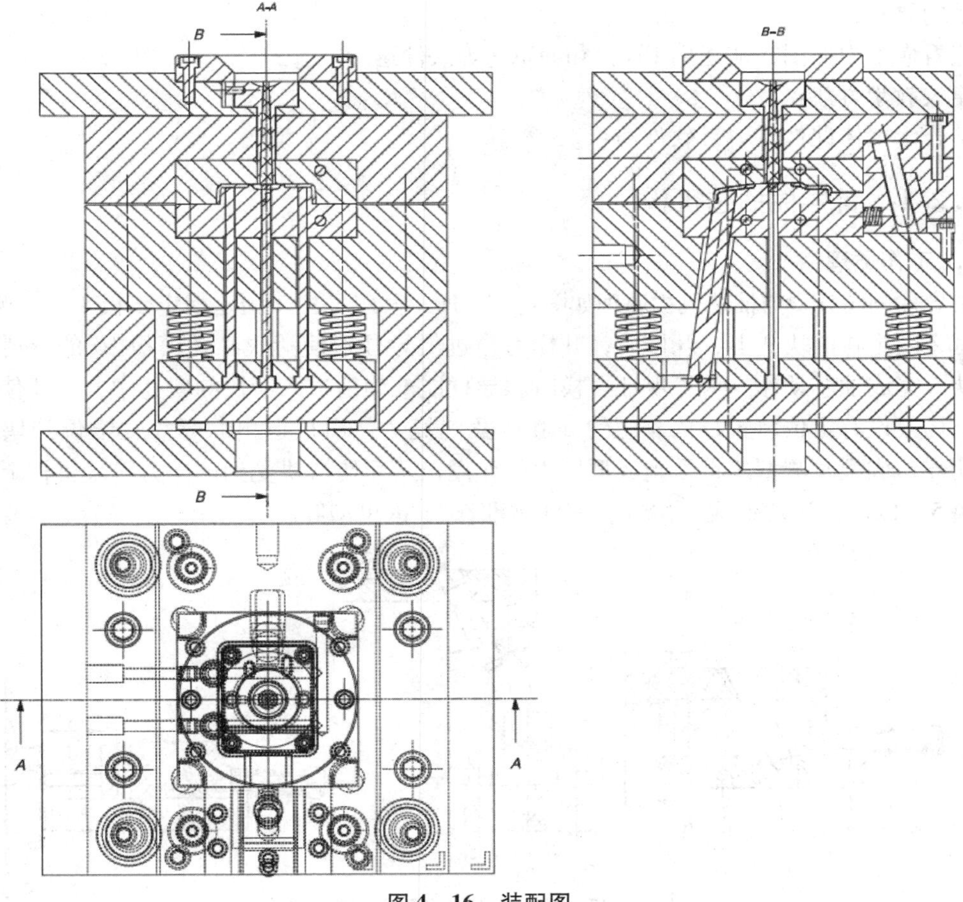

图 4 - 16　装配图

4.1.3 课内实践

（1）请验算本单元案例中模仁的大小是否合理。

（2）请验算本单元案例中模架的选择是否合理。

（3）参照本单元讲解，绘制案例完整的模具3D图。

单元二 侧向分型与抽芯结构介绍

教学内容：

斜导柱抽芯机构，斜顶抽芯机构。

教学重点：

斜导柱抽芯机构的设计，斜顶抽芯机构的设计。

教学难点：

斜导柱抽芯机构的绘制，斜顶抽芯机构的绘制。

目的要求：

能看懂书中插图，能运用UG、AutoCAD等软件绘图。

建议教学方法：

结合多媒体课件讲解，软件演示。

4.2.1 斜导柱抽芯机构

1. 工作原理

斜导柱侧向分型与抽芯机构原理如图4－17所示。斜导柱3固定在定模板4上，侧型芯1由销钉2固定在滑块9上，开模时，开模力通过斜导柱迫使滑块在动模板10的导滑槽内向左移动，完成抽芯动作。为了保证合模时斜导柱能准确地进入滑块的斜孔中，以便使滑块复位，机构上设有定位装置，依靠螺钉6和压紧弹簧7使滑块退出后紧靠在限位挡块8上定位。此外，成型时侧型芯将受到成型压力的作用，从而使滑块受到侧向力，故机构上还设有楔紧块5，以保持滑块的成型位置。塑件靠推管11推出型腔。

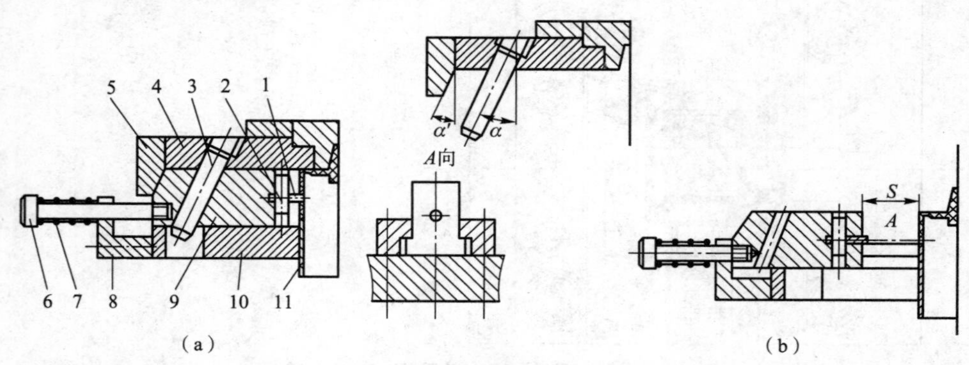

图4－17 斜导柱侧向分型与抽芯机构

（a）闭模状态；（b）开模状态

1—侧型芯；2—销钉；3—斜导柱；4—定模板；5—楔紧块；6—螺钉；7—压紧弹簧；8—限位挡块；9—滑块；10—动模板；11—推管

其特点是结构简单、制造方便、工作可靠。

2. 斜导柱侧向分型与抽芯机构主要参数的确定

1）抽芯距 S

抽芯距是型芯从成型位置抽到不妨碍塑件脱模的位置所移动的距离，用 S 表示。抽芯距大小等于侧孔或侧凹深度 S_0 加上 2～3 mm 的余量，即

$$S = S_0 + (2 \sim 3)\ \text{mm}$$

结构特殊时，如圆形线圈骨架（见图 4－18），抽芯距离应为

$$S = S_1 + 2 \sim 3\ \text{mm} = \sqrt{R^2 + r^2} + (2 \sim 3)\text{mm} \tag{4-1}$$

式中，R——线圈骨架凸缘半径（mm）；

R——滑块内径（mm）；

S_1——抽拔的极限尺寸（mm）。

2）斜导柱的倾角 α

α 是决定斜导柱抽芯机构工作效果的一个重要参数，不仅决定着开模行程和斜导柱长度，而且对斜导柱的受力状况有重要的影响。

α 对斜导柱几何尺寸的影响如图 4－19 所示，抽拔方向垂直于开模方向时，抽芯距为 S，所需的开模行程 H 与斜导柱倾角 α 的关系为

$$H = S\cot\alpha \tag{4-2}$$

斜导柱有效工作长度 L 与倾角 α 的计算关系为

$$L = \frac{S}{\sin\alpha} \tag{4-3}$$

由式（4－2）和式（4－3）可见，倾角 α 增大，为完成抽芯，所需的开模行程及斜导柱有效工作长度均可减小，有利于减小模具的尺寸。

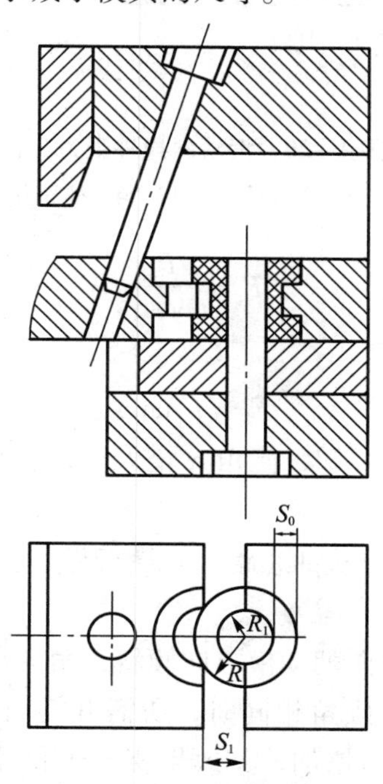

图 4－18　抽芯距的确定

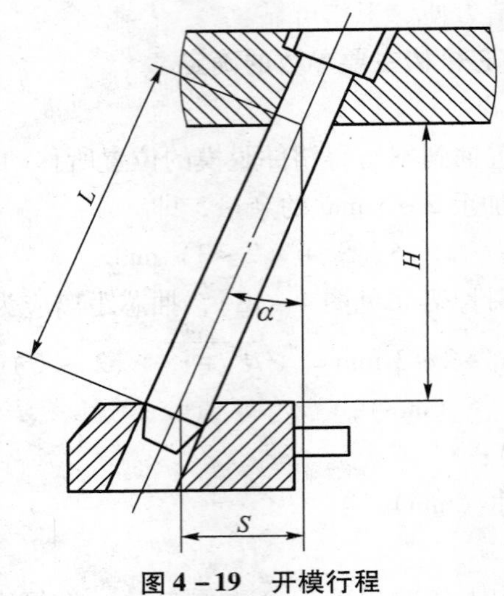

图 4-19　开模行程

α 对斜导柱受力情况的影响：抽芯时滑块在斜导柱作用下沿导滑槽运动，忽略摩擦阻力时，滑块将受到下述三个力的作用（见图 4-20（a））：抽芯阻力 F_c、开模阻力 F_k（即导滑槽施于滑块的力）以及斜导柱作用于滑块的正压力 F'。由此可得抽芯时斜导柱所受的弯曲力 $\boldsymbol{F}$（与 $\boldsymbol{F}'$ 大小相等、方向相反）。

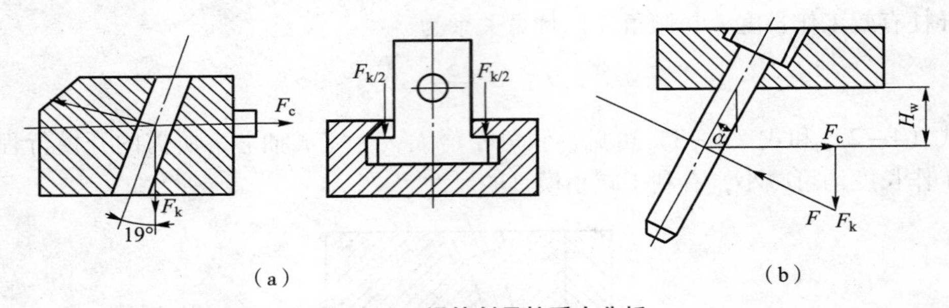

图 4-20　滑块斜导柱受力分析

（a）滑块受力；（b）斜导柱受力

$$F=\frac{F_c}{\cos\alpha} \tag{4-4}$$

抽芯时所需开模力为

$$F_k=F_c\tan\alpha \tag{4-5}$$

由式（4-4）和式（4-5）可知，倾角 α 增大时，斜导柱所受的弯曲力 F 和开模阻力 F_k 均增大，斜导柱受力情况变差。

决定斜导柱倾角的大小时，应从抽芯距、开模行程、斜导柱受力几个方面综合考虑。一般取 $\alpha=15\sim20°$，不宜超过 25°。

图 4-21（a）所示为抽拔方向朝动模方向倾斜 β 角的情况，与 $\beta=0$（即抽芯方向垂直开模方向）的情况相比，斜导柱倾角相同时，所需开模行程和斜导柱工作长度可以减小，而开模力和斜导柱所受的弯曲力将增加，其效果相当于斜导柱倾角为 $\alpha+\beta$ 时的情况。由此可见，斜导柱的倾角不能过大，以 $\alpha+\beta\leqslant15°\sim20°$ 为宜，最大不能超过 25°。

图4－21（b）所示为滑块抽拔方向朝定模方向倾斜 β 角的情况，与滑块不倾斜相比，斜导柱倾角相同时，其所需开模行程和斜导柱有效工作长度增大，而开模力和斜导柱所受弯曲力均有所减小，其值相当于倾角变为 $\alpha-\beta$ 的情况，故斜导柱倾角可稍取大一些，以 $\alpha-\beta\leqslant 15°\sim 20°$ 为宜。

斜导柱双侧对称布置时，开模时抽芯力可相互抵消；而单侧抽芯时，模具所受的侧向力无法相互抵消。此时，斜角 α 宜取小值。

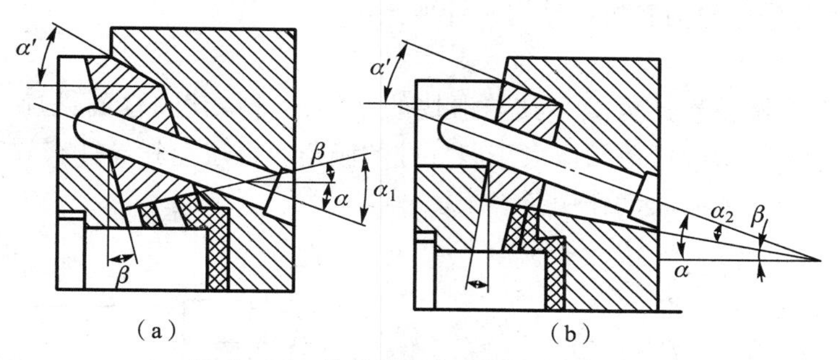

图4－21　抽芯方向与开模方向不垂直

（a）抽芯方向向动模方向倾斜；（b）抽芯方向向定模方向倾斜

3）斜导柱的直径

由图4－22可知，抽芯时，斜导柱受弯矩 M 作用，其最大值为

$$M = FL \tag{4-6}$$

式中，L——斜导柱有效工作长度。

由材料力学可知斜导柱的弯曲应力为

$$\sigma_w = \frac{M}{W} \leqslant [\sigma]_w \tag{4-7}$$

式中，W——斜导柱的抗弯截面系数；

$[\sigma]_w$——斜导柱材料的弯曲许用应力。

斜导柱多为圆形截面，其截面系数为

$$W = \frac{1}{32}\pi d^3 = 0.1d^3$$

由此可得斜导柱直径

$$d = \sqrt[3]{\frac{FL}{0.1\ [\sigma]_w}} \tag{4-8}$$

也可表示为

$$d = \sqrt[3]{\frac{F_c L}{0.1\ [\sigma]_w \cos\alpha}} \tag{4-9}$$

即斜导柱的直径必须根据抽芯力、斜导柱的有效工作长度和斜导柱的倾角来确定。

求斜导柱直径的另一种方法：采用查表法来确定。

4）斜导柱的长度

确定了斜导柱倾角 α、有效工作长度 L 和直径 d 之后，可按图4－22所示的几何关系计算斜导柱的长度 $L_{总}$，即

$$L_{总} = L_1 + L_2 + L_3 + L_4 + L_5 = \frac{D}{2}\tan\alpha + \frac{t}{\cos\alpha} + \frac{d}{2}\tan\alpha + \frac{S}{\sin\alpha} + (10 \sim 15)\text{mm} \tag{4-10}$$

式中，L_5——锥体部分长度，一般取 10 ~ 15 mm；

D——固定轴肩直径（mm）；

t——斜导柱固定板厚度（mm）。

3. 斜导柱侧向分型与抽芯机构结构设计要点

1）斜导柱

斜导柱形状多为圆柱形，为减小其与滑块的摩擦，可将其圆柱面铣扁，如图 4 – 23 所示。端部成半球状或锥形，锥体角应大于斜导柱的倾角，以避免斜导柱有效工作长度部分脱离滑块斜孔之后，锥体仍有驱动作用。

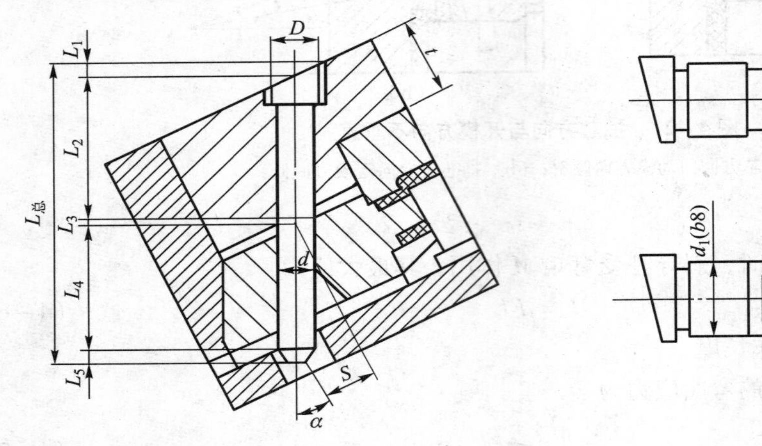

图 4 – 22　斜导柱长计算

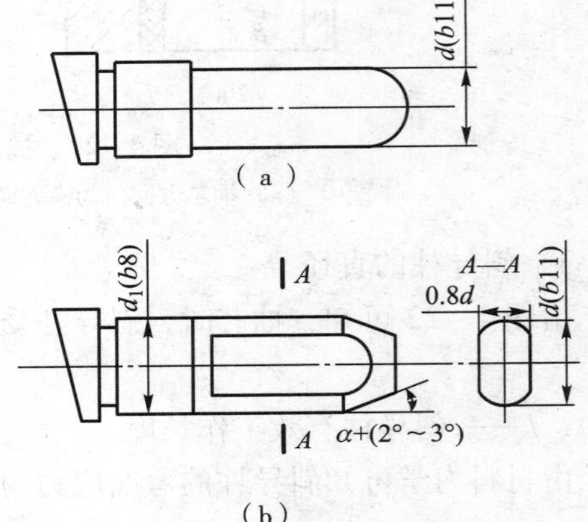

图 4 – 23　斜导柱形状

材料：45 钢、T10A、T8A 及 20 钢渗碳淬火，热处理硬度在 55HRC 以上，表面粗糙度 Ra 不大于 0. 8 μm。

配合：斜导柱与其固定板采用 H7/m6 或 H7/n6；与滑块斜孔采用较松的间隙配合，如 H11/d11，或留有 0. 5 ~ 1mm 间隙，此间隙使滑块运动滞后于开模动作，且使分型面处打开一缝隙，使塑件在活动型芯未抽出前获得松动，然后再驱动滑块抽芯。

2）滑块

滑块是斜导柱抽芯机构中的重要零部件，上面装有侧型芯或成型镶块，在斜导柱驱动下，实现侧抽芯或侧向分型。

结构形式：整体式和组合式。整体式适用于形状简单、便于加工的场合；组合式便于加工、维修和更换，并能节省优质钢材，被广泛采用。

滑块与侧型芯的连接方式如图 4 – 24 所示。对于尺寸较小的型芯，往往将型芯嵌入滑块部分，用中心销（见图 4 – 24（a））或骑缝销（见图 4 – 24（b））固定，也可采用螺钉顶紧的形式，如图 4 – 24（d）所示；大尺寸型芯可用燕尾连接，如图 4 – 24（c）所示；薄片状型芯可嵌入通槽再用销固定，如图 4 – 24（e）所示；多个小型芯可采用压板固定，如图 4 – 24（f）所示。

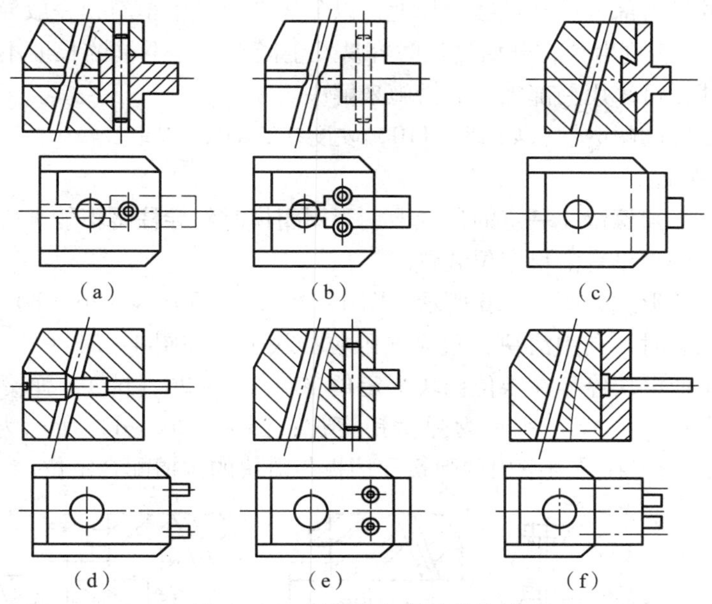

图 4-24　侧型芯与滑块的连接

材料：滑块，45 或 T8、T10，硬度 40HRC 以上；型芯 CrWMn、T8、T10，硬度 50HRC 以上。

3）滑块的导滑槽

滑块与导滑槽的配合形式如图 4-25 所示。配合要求导滑槽应使滑块运动平衡可靠，二者之间上下、左右各有一对平面配合，配合取 H7/f7，其余各面留有间隙。

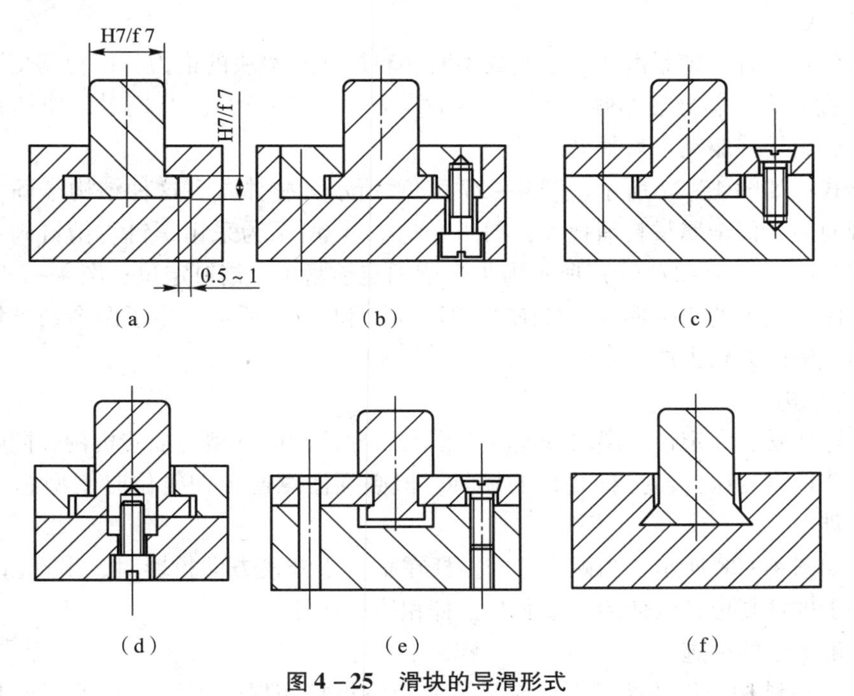

图 4-25　滑块的导滑形式

长度：滑块的导滑部分应有足够的长度，以免运动中产生歪斜，一般导滑部分长度应大于滑块宽度的2/3，否则滑块在开始复位时容易发生倾斜；导滑槽的长度不能太短，有时为了不增大模具尺寸，可采用局部加长的措施来解决。

材料：应有足够的耐磨性，如T8、T10，硬度在50HRC以上。

4）滑块定位装置

开模后，滑块必须停留在一定的位置上，否则闭模时斜导柱将不能准确地进入滑块，致使模具损坏，为此必须设置滑块定位装置。

滑块定位装置的形式如图4－26所示。图4－26（a）和图4－26（b）所示为利用限位挡块定位，向上抽芯时，利用滑块自重靠在限位挡块上，如图4－26（a）所示；其他方向抽芯则可利用弹簧使滑块停靠在限位挡块上定位（见图4－26（b）），弹簧力应为滑块自重的1.5～2倍；图4－26（c）所示为弹簧销定位；图4－26（d）所示为弹簧钢球定位；图4－26（e）所示为埋在导滑槽内的弹簧和挡板与滑块的沟槽配合定位。

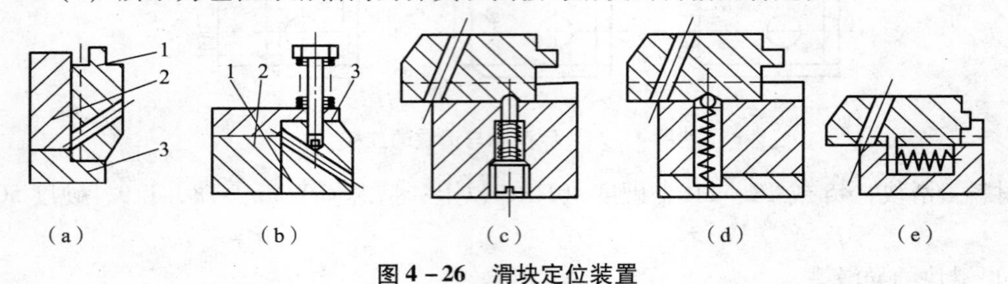

图4－26　滑块定位装置

（a），（b）限位挡块定位；（c）弹簧销定位；（d）弹簧钢球定位

1—滑块；2—导滑槽板；3—限位挡板

5）锁紧块

作用：模具闭合后锁紧滑块，承受成型时塑料熔体对滑块的推力，以免斜变形。

锁紧角α'：大于斜导柱的倾斜角α，取$\alpha'=\alpha+(2°\sim3°)$。开模时，使锁紧块迅速让开，以免阻碍斜导柱驱动滑块抽芯。

结构形式：如图4－27所示。图4－27（a）所示为整体式，这种结构牢固可靠，可承受较大的侧向力，但金属材料消耗大；图4－27（b）所示为采用螺钉与销钉固定，结构简单，使用较广泛；图4－27（c）所示为T形槽固定锁紧块，销钉定位；图4－27（d）所示为锁紧块整体嵌入板的连接形式；如图4－27（e）和（f）所示采用了两个锁紧块，起增强作用，适用于侧向力较大的场合。

6）复位机构

对于斜导柱安装在定模、滑块安装在动模的斜导柱侧向分型与抽芯机构，同时采用推杆脱模机构，并依靠复位杆使推杆复位的模具，但必须注意避免在复位时侧型芯与推杆（推管）发生干涉。

干涉：如图4－28所示，当侧型芯与推杆在垂直于开模方向投影时，出现重合部位S'，而滑块位先于推杆复位，致使活动型芯与推杆相撞而损坏。

避免产生干涉的措施：

（1）在模具结构允许的情况下，应尽量避免将推杆布置于侧型芯在垂直于开模方向的投影范围内。

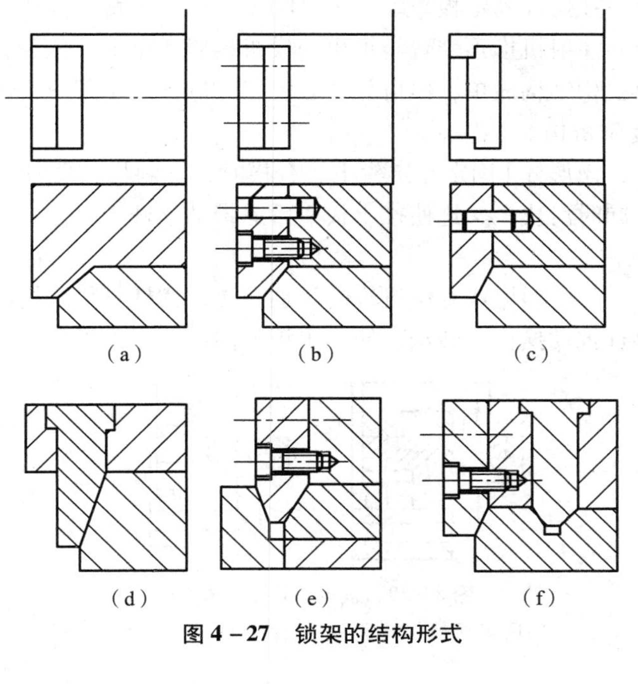

图 4－27　锁架的结构形式

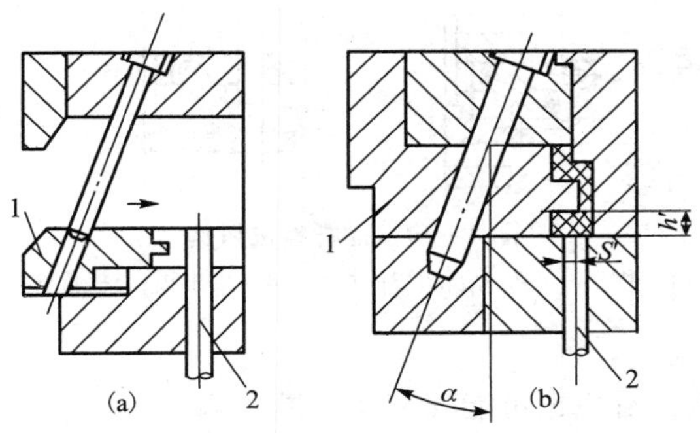

图 4－28　侧型芯与推杆干涉现象

（a）开模状态；（b）合模状态

1—侧型芯滑块；2—推杆

（2）使推杆的推出距离小于滑动型芯的最低面。

（3）采用推杆先复位机构，即优先使推杆复位，然后才使侧型芯复位。

满足侧型芯与推杆不发生干涉的条件（见图 4－28（b））：

$$h'\tan\alpha \geqslant S' \qquad (4-11)$$

式中，h'——合模时，推杆端部到侧型芯的最短距离；

S'——在垂直于开模方向的平面内，侧型芯与推杆的重合长度。

一般 $h'\tan\alpha$ 只要比 S' 大 0.5 mm 即可避免干涉。可见，适当加大斜导柱的倾角对避免干涉是有利的。如果适当增加 α 角仍不能满足式（4－11）的条件，则应采用推杆先行复位机构。

几种典型的先行复位机构：

（1）弹簧式。

如图 4－29 所示，在推杆固定板与动模板之间设置压缩弹簧，开模推出塑件时，弹簧被压缩，一旦开始合模，注射机推顶装置与推出脱模机构脱离接触，依靠弹簧的恢复力推杆迅速复位。弹簧式推出机构结构简单，但可靠性较差，一般适用于复位力不大的场合。

（2）楔形滑块复位机构。

如图 4－29 所示，楔形杆 1 固定在定模上，合模时，在斜导柱驱动滑块动作之前，楔形杆推动滑块 2 运动，同时滑块 2 又迫使推出板 3 后退带动推杆 4 复位。

（3）摆杆复位机构。

如图 4－30 所示，与楔形滑块复位机构的区别在于，摆杆复位机构由摆杆 3 代替了楔形滑块。合模时，楔形杆推动摆杆 3 转动，使推出板 4 向下并带动推杆 5 先于侧型芯复位。

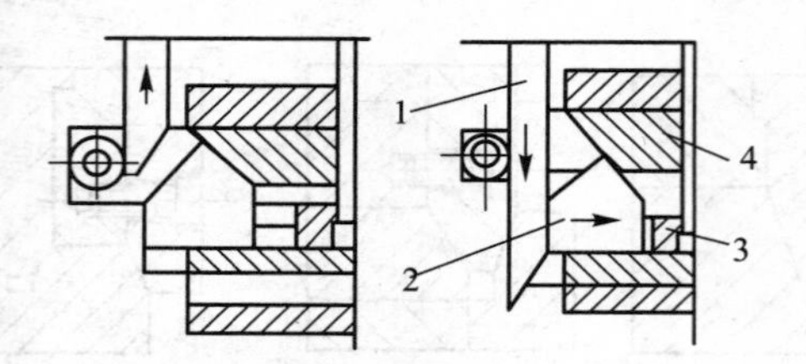

图 4－29　楔形滑块复位机构

1—楔形杆；2—滑块；3—推出板；4—推杆

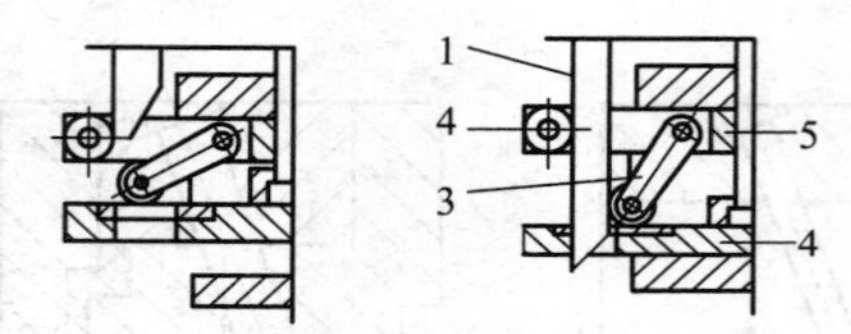

图 4－30　摆杆复位机构

1—楔形杆；2—滚轮；3—摆杆；4—推出板；5—推杆

7）定距分型拉紧装置

由于塑件的结构特点，滑块也可能安装在定模一侧。为了使塑件留在动模上，在动、定模分型之前，应先将侧型芯抽出。为此，需在定模部分增设一个分型面，使斜导柱驱动滑块抽出型芯。新增设的分型面脱开的距离必须大于斜导柱能使活动型芯全部抽出塑件的长度，达到这个距离后，才能使动、定模分型，然后推出制件。定距分型拉紧装置就是为了实现上述顺序分型动作的装置。

4. 结构形式

1）弹簧螺钉式定距分型拉紧装置

如图 4－31 所示，模内装有弹簧 5 和定距螺钉 6。开模时，在弹簧 5 的作用下，首先从Ⅰ处分型，滑块 1 在斜导柱 2 的驱动下进行抽芯，当抽芯动作完成后，定距螺钉 6 使凹模不再随动模移动。动模继续移动，动、定模从Ⅱ处分型。

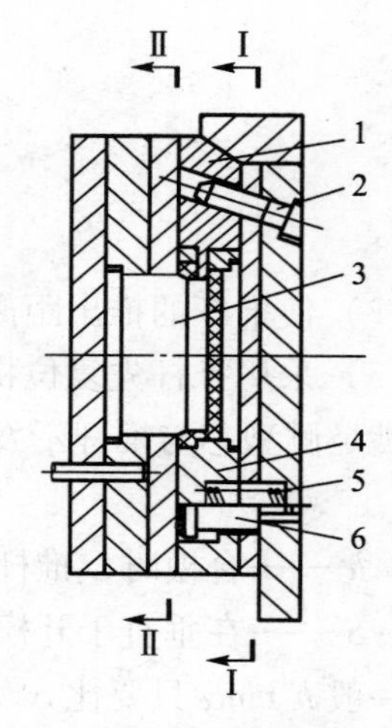

图 4－31　弹簧螺钉式定距分型拉紧装置

1—滑块；2—斜导柱；3—凸模；4—凹模；5—弹簧；6—定距螺钉

2）摆钩式定距分型拉紧装置

如图 4－32 所示，摆钩式定距分型拉紧装置由摆钩 6、弹簧7、压块8、挡块9和定距螺钉5组成。开模时，摆钩钩住挡块9迫使模具首先从Ⅰ处分型，进行侧抽芯。当抽芯结束时，压块8的斜面迫使摆钩6转动，定距螺钉5使凹模侧板11不再随动模移动。继续开模，动模由Ⅱ处分型。

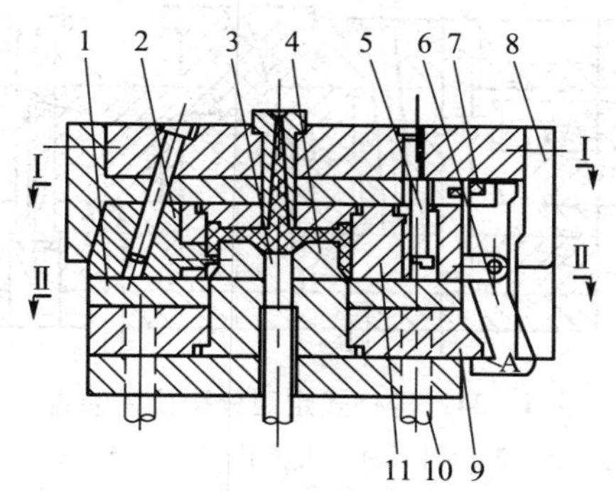

图4-32　摆钩式定距分型拉紧装置

1—脱模板；2—侧向型芯滑块；3，10—推杆；4—凸模；5—定距螺钉；6—摆钩；7—弹簧；8—压块；9—挡块；11—凹模侧板

3）滑板式定距分型拉紧装置

如图4-33所示，开模时，拉钩4紧紧钩住滑板3，使模具首先从Ⅰ处分型，并进行抽芯。当抽芯动作完成后，在压板6的斜面作用下，滑板3向模内移动而脱离拉钩4。由于定距螺钉7的作用，当动模继续移动时，动模与定模在Ⅱ处分型。

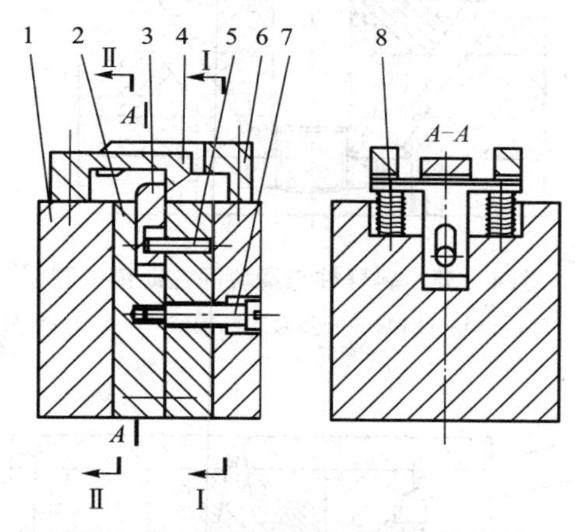

图4-33　滑板式定距分型拉紧装置

1—动模；2—定模型板；3—滑板；4—拉钩；5—滑板定位销；6—压板；7—定距螺钉；8—弹簧

4）导柱式定距分型拉紧装置

如图4-34所示，开模时，由于弹簧力的作用，止动销4压在导柱3的凹槽内，模具先从Ⅰ处分型。当斜导柱5完成抽芯动作后，与限位螺钉11挡住导柱拉杆9使凹模10停止运动。当继续开模时，开模力将大于止动销4对导柱槽的压力，止动销退出导柱槽，模具便从Ⅱ处分型。这种机构的结构简单，但拉紧力不大。

根据塑件结构特点，还有另外两种安装形式。

如图4-35所示，斜导柱与滑块均安装在动模一侧。开模时，脱模机构中的推杆1推动推板2，使瓣合式凸模滑块4沿斜导柱5侧向分型。

如图4－36所示，斜导柱固定在动模而滑块安装在定模上。开模时，先从Ⅰ面分型进行侧抽芯，当间隙 a 消失时，便从Ⅱ面分型，塑件包紧在凸模6上，再依靠推板推出。

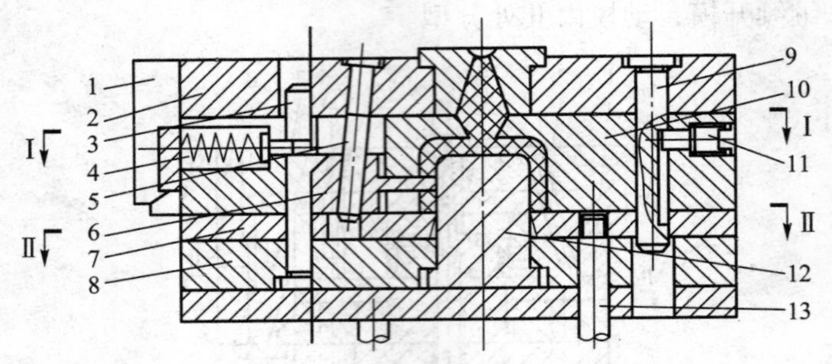

图4－34　导柱式定距分型拉紧装置

1—锁紧块；2—定模板；3—导柱；4—止动销；5—斜导柱；6—滑块；7—推板；8—凸模固定板；9—导柱拉杆；10—凹模；11—限位螺钉；12—凸模；13—推杆

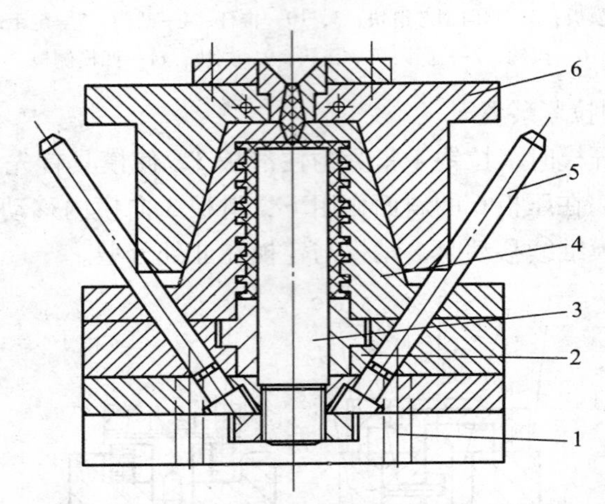

图4－35　斜导柱与滑块同在动模一侧

1—推杆；2—推板；3—凸模；4—瓣合式凸模滑块；5—斜导柱；6—定模

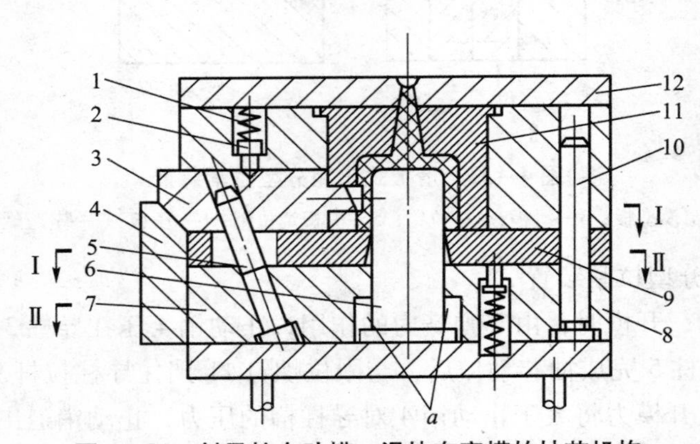

图4－36　斜导柱在动模、滑块在定模的抽芯机构

1—弹簧；2—定位板；3—滑块；4—锁紧块；5—斜导柱；6—凸模；7—支撑板；8—导柱固定板；9—推板；10—导柱；11—凹模；12—定模板

4.2.2　斜顶机构（斜滑块侧向分型机构）

适用场合：塑件侧孔或侧凹较浅、所需抽芯距不大但成型面积较大，如周转箱、线圈骨架和螺纹等。

优点：结构简单、制造方便、动作可靠，故应用广泛。

1. 斜滑块侧向分型与抽芯机构的结构形式

主要有两种形式：滑块导滑和斜滑杆导滑。

1）滑块导滑的斜滑块侧向分型与抽芯机构

如图 4－37 所示，模具采用了斜滑块外侧分型机构。开模时，推杆 7 推动斜滑块 1 沿模套 6 上导滑槽的方向移动，在推出的同时向两侧分开，从而使塑件脱离型芯和抽芯的动作同时进行。导滑槽的方向与斜滑块的斜面平行，限位螺钉 5 用以防止斜滑块从模套中脱出。

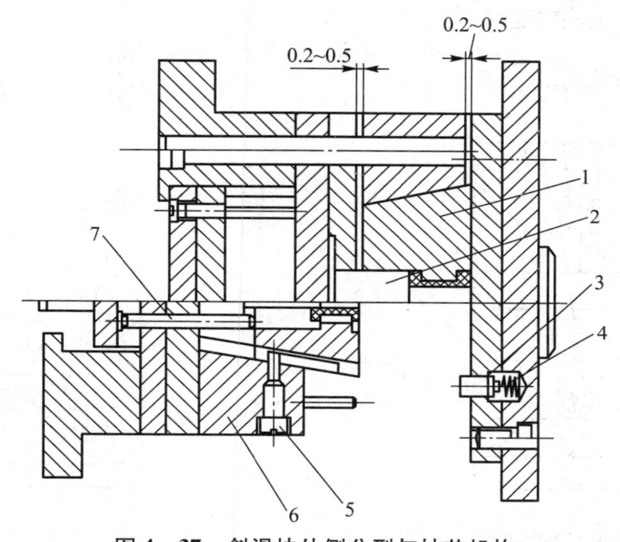

图 4－37　斜滑块外侧分型与抽芯机构

1—斜滑块；2—型芯；3—止动钉；4—弹簧；5—限位螺钉；6—模套；7—推杆

如图 4－38 所示，成型带有直槽内螺纹塑件的斜滑块内侧分型与抽芯机构的模具。开模后，推杆固定板 1 推动推板 5 并使滑块 3 沿型芯 2 的导滑槽移动，实现塑件的推出和内侧分型与抽芯。

2）斜滑杆导滑的斜滑块侧向分型与抽芯机构

如图 4－39 所示，利用斜滑杆带动斜滑块 1 沿模套 2 的锥面方向运动来完成分型抽芯动作。斜滑杆是在推板 5 的驱动下工作的，滚轮 4 的作用是减小摩擦。

如图 4－40 所示，利用斜滑杆导滑的斜滑块内侧分型与抽芯机构，斜滑杆头部即为成型滑块，凸模 1 上开有斜孔，在推出板 5 的作用下，斜滑杆沿斜孔运动，使塑件一面抽芯、一面脱模。

适应场合：受斜滑杆刚度的限制，多用于抽芯力较小的场合。

2. 斜滑块侧向分型与抽芯机构设计要点

1）斜滑块的导滑和组合形式

斜滑块组合形式如图 4－41 所示，设计时应根据塑件外形、分型与抽芯方向合理组合。

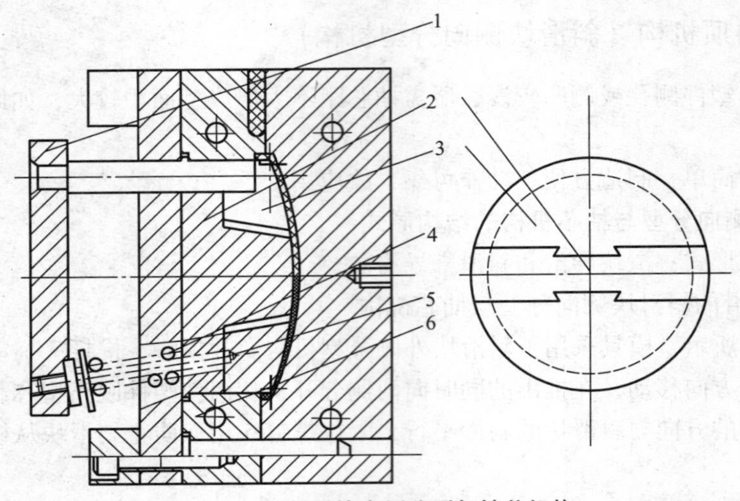

图 4－38　斜滑块内侧分型与抽芯机构

1—推杆固定板；2—型芯；3—滑块；4—弹簧；5—推板；6—动模板

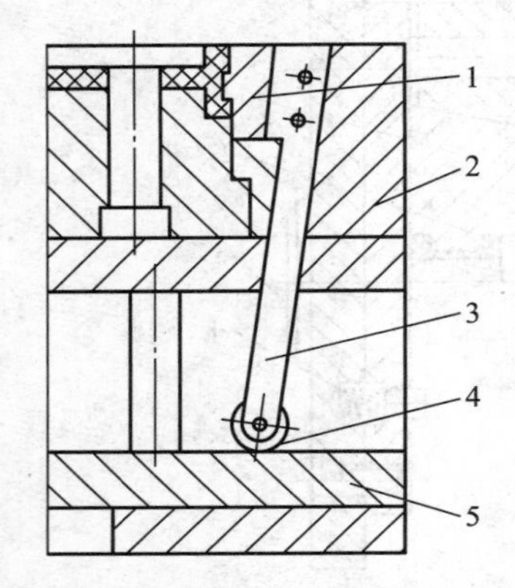

图 4－39　斜滑杆导滑的外侧分型

1—斜滑块；2—模套；3—斜滑杆；4—滚轮；5—推板

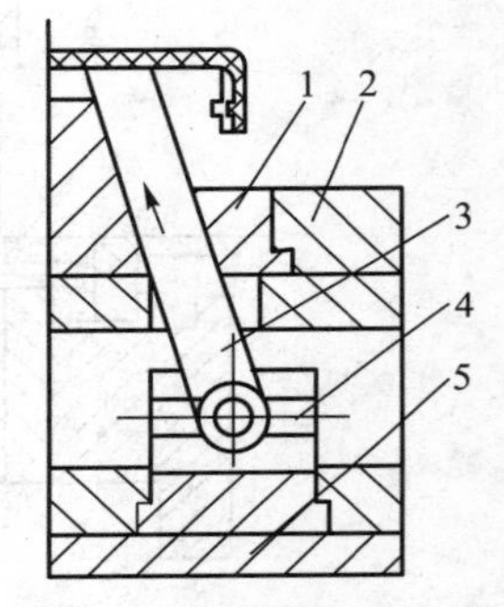

图 4－40　斜滑杆导滑的内侧分型

1—凸模；2—模套；3—斜滑杆；4—滑座；5—推出板

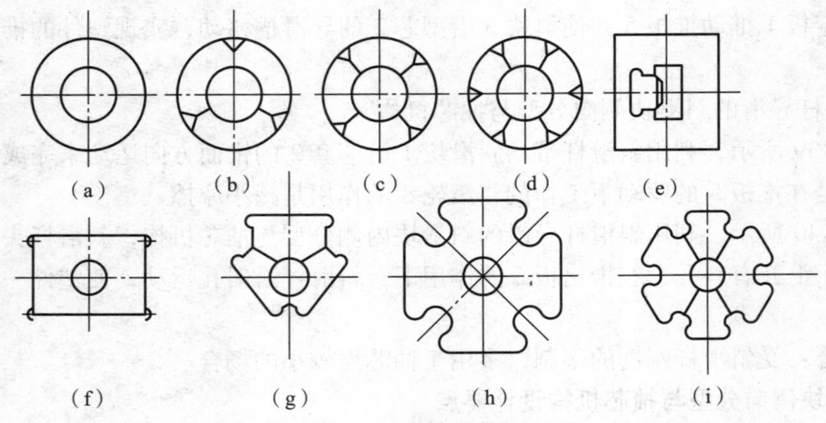

图 4－41　斜滑块的组合形式

组合要满足最佳的外观质量要求，避免塑件有明显的拼合痕迹；使组合部分有足够的强度；使模具结构简单、制造方便、工作可靠。

斜滑块导滑形式（按导滑部分的形状分）：矩形（见图 4-42（a））、半圆形（见图 4-42（b）和（c））和燕尾形（见图 4-42（d））。矩形和半圆形导滑槽制造简单，故应用广泛；而燕尾形加工较困难，但结构紧凑，可根据具体情况加工选用。

斜滑块凸耳与导滑槽配合：采用 IT9 级间隙配合。

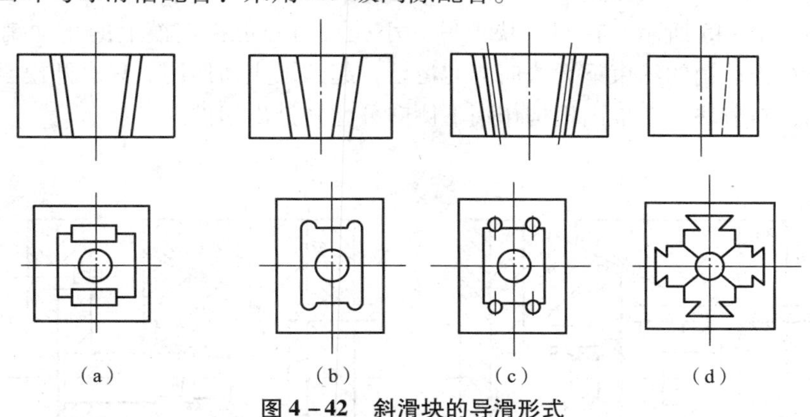

图 4-42　斜滑块的导滑形式

（a）矩形；（b），（c）半圆形；（d）燕尾形

2）斜滑块的几何参数

斜滑块的导向斜角：可比斜销的倾角大些，一般不超过 26°～30°。

斜滑块的推出高度：不宜过大，一般不宜超过导滑槽长度的 2/3，否则推出塑件时斜滑块容易倾斜。为防止斜滑块在开模时被带出模套，应设有限位螺钉（见图 4-37 中件 5）。

斜滑块底部、顶部与模套尺寸，为保证斜滑块分型面在合模时拼合紧密，注射时不发生溢料，减少飞边，底部与模套间要留有 0.2～0.5mm 的间隙（见图 4-37）；斜滑块顶部高出模套 0.2～0.5mm，以保证当斜滑块 1 与模套 6（见图 4-37）的配合面磨损后，仍保持拼合紧密。内侧抽芯时，斜滑块的端面不应高于型芯端面，在零件允许的情况下，低于型芯端面 0.05～0.10 mm，如图 4-43 所示。否则，斜滑块端面将陷入塑件底部，在推出塑件时将阻碍斜滑块的径向移动。

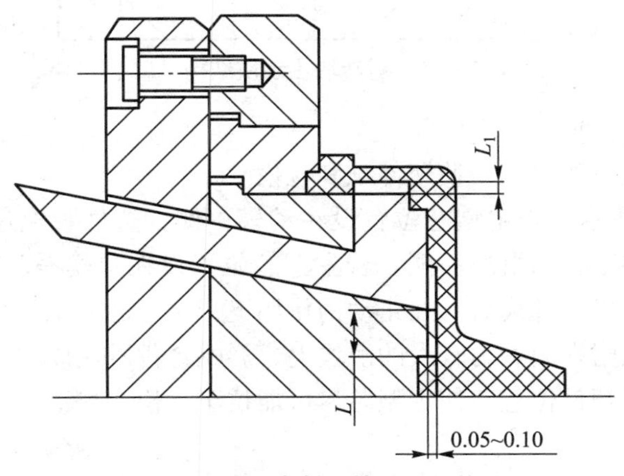

图 4-43　内斜滑块端面结构

3）滑块的止动

有时由于塑件的形状特点，成型时塑件对定模部分的包紧力大于动模部分，开模时可能出现斜滑块随定模而张开，导致塑件损坏或滞留在定模，如图 4－44（a）所示。为了强制塑件留在动模边，需设止动装置。

滑块止动的结构形式：如图 4－44（b）所示，开模后止动销 5 在弹簧作用下压紧斜滑块的端面，使其暂时不从模套脱出，当塑件从定模脱出后，再由推杆 1 使斜滑块侧向分型并推出塑件；如图 4－45 所示，在斜滑块上钻一小孔，与固定在定模上的止动销 2 呈间隙配合，开模时，在止动销的约束下无法向侧向运动，起到了止动作用。只有开模至止动销脱离斜滑块的销孔，斜滑块才在推出机构作用下侧向分型并推出塑件。

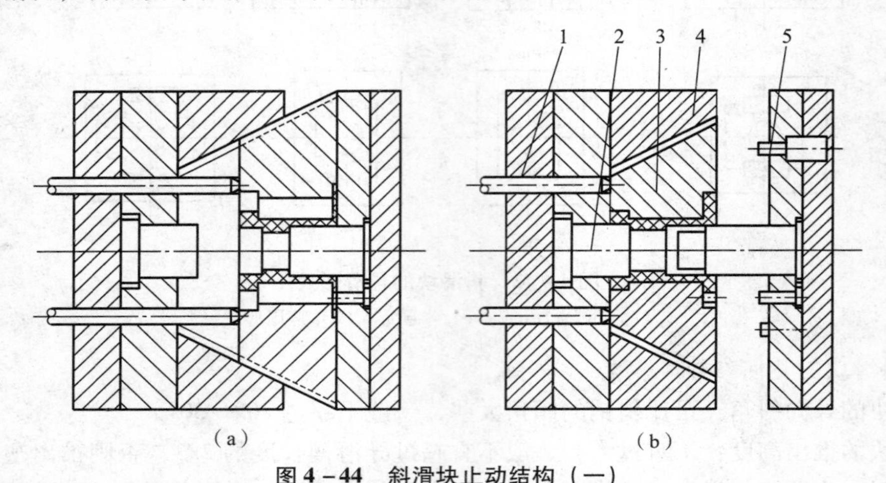

图 4－44　斜滑块止动结构（一）

1—推杆；2—动模型芯；3—斜滑块（瓣合式凹模镶块）；4—定模块；5—止动销

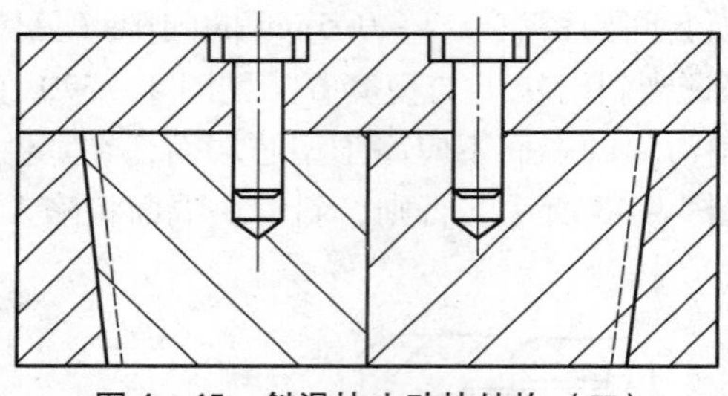

图 4－45　斜滑块止动块结构（二）

4）主型芯位置的选择

合理选择主型芯位置的目的：使塑件顺利脱模。

如图 4－46（a）所示，当主型芯位置设在动模一侧，塑件脱模过程中，主型芯起了导向作用，塑件不至于黏附在斜滑块一侧。若主型芯位置设在定模一侧，如图 4－46（b）所示，为了使塑件留在动模，开模后，在止动销作用下，主型芯先从塑件抽出，然后斜滑块才能分型，塑件很容易黏附在附着力较大的滑块上，影响塑件顺利脱模。

设计时应合理选择塑件位置，使主型芯尽可能位于动模一侧。

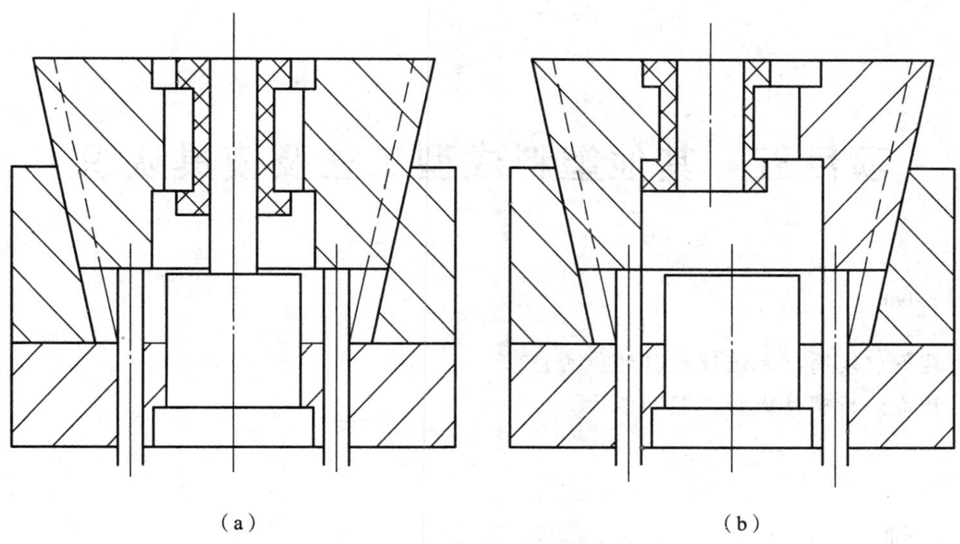

图 4-46　主型芯位置选择

(a) 动模侧；(b) 定模侧

除本节提到的侧向分型抽芯机构外，还有齿轮齿条抽芯机构等，这里不再叙述。

4.2.3　课内实践

(1) 绘制本项目塑料注塑模具的 3D 图。

(2) 绘制本项目塑料注塑模具主要零部件的 2D 图。

(3) 运用软件（插件）调用各种抽芯机构。

项目五　其他塑料成型工艺及模具认识

能力目标

1. 具备识读简单无流道模具的能力；
2. 具备分析塑件成型工艺的能力。

知识目标

1. 认识无流道模具；
2. 了解压缩成型工艺；
3. 了解吹塑成型工艺；
4. 了解挤出成型工艺。

建议教学方法

软件操作与演示、多媒体课件讲解、企业参观。

单元一　无流道模具介绍

教学内容：

无流道模具介绍。

教学重点：

无流道模具的基本形式；热唧咀、热流道模具的注意事项。

教学难点：

无流道模具的基本形式。

目的要求：

能看懂书中插图；能调用相关标准件。

建议教学方法：

结合多媒体课件讲解，软件演示。

无流道凝料模具是针对热塑性塑料，利用加热或隔热的方法使流道内的塑料始终保持熔融状态，从而达到无流道凝料或少流道凝料目的的注射模具。

无流道凝料模具的优点很多，其主要表现在以下几方面：

（1）无流道凝料或少流道凝料，塑料的有效利用率高，并可充分发挥注射机的塑化能力。

（2）熔融塑料在流道里的压力损耗小，易于充满型腔及补缩，可避免产生塑件凹陷、缩孔和变形。

（3）缩短了成型周期，提高了生产效率。

（4）浇口可自动切断，提高了自动化程度。

（5）能降低注射压力，可减小锁模吨位。

无流道凝料模具也有其相应的缺点，其主要表现在以下几方面：

（1）装有热流道板的模具，其闭合高度加大，有可能需要选用较大的注射机。

（2）热唧咀、热流道板中的热量经热辐射和热传导影响前模温度的，模具设计时应尽量减少热传递，加强前模冷却。

（3）模具成本较高。

5.1.1　无流道凝料模具的基本形式

无流道凝料模具经过多年的发展，现基本采用以下两种主要结构形式：

（1）采用热唧咀直接进料或间接进料的模具，简称热唧咀模具。其基本结构如图 5－1 所示。

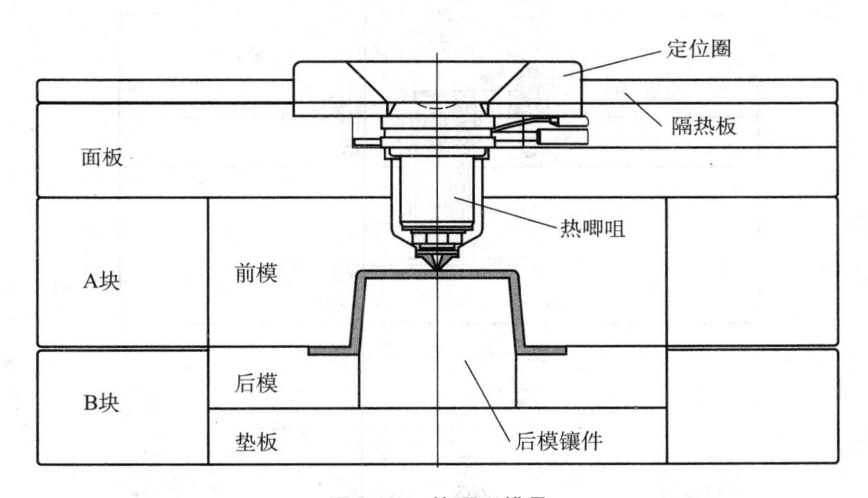

图 5－1　热唧咀模具

（2）具有热流道板、二级热唧咀形式的模具，简称热流道模具。其基本结构如图 5－2 所示。

1. 热唧咀模具结构示例

（1）点浇口形式进料的热唧咀模具结构如图 5－3 所示，此结构仅适用于单腔模具，且受浇口位置的限制。

（2）热唧咀端面参与成型的热唧咀模具结构如图 5－4 所示，适用于单腔模具，塑件表面有唧咀痕迹。热唧咀端面可加工。

（3）具有少许常规流道形式的热唧咀模具结构如图 5－5 所示，这种结构的模具可同时成型多个塑件，缺点是会产生部分流道冷料。

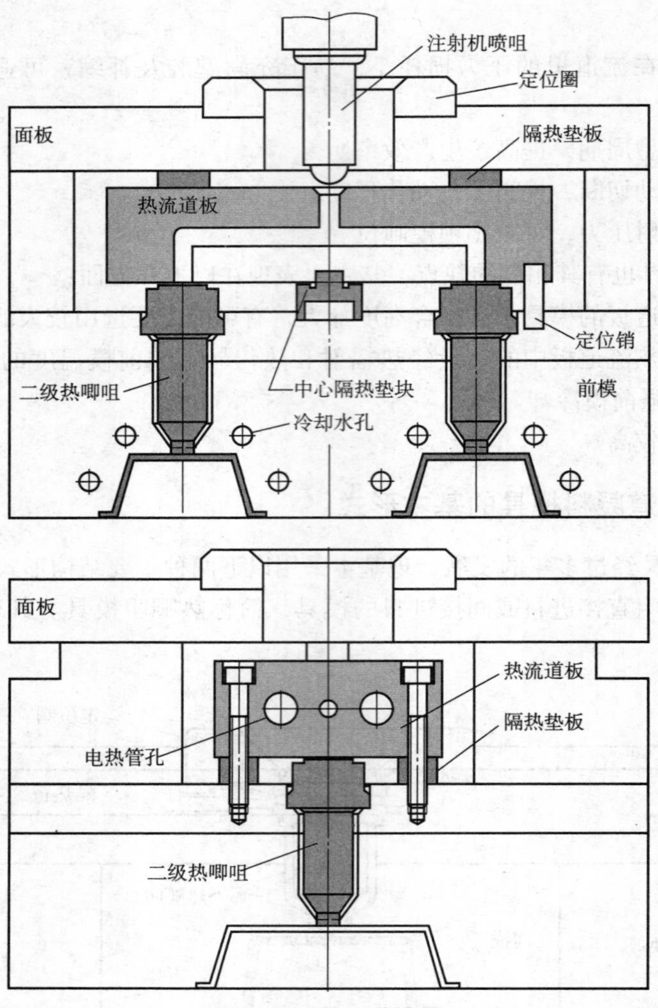

图 5－2　热流道模具

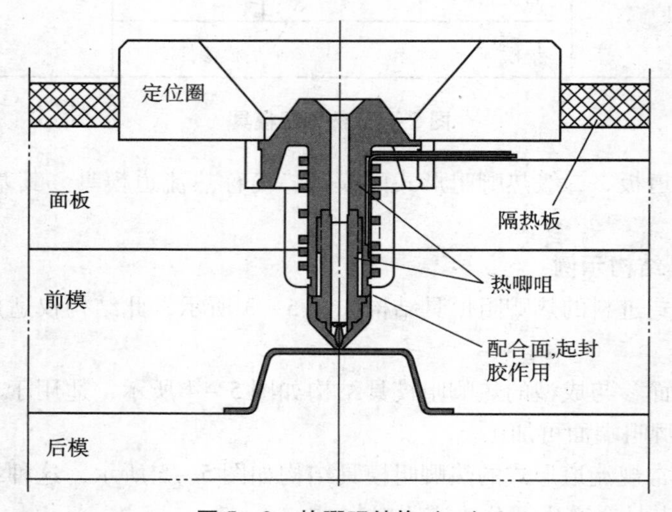

图 5－3　热唧咀结构（一）

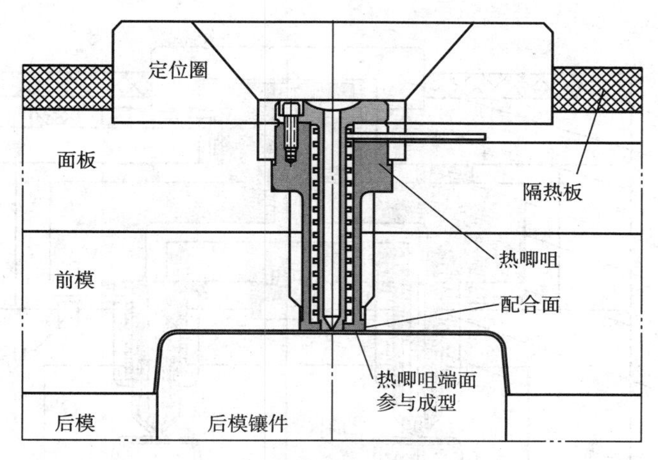

图 5 – 4　热唧咀结构（二）

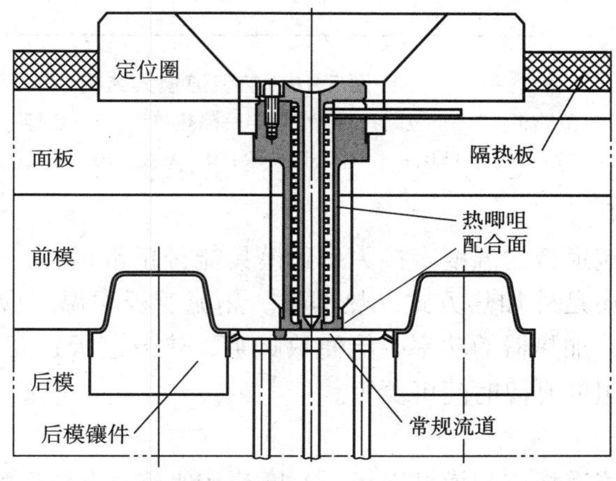

图 5 – 5　热唧咀结构（三）

2. 热流道模具结构示例

（1）二级热唧咀端部参与成型的热流道模具结构，如图 5 – 2 所示。

（2）二级热唧咀针点式进料的热流道模具结构，如图 5 – 6 所示。

另外，根据二级热唧咀的结构及进料方式可产生多种不同的模具结构，但其基本要求相同。

5.1.2　热唧咀、热流道模具的注意事项

1. 射胶量

应根据塑件体积大小及不同的塑料选用适合的热唧咀。供应商一般会给出每种热唧咀相对于不同流动性塑料时的最大射胶量。因为塑料不同，其流动性也各不相同。另外，应注意热唧咀的喷嘴口大小，它不仅会影响射胶量，还会产生其他影响。如果喷嘴口太小，会延长成型周期；如果喷嘴口太大，喷嘴口不易封闭，易于流涎或拉丝。

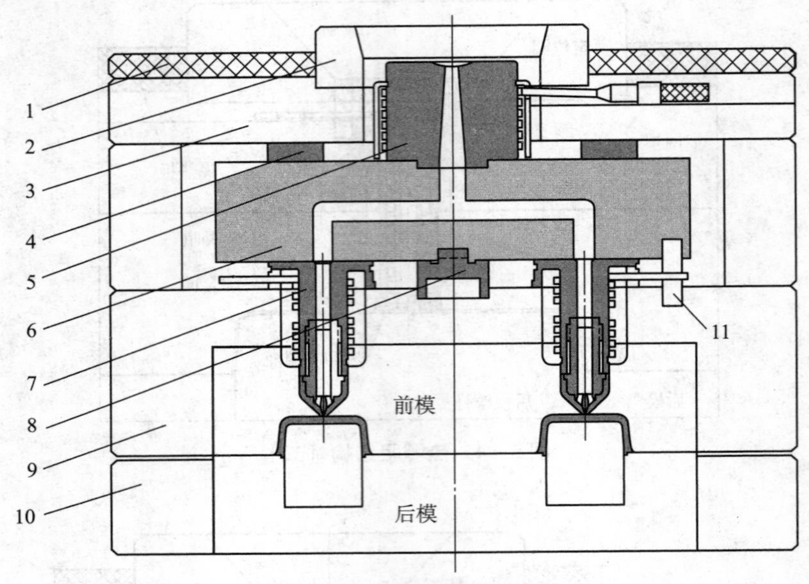

图5－6　热流道模具结构

1—隔热板；2—定位圈；3—面板；4—隔热垫板；5—热唧咀；6—热流道板；7—二级热唧咀；8—中心隔热块；9—A板；10—B板；11—定位销

2. 温度控制

热唧咀和热流道板的温度直接关系到模具能否正常运转，一般对其分别进行温度控制。不论采用内加热还是外加热方式，热唧咀、热流道板中温度应保持均匀，防止出现局部过冷、过热。另外，加热器的功率应能使热唧咀、热流道板在0.5～1 h内从常温升到所需的工作温度，热唧咀的升温时间可更短。

3. 隔热

热唧咀、热流道板应与模具面板、A板等其他部分有较好的隔热，隔热介质可采用石棉板、空气等。除定位、支撑、封胶等需要接触的部位外，热唧咀的隔热空气间隙厚度通常在3 mm左右；热流道板的隔热空气间隙厚应不小于8 mm。如图5－7所示。

热流道板与模具面板、A板之间的支撑采用具有隔热性质的隔热垫块，隔热垫块由传热率较低的材料制作。

热唧咀、热流道模具的面板上一般应垫以6～10mm的石棉板或电木板作隔热之用。隔热垫板的厚度一般取10mm。

在图5－7（c）中，为了保证良好的隔热效果，应满足下列要求：$D_1 \geqslant 3$ mm；D_2以热唧咀台阶的尺寸而定；$D_3 \geqslant 8$ mm，以中心隔热垫块的厚度而定；$D_4 \geqslant 8$ mm。

4. 隔热垫块

热流道板与模具其他部分之间的隔热垫块不仅起隔热作用，而且对热流道板起支撑作用，支撑点要尽量少，且受力平衡，防止热流道板变形。为此，隔热垫块应尽量减少与模具其他部分的接触面积，常用结构如图5－8（a）和（b）所示。图5－8（c）所示的结构为专用于模具中心的隔热垫块，它还具有中心定位的作用。

隔热垫块使用传热效率低的材料制作，如不锈钢、高铬钢等。不同供应商提供的隔热垫块的具体结构可能有差异，但其基本装配关系相同，如图5－9所示。

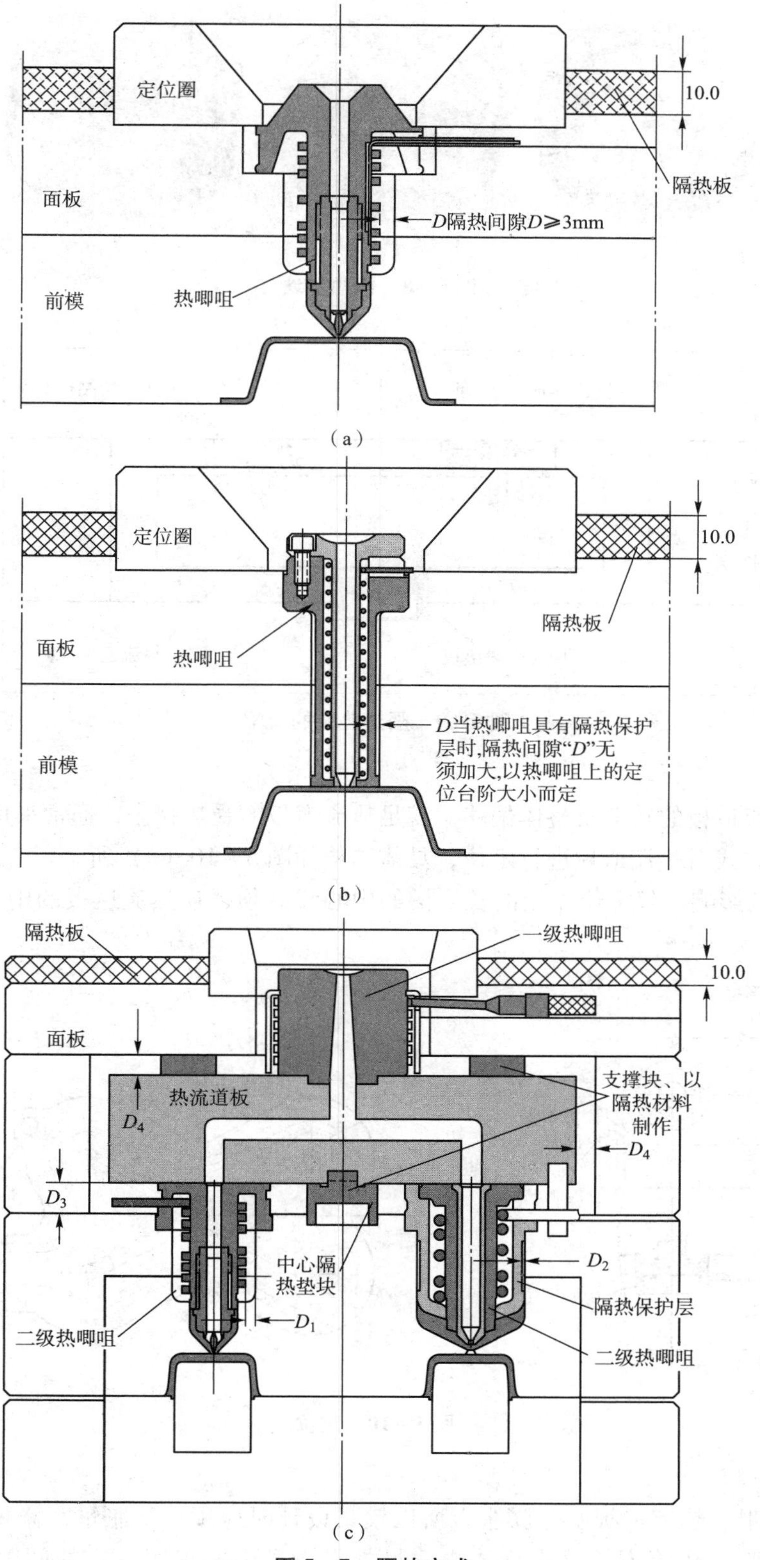
定位圈
10.0
隔热板
面板
D隔热间隙D≥3mm
前模
热唧咀
(a)
定位圈
10.0
隔热板
面板
热唧咀
前模
D当热唧咀具有隔热保护层时,隔热间隙“D”无须加大,以热唧咀上的定位台阶大小而定
(b)
隔热板
一级热唧咀
10.0
面板
热流道板
D4
支撑块、以隔热材料制作
D4
D3
中心隔热垫块
D2
隔热保护层
D1
二级热唧咀
二级热唧咀
(c)

图5－7　隔热方式

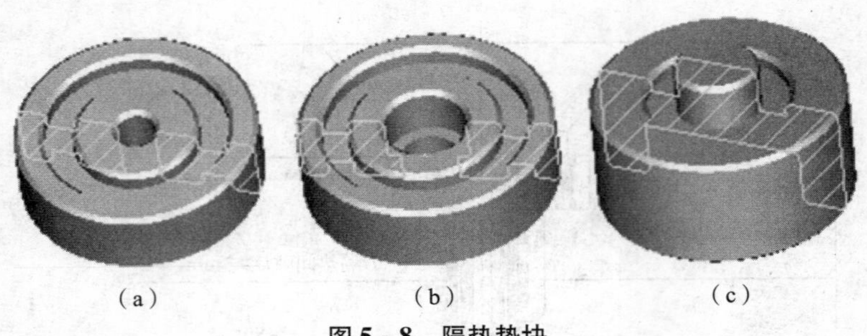

(a)　(b)　(c)

图 5-8　隔热垫块

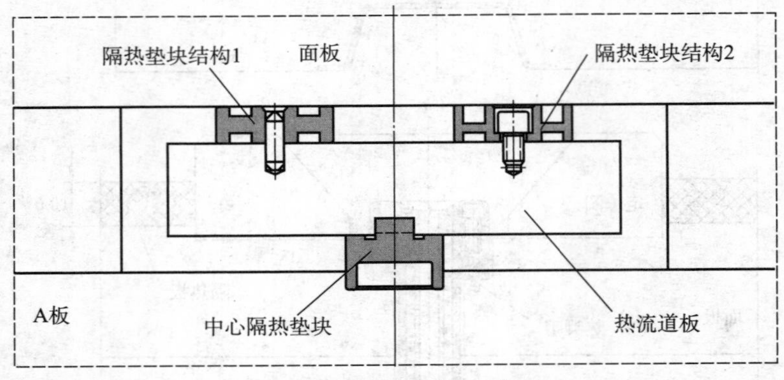

图 5-9　隔热垫块的装配

5. 定位

为防止热流道板的转动及整体偏移，满足热流道板的受热膨胀，通常采用中心定位和槽型定位的联合方式对热流道板进行定位，具体结构如图 5-10（a）所示。

受热膨胀的影响，起定位作用的长形槽的中心线必须通过热流道板的中心，如图 5-10（b）所示。

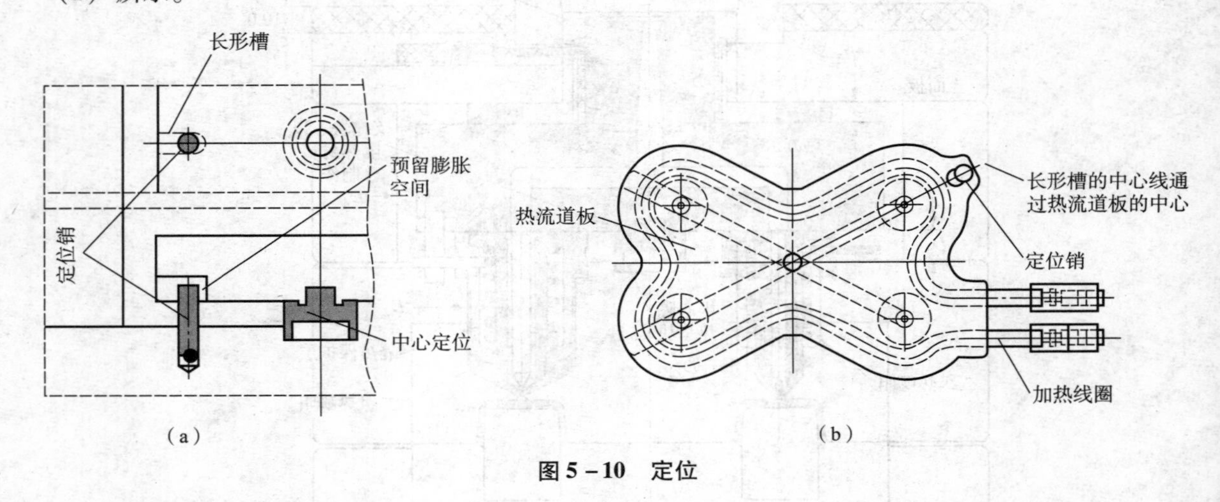

图 5-10　定位

6. 热膨胀

由于热唧咀、热流道板受热膨胀，所以模具设计时应预算膨胀量，修正设计尺寸，使膨胀后的热唧咀、热流道符合设计要求。另外，模具中应预留一定的间隙，不应存在限制膨胀的结构。如图 5 – 11 所示，热唧咀主要考虑轴向热膨胀量，径向热膨胀量通过配合部位的间隙来补正；热流道板主要考虑长、宽方向，厚度方向由隔热垫块与模板之间的间隙调节。

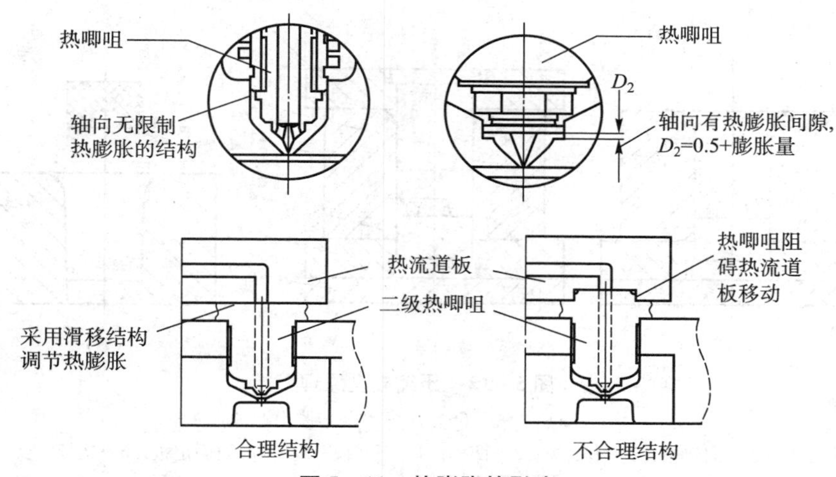

图 5 – 11　热膨胀的影响

5.1.3　课内实践

（1）识读 5.1.1、5.1.2 中所有图形。

（2）翻阅模具手册，查看无流道浇注系统各种配件的标准。

（3）借助软件绘制本单元的示意图，加深对无流道模具的认识。

单元二　其他塑料成型工艺介绍

教学内容：

其他塑料成型工艺介绍。

教学重点：

压缩、吹塑、挤出工艺介绍。

教学难点：

成型工艺的选择。

目的要求：

能根据塑件特点选择成型工艺。

建议教学方法：

结合多媒体课件讲解，企业参观。

5.2.1　压缩成型工艺介绍

1. 压缩成型原理

压缩成型也称模压成型、压塑成型，成型原理如图 5 – 12 所示。

将松散塑料原料加入高温的型腔和加料室中（见图5－12（a）），然后以一定的速度将模具闭合，塑料在热和压力的作用下熔融流动，并很快地充满整个型腔（见图5－12（b）），同时固化定型，开启模具、取出制品（见图5－12（c）），即得到所需的、具有一定形状的塑件。

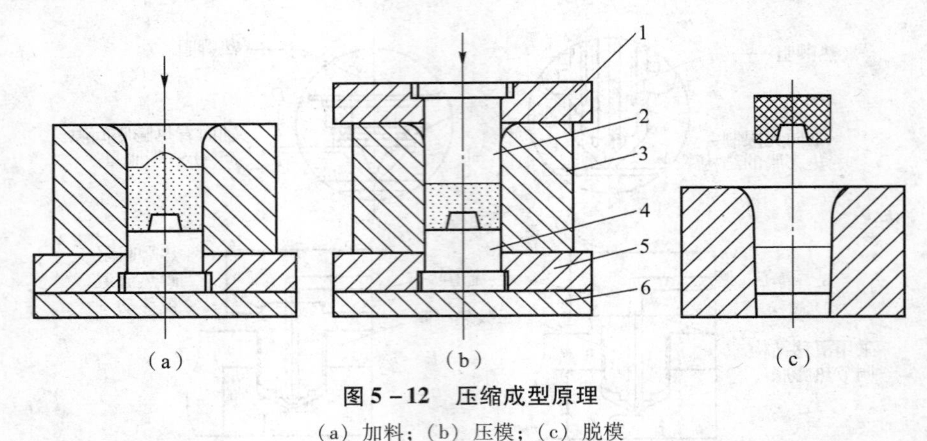

图5－12　压缩成型原理

（a）加料；（b）压模；（c）脱模

1—凸模固定板；2—上凸模；3—凹模；4—下凸模；5—下凸模固定板；6—垫板

压缩成型主要用来成型热固性塑料，也可用于成型热塑性塑料。压缩热固性塑料时，塑料在型腔中处于高温、高压的作用下，由固态变为黏流态熔体，并在这种状态下充满型腔，同时塑料发生交联反应，逐步固化，最后脱模得到塑件。

压缩热塑性塑料时，同样塑料在型腔中处于高温、高压的作用下，由固态变为黏流态熔体，充满型腔，但由于热塑性塑料没有交联反应，模具必须冷却才能使塑料熔体转变为固态，脱模得到塑件。由于热塑性塑料压缩成型，模具需要交替加热和冷却，生产周期长，效率低，同时也降低了模具的使用寿命。因此，对热塑性塑料一般压缩成型只用来成型大平面、流动性低或不宜高温注射成型的塑件。

压缩成型的优点：

（1）压力损失小，适用于成型流动性差的塑料，比较容易成型大型制品；

（2）和注射成型相比，成型塑件的收缩率小，变形小，各项性能均匀性较好；

（3）使用的设备（用液压机）及模具结构要求比较简单，对成型压力要求比较低；

（4）成型中无浇注系统废料产生，耗料少。

压缩成型的缺点：

（1）塑件常有较厚的溢边，且每模溢边厚度不同，因此塑件高度尺寸的精度较低。

（2）厚度相差太大并带有深孔，形状复杂的制品难于成型。

（3）模具内装有细长成型杆或细薄嵌件时，成型容易压弯变形，故这类制品不宜采用。

（4）压缩模成型时由于受到高温高压的联合作用，因此对模具材料性能要求较高。成型零件均进行热处理，有的压缩模在操作时受到冲击振动较大，易磨损、变形，使用寿命较短，一般仅为20万~30万次。

（5）不宜实现自动化，劳动强度比较大，特别是移动式压缩模。由于模具高温加热，加料常为人工操作，原料粉尘飞扬，劳动条件较差。

（6）用压缩成型法成型塑件的周期比用注射、压注成型法的长，生产效率低。

2. 压缩成型工艺

1）成型前的准备工作

热固性塑料比较容易吸湿，储存时易受潮，加之比容较大，故一般在成型前都要对塑料进行预热，有些塑料还要进行预压处理。

（1）预热就是成型前为了去除塑料中的水分和其他挥发物，提高压缩时塑料的温度，在一定的温度下，将塑料加热一定的时间，这个时期塑料的状态与性能不发生任何变化。

预热的作用：一是去除了塑料中的水分和挥发物，使塑料更干净，保证了成型塑件的质量；二是提高了原料的温度，便于缩短压缩成型的周期。

预热的方法包括加热板预热、电热烘箱预热、红外线预热、高频电热等。生产中常用的是电热烘箱预热，在烘箱内设有强制空气循环和控制温度的装置，利用电阻丝加热，将烘箱内温度加热到规定的温度，用风扇进行空气循环，由于塑料的导热性差，故预热的塑料要铺开，料层不要超过2.5 cm，并每隔一段时间翻滚一次。

（2）预压是将松散的粉状、粒状、纤维状塑料用预压模在压机上压成重量一定、形状一致的型坯，型坯的大小以能紧凑地放入模具中预热为宜。多数采用圆片状和长条状。预压后的塑料密实体称为压锭或压片。

预压的作用：

①加料方便准确：采用计数法加料既迅速又准确，减少了因加料不准确产生的废品。

②模具的结构紧凑：成型物料经预压后体积缩小，相应地减小了模具加料腔尺寸，使模具结构紧凑。

③缩短了成型周期：成型塑料经预压后坯料中夹带的空气含量比松散塑料中的大为减少，模具对塑料的传热加快，缩短了预热和固化时间。

④便于安放嵌件和压缩精细制品：对于带嵌件的制品，由于预压成型出与制品相似或相仿的锭料，故便于压缩成型较大、凸凹不平或带有精细嵌件的塑件。

⑤降低了成型压力：由于压缩率越大，压缩成型时所需的成型压力就越大，采取预压之后，则一部分压缩率在预压过程中完成，成型压力将降低。

⑥避免了加料过程塑料粉料飞扬，改善了劳动条件。

预压是在专门的压片机（压锭机）上进行的，主要有三种：偏心式压片机，用于尺寸较大的预压物，但效率不高；旋转式压片机，用于尺寸小的预压物，效率高；液压式压片机，用于松散性较大的预压物，效率高、紧凑。

预压需要专门的压片机，生产过程复杂，实际生产中一般不进行预压。

2）压缩成型过程

模压成型的工序有安放嵌件、加料、闭模、排气、固化、脱模等。

（1）嵌件的安放。有金属制成的嵌件（如插件、焊片等）和塑料制成的嵌件（如按钮、琴键等）。安放时位置要正确平稳；为保证连接牢靠，埋入塑料的部分要采用滚花、钻孔或设有凸出的棱角、型槽等；为防止嵌件周围的塑料出现裂纹，加料前需对嵌件进行预热。使嵌件收缩率尽量与塑料相近或采用浸胶布做成垫圈（用预浸纱带（或布带）缠绕到芯模上）进行增强。

（2）加料。在模具加料室内加入已经预热和定量的塑料。加料方法有重量法、容量法和计数法。

重量法是加料时用天平称量塑料重量，该加料法准确，但操作麻烦。

容量法根据所需要塑料的体积制作专门的定量容器来加料，此方法加料操作方便，但准确度不高。

计数法是以个数来加料，只用于加预压锭。

为防止塑件局部产生疏松等缺陷，塑料加入模具加料腔型时，应根据成型时塑料在型腔中的流动和各个部位需要塑料量的大致情况合理堆放塑料，粉料或粒料的堆放要做到中间高四周低，以便于气体排放。

（3）合模。加料完成之后即可合模。合模分两步：在型芯尚未接触塑料之前，要快速移动合模，借以缩短周期和避免塑料过早固化；当型芯接触塑料后改为慢速，防止因冲击对模具中的嵌件、成型杆或型腔造成破坏。同时慢速也能充分地排除型腔中的气体。模具完全闭合之后即可增大压力对成型物料进行加热加压。合模所需时间从几秒到数十秒不等。

（4）排气。压缩成型热固件塑料时，为了将其充分排出模腔外，成型塑料中的水分、挥发物以及交联反应和体积收缩所产生的气体一般在合模之后会进行短暂卸压，将型芯松动少许时间。排气可以缩短固化时间，有利于提高塑件性能和表现质量。排气的时间和次数根据实际需要而定，通常排气次数为一到二次，每次时间为几秒到数十秒。

（5）固化。固化是指热固性塑料在压缩成型温度下保持一段时间，分子间发生交联反应从而硬化定型。固化时间取决于塑料的种类、塑件的厚度、物料形状以及预热和成型温度，一般为 30 s 至数分钟不等；为了缩短生产周期，有时对于固化速率低的塑料，也可不必将整个固化过程放在模内完成，只要塑件能够完成脱模即可结束模内固化，然后将欠熟的塑件在模外采用后烘的方法使其继续固化。

（6）脱模。固化后的塑件从模具上脱出的工序称为脱模；一般脱模是由模具的推出机构将塑件从模内推出。带有嵌件的塑件应先使用专用工具将它们拧脱，然后再进行脱模。

对于大型热固性塑料塑件，为防止脱模后在冷却过程中可能会发生的翘曲变形，可在脱模之后把它们放在与所制塑件结构形状相似的矫正模上进行加压冷却。

3）压后处理

（1）模具的清理。正常情况下，塑件脱模后一般不会在模腔中留下粘渍、塑料飞边等。如果出现这些现象，应使用一些比模具钢材软的工具（如铜刷）去除残留在模具内的塑料废边，并用压缩空气吹净模具。

（2）后处理。塑料压缩成型过程完成之后，通常还需对塑件进行后处理，后处理能提高塑件的质量。热固性塑料塑件脱模后常在较高的温度下保温一段时间，使塑件固化达到最佳机械性能。后处理方法和注射成型的后处理方法一样，但处理的温度不同，一般处理温度比成型温度高 10℃ ~50℃。

（3）修整塑件。修整包括去除塑件的飞边、浇口，有时为了提高外观质量、消除浇口痕迹，还需对塑件进行抛光。

3. 压缩成型的工艺参数

要生产出高质量塑件，除了合理的模具结构，还要正确选择工艺参数。压缩成型的工艺参数主要指压缩成型压力、压缩成型温度和压缩时间。

1）压缩成型压力

压缩成型压力是指压缩塑件时凸模对塑料熔体和固化时在分型面单位投影面积上的压

力，简称成型压力。其作用是迫使塑料充满型腔及使黏流态塑料在一定压力下固化，防止塑件在冷却时发生变形。大小可按式（5－1）计算：

$$P=\frac{P_{b}\pi D^{2}}{4A} \tag{5-1}$$

式中，P——成型压力（MPa），一般为15～30MPa；

P_b——压力机工作液压缸表上压力，MPa；

D——压力机主缸活塞直径，m；

A——塑件与型芯接触部分在分型面上投影面积，m^2。

影响成型压力的因素很多，塑料的品种、物料的形态、塑件结构、预热情况、成型温度、硬化速度以及压缩率等均对成型压力具有很大的影响。通常塑料的流动性越低、形状结构越复杂、成型深度越大、成型温度越低、固化速度和压缩比越大，所需成型压力也越大。

成型压力对塑件密度及其性能有很大影响，成型压力大，塑料流动性增大，提高了塑件的充型能力，同时促使交联反应，加快固化速度，塑件密度和力学性能都比较高，但成型压力消耗能量多，也容易损坏嵌件及降低模具寿命等。成型压力小，则塑件容易产生气孔。

成型压力的大小可通过调节液压机的压力阀来控制，由压力表上读出。常见热固性塑料压缩成型压力见表5－1。

表5－1　常用热固性塑料的压缩成型温度和成型压力

塑料种类	压缩成型温度/℃	压缩成型压力/MPa
酚醛塑料（PF）	146～180	7～42
三聚氰胺甲醛塑料（MF）	140～180	14～56
脲甲醛塑料（UF）	135～155	14～56
聚酯塑料（UP）	85～150	0.35～3.5
邻苯二甲酸二丙烯酯塑（PDPO）	126～160	3.5～14
环氧树脂塑料（EP）	145～200	0.7～14
有机硅塑料（DSMC）	150～190	7～59

2）压缩成型温度

压缩成型温度指压缩成型时所需的模具温度。在压缩成型过程中，塑料会发生交联反应放出热量，使塑料的最高温度比模具温度高，所以成型温度并不等于模具型腔内塑料的温度。

热固性塑料在受到温度作用时，其流动性会发生很大的变化，在温度作用下，塑料从固态转变为液态，温度上升，黏度由大到小，流动性增加，然后热固性塑料交联反应开始发生，随着温度的升高，交联反应速度增大，塑料熔体黏度由减小变为增大，流动性降低，因此其流动性在温度达到某一值时，会有一个最大值。所以确定模具温度时需要考虑多方面因素，既不能过高也不能过低。如果模具温度取得过高，将会促使交联反应过早发生且反应速度也同时加快，这样虽有利于缩短制品所需的固化时间、降低成型压力，但温度过高，塑料在模内的充模时间也相应变短，易引起充模不足的现象。另外，过高的模具温度还会导致塑件表面暗淡、无光泽，甚至使制品发生肿胀、变形、开裂等缺陷。但模具温度过低，会出现固化时间长、固化速度慢，以及需要较大成型压力等问题。

在一定的范围内提高模压温度对缩短模压周期和提高制品质量都是有好处的。但对成型厚大塑件则要降低成型温度，因为塑料导热性较差，提高模具温度虽然可以提高传热效率，使塑料内部的固化能在较短的时间内完成，但此时很容易使塑件表面过热，影响塑件外观质量。

调节和控制模温的原则：保证充模固化定型并尽可能缩短模塑周期。

3）压缩成型时间

压缩成型时间是指模具从闭合到开启的这一段时间，也就是塑料充满型腔到固化成为塑件时在型腔内停留的时间。

压缩时间与塑料的种类、塑件的形状、压缩成型工艺（温度、压力）以及操作步骤（是否排气、预热、预压）等有关。成型温度越高，塑料固化速度越快，压缩时间也就越短，成型压力大的压缩时间也短。经过预热、预压的塑料的模压时间比不经过预热、预压的塑料的模压时间要短，反之亦然。

塑件的质量在很大程度上取决于压缩时间，压缩时间太短，塑料固化不完全（欠熟），塑件机械性能差，外观无光泽，脱模后，塑件容易发生翘曲、变形。压缩时间过长，塑件会过熟，同样会使塑件的力学性能下降，同时降低了生产效率。一般的酚醛塑料压缩时间为 1 ~2 min，有机硅塑料为 2 ~7 min。表 5 -2 所示为酚醛塑料和氨基塑料的压缩成型工艺参数。

表 5 -2　酚醛塑料和氨基塑料的压缩成型工艺参数

工艺参数	酚醛塑料			氨基塑料
	一般工业用①	高压绝缘用②	耐高频绝缘用③	
压缩成型温度/℃	150 ~165	160 ±10	185 ±5	140 ~155
压缩成型压力/MPa	30 ±5	30 ±5	>30	30 ±5
压缩成型时间/（$min \cdot mm^{-1}$）	1.2	1.5 ~2.5	2.5	0.7 ~1.0

①以苯酚 - 甲醛线型树脂和粉末为基础的压缩粉；
②以甲酚 - 甲醛可溶性树脂的粉末为基础的压缩粉；
③以苯酚 - 苯胺 - 甲醛树脂和无机矿物为基础的压缩粉

目前，许多压机上都装有时间继电器等来控制压缩时间。模压压力、温度和时间三者并不是独立的，通常在实际生产中一般是凭经验确定三个参数中的一个，再由试验调整其他两个，若达不到理想的效果，再对已确定的参数重新进行确定。

5.2.2　压注成型工艺介绍

1. 压注成型工作原理和特点

压注成型又称传递成型或挤塑成型，它是成型热固性塑料制品的常用方法之一。压注成型原理如图 5 -13 所示。

首先闭合模具，把预热的原料加到加料腔内（见图 5 -13（a）），塑料经过加热塑化，在与加料室配合的压料柱塞的作用下，使熔料通过设在加料室底部的浇注系统高速挤入型腔（见

图 5－13（b））。型腔内的塑料在一定压力和温度下发生交联反应并固化成型，然后打开模具将其取出（见图 5－13（c）），得到所需的塑件。清理加料室和浇注系统后进行下一次成型。

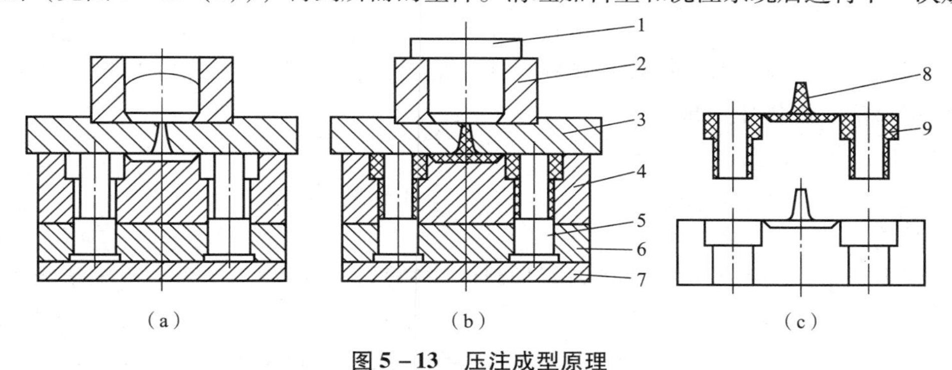

图 5－13　压注成型原理

1—柱塞；2—加料腔；3—上模板；4—凹模；5—型芯；
6—型芯固定板；7—下模座；8—浇注系统；9—塑件

压注成型是在克服压缩成型缺点、吸收注射成型优点的获础上发展起来的，它与前述的压缩成型和注射成型有许多相同或相似的地方，但也有其自身的特点。压注成型塑件飞边小；可以成型深腔薄壁塑件或带有深孔的塑件，也可成型形状较复杂以及带精细或易碎嵌件的塑件，还可成型难以用压缩法成型的塑件，并能保持嵌件和孔眼位置的正确；塑件性能均匀，尺寸准确，质量高；模具的磨损较小。

压注成型虽然具有上述诸多优点，但也存在以下缺点：压注模比压缩模结构复杂，制造成本较压制模高；塑料损耗增多；成型压力也比压缩成型时高，压制带有纤维性填料的塑料时，产生各向异性。

表 5－3 生产热固性塑料使用注射、压缩和压注三种成型方法的比较。

表 5－3　注射、压缩和压注三种成型方法比较

成型方法 项目	注射	压缩	压注
成型效率	高	低	较高
成型质量	好	较差	好
飞边厚度	无或较薄	较厚	无或较薄
侧孔成型	方便	不方便	方便
嵌件安放	不方便	较方便	方便
机械化与自动化	易实现	不易实现	不易实现
原材料利用率	低	高	低
塑件翘曲	大	小	大
成型收缩率	大	小	大
长纤维塑料	不能成型	可以成型	可以成型
模具结构	复杂	简单	复杂
塑化	模具加料室内塑化	注射机料筒内塑化	型腔内塑化
浇注系统	有	无	有

2. 压注成型工艺

1）压注成型工艺过程

压注成型工艺过程和压缩成型工艺过程基本类似，主要区别在于压注成型过程是先加料后闭模，而压缩成型过程是先闭模后加料。压注成型过程在挤塑的时候加料腔的底部留有一定厚度的塑料垫，以供压力传递。

2）压注成型的工艺参数

压注成型的工艺参数包括成型压力、成型温度和成型时间等。

（1）成型压力。

成型压力是指压力机通过压注柱塞对加料腔内塑料熔体施加的压力。由于熔体通过浇注系统时有压力损耗，故压注时的成型压力一般为压缩成型的 2 ~ 3 倍。例如，酚醛塑料粉需用的成型压力常为 50 ~ 80 MPa，有纤维填料的塑料为 80 ~ 160 MPa。压力随塑料的种类、模具结构及塑件形状的不同而改变。

（2）成型温度。

成型温度包括加料腔内的物料温度和模具本身的温度。为了保证物料具有良好的流动性，料温必须适当地低于交联温度 10℃ ~ 20℃。压注成型时塑料经过浇注系统能从中获得一部分摩擦热，因而模具温度一般可比压缩成型时的温度低 15℃ ~ 30℃。采用压注成型塑料在未达到硬化温度以前要塑料具有较大的流动性，而达到硬化温度后又须具有较快的硬化速率。

（3）成型时间（成型周期）。

压注成型时间包括加料时间、充模时间、交联固化时间、塑件脱模和模具清除时间等，在一般情况下，压注成型时的充模时间为 5 ~ 50 s，由于塑料在热和压力作用下，经过浇注系统，加热均匀，塑料化学反应也比较充分，塑料进入型腔时已临近树脂固化的最后温度，故保压时间较压缩成型的时间短。表 5 – 4 所示为部分热固性塑料压注成型的主要工艺参数。

表 5 – 4　部分热固性塑料压注成型的主要工艺参数

塑料	填料	成型温度/℃	成型压力/MPa	压缩率	成型收缩率/%
环氧双酚 A	玻璃纤维	138 ~ 193	7 ~ 34	3.0 ~ 7.0	0.001 ~ 0.008
	矿物纤维	121 ~ 193	0.7 ~ 21	2.0 ~ 3.0	0.001 ~ 0.002
环氧酚醛	矿物和玻纤	121 ~ 193	1.7 ~ 21		0.004 ~ 0.008
	矿物和玻纤	190 ~ 196	2 ~ 17.2	1.5 ~ 2.5	0.003 ~ 0.006
	玻璃纤维	143 ~ 165	17 ~ 34	6 ~ 7	0.0002
三聚氰胺	纤维素	149	55 ~ 138	2.1 ~ 3.1	0.005 ~ 0.15
酚醛	织物和回收料	149 ~ 182	13.8 ~ 138	1.0 ~ 1.5	0.003 ~ 0.009
聚酯（BMC、TMC①）	玻璃纤维	138 ~ 160			0.004 ~ 0.005
聚酯（SMC、TMC②）	导电护套料	138 ~ 160	3.4 ~ 1.4	1.0	0.0002 ~ 0.001

续表

塑料	填料	成型温度/℃	成型压力/MPa	压缩率	成型收缩率/%
聚酯（BMC）	导电护套料	138～160		—	0.000 5～0.004
醇酸树脂	矿物质	160～182	13.8～138	1.8～2.5	0.003～0.010
聚酰亚胺	50%纤维	199	20.7～69	—	0.002
脲醛塑料	α－纤维素	132～182	13.8～138	2.2～3.0	0.006～0.014
①TMC 指黏稠状塑料。 ②在聚酯中添加导电性填料和增强材料的电子材料工业用护套					

5.2.3　挤出成型工艺介绍

1. 挤出成型原理和特点

挤出成型又称为挤塑、挤压成型。如图 5－14 所示，将粒状或粉状的塑料加入挤出机料筒内加热熔融，使之呈黏流态，利用挤出机的螺杆旋转（柱塞）加压，迫使塑化好的塑料通过具有一定形状的挤出模具（机头）口模，成为形状与口模相仿的黏流态熔体，经冷却定型，借助牵引装置拉出，使其成为具有一定几何形状和尺寸的塑件，经切断器定长切断后，置于卸料槽中。

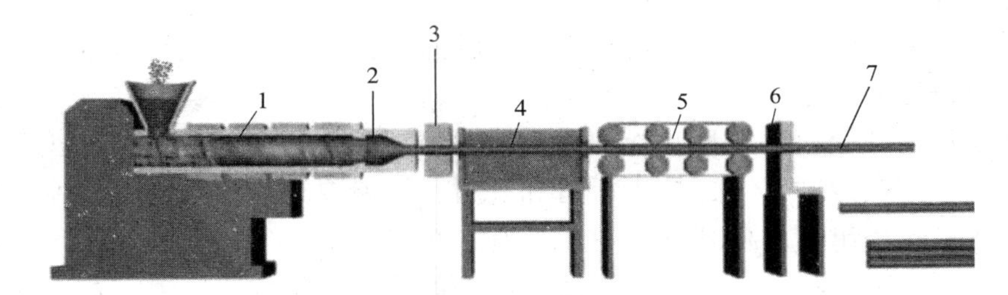

图 5－14　挤出机的组成

1—挤出机；2—机头口模；3—定型装置；4—冷却水槽；5—牵引装置；6—切割装置；7—塑料管

挤出成型是塑料制品加工中最常用的成型方法之一，在塑料成型加工生产中占有很重要的地位。在塑料制品成型加工中，挤出成型塑件的产量居首位，主要用于热塑性塑料的成型，也可用于某些热固性塑料。

塑料挤出成型与其他成型方法相比较（如注射成型、压缩成型等）具有以下特点：挤出生产过程是连续的，其产品可根据需要生产任意长度的塑料制品；模具结构简单，尺寸稳定；生产效率高，生产量大，成本低，应用范围广，能生产管材、棒材、板材、薄膜、单丝、电线电缆、异型材等。

目前，挤出成型已广泛用于日用品、农业、建筑业、石油、化工、机械制造、电子和国防等工业部门。

2. 挤出成型的工艺

1）挤出成型的工艺过程

挤出成型过程可分为以下三个阶段：

第一阶段塑化：即在挤出机上进行塑料的加热和混炼，使固态塑料转变为均匀的黏性流体。

第二阶段成型：利用挤出机的螺杆旋转（柱塞）加压，使黏流态塑料通过具有一定形状的挤出模具（机头）口模，使其成为具有一定几何形状和尺寸的塑件。

第三阶段定型：通过冷却等方法使熔融塑料已获得的形状固定下来，成为固态塑件。

（1）原料的准备。

挤出成型用的大部分是粒状塑料，在成型前要去除塑料中的杂质，降低塑料中的水分，进行干燥处理。其具体方法可参照注射成型和压缩成型的原料准备工作进行。

（2）挤出成型。

将挤出机预热到规定温度后，启动电动机的同时，向料筒中加入塑料。螺杆旋转向前输送物料，料筒中的塑料在外部加热和摩擦剪切热作用下熔融塑化，由于螺杆转动时不断对塑料进行推挤，迫使塑料经过滤板上的过滤网进入机头，经过机头（口模）后成型为具有一定形状的连续型材。

口模的定型部分决定了塑件的横截面形状，但塑料挤出口模后的尺寸会和口模的定型部分尺寸存在误差，主要原因是当塑料离开口模时，由于压力消失，会出现弹性恢复，从而产生膨胀现象；同时由于冷却收缩和牵引力的作用，又使塑件有缩小的趋势。塑料的膨胀与收缩均与塑料品种和挤出温度、压力等工艺条件有关。在实际生产中，对于管材一般是把口模的尺寸放大，然后通过调节牵引的速度来控制管径尺寸。

（3）定型和冷却。

热塑性塑件从口模中挤出时，具有相当高的温度，为防止其在自重的作用下发生变形，出现凹陷或扭曲现象，保证达到要求的尺寸精度和表面粗糙度，必须立即进行定型和冷却，使塑件冷却硬化。定型和冷却在大多数情况下是同时进行的，挤出薄膜、单丝等不需要定型，直接冷却即可；挤出板材和片材，一般要通过一对压辊压平，同时有定型和冷却作用；在挤出各种棒料和管材时，有一个独立的定径过程，管材的定型方法有定径套、定径环和定径板等，也有采用通水冷却的特殊口模定径，其目的都是使其紧贴定径套冷却定径。

冷却分为急冷和缓冷，一般采用空气冷却或水冷却，冷却速度对塑件质量有很大影响。对硬质塑料为避免残余应力，保证塑件外观质量，应采用缓冷，如聚苯乙烯、硬聚氯乙烯、低密度聚乙烯等；对软质或结晶型塑料为防止变形，则要求采用急冷。

（4）塑件的牵引、卷取和切割。

挤出成型时，由于塑件被连续不断地挤出，自重量越来越大，会造成塑件停滞，妨碍了塑件的顺利挤出。因此，辅机中的牵引装置提供一定的牵引力和牵引速度，均匀地将塑件引出，同时通过调节牵引速度还可对塑件起到拉伸的作用，提高塑件质量。牵引速度与挤出塑料的速度有一定的比值（即牵引比），其值必须大于等于1。不同塑件的牵引速度不同，对膜、单丝一般牵引速度较大，对硬质塑料则不能太大，牵引速度必须能在一定范围内无级平缓地变化，并且要十分均匀。牵引力也必须可调。

通过牵引后的塑件，如棒、管、板、片等，可根据要求在一定长度后经切割装置切断，切割装置切断过程中应使端面尺寸准确、切口整齐。切割装置有手动切割和自动切割两种。如单丝、薄膜、电线电缆、软管等在卷取装置上绕制成卷，将成型后的软管卷绕成卷，并截取一定长度。需要注意的是在牵引速度恒定不变的情况下，要维持卷取张力不变，即保持卷取线速度不变。

3. 挤出成型工艺参数

1）温度

塑料加入料斗从粒料（或粉料）到黏流态，再从黏流态成型为塑件经历了一个复杂的温度变化过程。图5－15所示为聚乙烯挤出成型时沿料筒方向的温度变化情况，此曲线反映了物料从粒料（或粉料）转变为黏流态的过程。从图5－15可以看出，料筒方向各点物料温度、螺杆和料筒温度是不相同的。

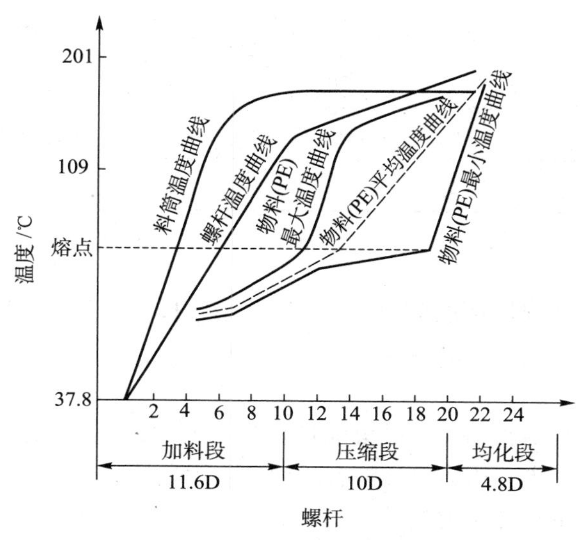

图5－15　挤出成型温度曲线

物料在挤出过程中热量的来源主要有两个，即剪切摩擦热和料筒外部加热器提供的热量。而温度的调节则是由挤出机的加热冷却系统和控制系统进行的。通常，加料段温度不宜升得过高，有时还需要冷却，而在压缩段和均化段，为了促使物料熔融、均化，物料要升到较高的温度，其高低应根据塑料特性和塑件要求等因素来确定。为便于物料的加入、输送、熔融、均化以及在低温下挤出以获得高质量、高产量的塑件，不同物料和不同塑件的挤出过程都应有一条最佳的温度轮廓曲线。

如图5－15所示的温度曲线只是稳定挤出过程温度的宏观表示。一般情况下，由于测定物料的温度较困难，故我们所测得的温度曲线都是料筒的，螺杆的温度曲线比料筒的温度曲线低，而比物料温度曲线高。实际上即使是稳定挤出过程，由于加热冷却系统的不稳定及螺杆结构、螺杆转速的变化等原因，其温度相对时间也是一个变化的值，这种变化有一定的周期性，这种温度的波动情况反映了沿物料流动方向的温度变化。塑料温度不仅在流动方向上有波动，垂直于物料流动方向的截面内各点之间也有温差，称为径向温差。这种温度波动温差，尤其是在机头处或螺杆头部，这种温度变化会直接影响挤出质量，使塑件产生残余应力、各点强度不均匀、表面暗无光泽等缺陷，所以应尽可能减少或消除这种波动和温差。表5－5所示为热塑性塑料挤出成型时的温度参数。

表 5－5　热塑性塑料挤出成型时的温度参数

塑料名称	挤出温度/℃				原料中水分控制/%
	加料段	压缩段	均化段	机头及口模段	
丙烯酸类聚合物	室温	100～170	－200	175～210	≤0.025
醋酸纤维素	室温	110～130	－150	175～190	<0.5
聚酰胺（PA）	室温－90	140～180	－270	180～270	<0.3
聚乙烯（PE）	室温	90～140	－180	160～200	<0.3
硬聚氯乙烯	室温－60	120～170	－180	170～190	<0.2
软聚氯乙烯及氯乙烯共聚物	室温	80～120	－140	140～190	<0.2
聚苯乙烯（PS）	室温－100	130～170	－220	180～245	<0.1

2）压力

在挤出过程中，由于螺槽深度的改变，料流的阻力，分流板、滤网和口模等产生的阻力，沿料筒轴线方向，在塑料内部会建立起一定的压力，这种压力是塑料熔融、均匀密实、挤出成型的重要条件之一。

由于螺杆和料筒结构的影响以及机头（口模）、分流板、滤网的阻力及加热冷却系统的不稳定、螺杆转速的变化等，压力也会随着时间发生周期性波动，它对塑件质量同样有不利影响，所以应尽可能减少这种压力波动。

3）挤出速率

挤出速率是指单位时间内由挤出机口模挤出的塑料质量（单位 kg/h）或长度（单位 m/min），其大小表征着挤出机生产率的高低，它是描述挤出过程的一个重要参数。影响挤出速率的因素有很多，如机头阻力、螺杆和料筒结构、螺杆转速、加热冷却系统和物料的特性等。挤出速率主要决定于螺杆的转速，直接影响到制品的产量和质量。提高螺杆转速可以提高产量，但过高的转速会造成塑化质量不好。

挤出速率在生产过程中也有波动，同样，挤出速率的波动对塑件质量也有显著的不良影响。产生波动的原因和螺杆转速的稳定与否、螺杆结构、温控系统的性能和加料情况等有关。

实践表明，温度、压力、挤出速率都存在波动现象，但三者之间并不是孤立的，而是互相制约、互相影响的。为了保证塑件质量，应正确设计螺杆、控制好加热冷却系统和螺杆转速稳定性，以减少参数波动。表 5－6 列出了几种塑料管材的挤出成型工艺参数。

表 5－6　几种塑料管材的挤出成型工艺参数

工艺参数 ＼ 塑料管材	硬聚氯乙烯（HPVC）	软聚氯乙烯（LPVC）	低密度聚乙烯（LDPE）	ABS	聚酰胺－1010（PA－1010）	聚碳酸酯（PC）
管材外径/mm	95	31	24	32.5	31.3	32.8
管材内径/mm	85	25	19	25.5	25	25.5

续表

塑料管材 工艺参数		硬聚氯乙烯（HPVC）	软聚氯乙烯（LPVC）	低密度聚乙烯（LDPE）	ABS	聚酰胺－1010（PA－1010）	聚碳酸酯（PC）
管材壁厚/mm		5 ±1	3	2 ±1	3 ±1	—	—
机筒温度/℃	后段	80～100	90～100	90～100	160～165	250～200	200～240
	中段	140～150	120～130	110～120	170～175	260～270	240～245
	前段	160～170	130～140	120～130	175～180	260～280	230～255
机头温度/℃		160～170	150～160	130～135	175～180	220～240	200～220
口模温度/℃		160～180	170～180	130～140	190～195	200～210	200～210
螺杆转速/（r·min^{-1}）		12	20	16	10.5	15	10.5
口模内径/mm		90.7	32	24.5	33	44.8	33
芯模外径/mm		79.7	25	19.1	26	38.5	26
稳流定型段长度/mm		120	60	60	50	45	87
拉伸比		1.04	1.2	1.1	1.02	1.5	0.97
真空定径套内径/mm		96.5	—	25	33	31.7	33
定径套长度/mm		300	—	160	250	—	250
定径套与口模间距/mm		—	—	—	25	20	20
注：稳流定型段由口模和芯模的平直部分构成							

4. 挤出成型新工艺

随着聚合物加工的高效率与应用领域的不断扩大和延伸，挤出成型制品的种类不断出新，挤出成型的新工艺层出不穷，其中主要有反应挤出工艺、固态挤出工艺和共挤出工艺。

1）反应挤出工艺

反应挤出工艺是20世纪60年代后才兴起的一种新技术，是连续地将单体聚合并对现有聚合物进行改性的一种方法，因可以使聚合物性能多样化、功能化且生产连续、工艺操作简单和经济适用而普遍受到重视。该工艺的最大特点是将聚合物的改性、合成与聚合物加工这些传统工艺中分开的操作联合起来。

反应挤出成型技术是可以实现高附加值、低成本的新技术，已经引起世界化学和聚合物材料科学与工程界的广泛关注，在工业方面发展很快。与原有的成型挤出技术相比，其有明显的优点：节约加工中的能耗；避免了重复加热；降低了原料成本；在反应挤出阶段，可在生产线上及时调整单体、原料的物性，以保证最终制品的质量。

反应挤出机是反应挤出的主要设备，一般有较长的长径比、多个加料口和特殊的螺杆结构。它的特点是熔融进料预处理容易；混合分散性和分布性优异；温度控制稳定；可控制整个停留时间分布；可连续加工；未反应的单体和副产品可以除去；具有对后反应的控制能力；可进行黏流熔融输送；可连续制造异型制品。

2）固态挤出工艺

它是指使聚合物在低于熔点的条件下被挤出口模。固态挤出一般使用单柱塞挤出机，柱塞式挤出机为间歇性操作。柱塞的移动产生正向位移和非常高的压力，挤出时口模内的聚合物发生很大的变形，其效果远大于熔融加工，从而使得制品的力学性能大大提高。固态挤出有直接固态挤出和静液压挤出两种方法。

3）共挤出工艺

在塑料制品生产中应用共挤出技术可使制品多样化或多功能化，从而提高制品的档次。共挤出工艺由两台以上挤出机完成，可以增大挤出制品的截面积，组成特殊结构和不同颜色、不同材料的复合制品，使制品获得最佳的性能。

按照共挤物料的特性，可将共挤出技术分为软硬共挤、芯部发泡共挤、废料共挤和双色共挤等。有三台挤出机共挤出 PVC 发泡管材的生产线，比两台挤出机共挤方式控制的挤出工艺条件更准确，内外层和芯部发泡层的厚度尺寸更精确，因此可以获得性能更优异的管材。随着农用薄膜、包装薄膜发展的需要，共挤出吹塑膜可达到 9 层。多层共挤出对各种聚合物的流变性能、相黏合性能及各挤出机之间的相互匹配有很高的要求。

5.2.4 吹塑成型工艺介绍

吹塑，这里主要指中空吹塑（又称吹塑模塑），是借助于气体压力使闭合在模具中的热熔型坯吹胀形成中空制品的方法，也是最常用的塑料加工方法，同时也是发展较快的一种塑料成型方法。吹塑用的模具只有阴模（凹模），与注塑成型相比，设备造价较低，适应性较强，可成型性能好（如低应力），可成型具有复杂起伏曲线（形状）的制品。吹塑成型起源于 19 世纪 30 年代，直到 1979 年以后，吹塑成型才进入广泛应用的阶段。这一阶段，吹塑机的塑料包括聚烯烃、工程塑料与弹性体，吹塑制品的应用涉及汽车、办公设备、家用电器、医疗等方面。

1. 吹塑成型工艺

吹塑成型是把塑性状态的塑料型坯置于模具内，压缩空气注入型坯中将其吹涨，使吹涨后制品的形状与模具内腔的形状相同，冷却定型后得到需要的产品。根据成型方法的不同，可分为挤出吹塑成型、注射吹塑成型、注射拉伸吹塑成型、多层吹塑成型、片材吹塑成型等。

1）挤出吹塑成型（见图 5－16）

挤出吹塑成型是成型中空塑件的主要方法。首先挤出机挤出管状型坯；截取一段管坯趁热将其放入模具中，闭合对开式模具的同时夹紧型坯上下两端；向型腔内通入压缩空气，使其膨胀附着模腔壁而成型，然后保压；最后经冷却定型，便可排除压缩空气并开模取出塑件。挤出吹塑成型模具的优点是结构简单，投资少，操作容易，适合多种塑料的中空吹塑成型；缺点是壁厚不易均匀，塑件需后加工去除飞边。

2）注射吹塑成型（见图 5－17）

注射吹塑成型是用注射机在注射模中制成型坯，然后把热型坯移入中空吹塑模具中进行中空吹塑。首先注射机在注射模中注入熔融塑料制成型坯；型芯与型坯一起移入吹塑模内，型芯为空心并且壁上带有孔；从芯棒的管道内通入压缩空气，使型坯吹涨并贴于模具的型腔壁上；保压、冷却定型后放出压缩空气，并且开模取出塑件。经过注射吹塑成型的塑件壁厚均匀，无飞边，不需要后加工，由于注射型坯有底，因此底部没有拼和缝，强度高，生产效率高，但是设备与模具的价格昂贵，多用于小型塑件的大批量生产。

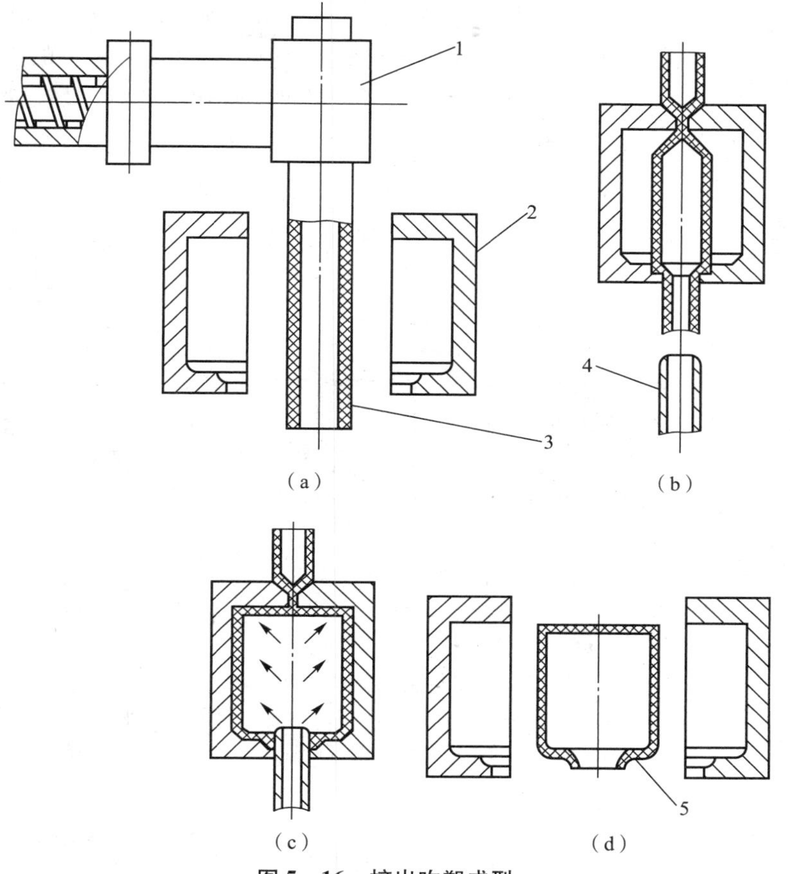

图5－16　挤出吹塑成型

（a）挤出型坯；（b）模具闭合；（c）通入压缩空气、保压；（d）取出制件

1—挤出机头；2—吹塑模；3—管状型坯；4—压缩空气管；5—塑件

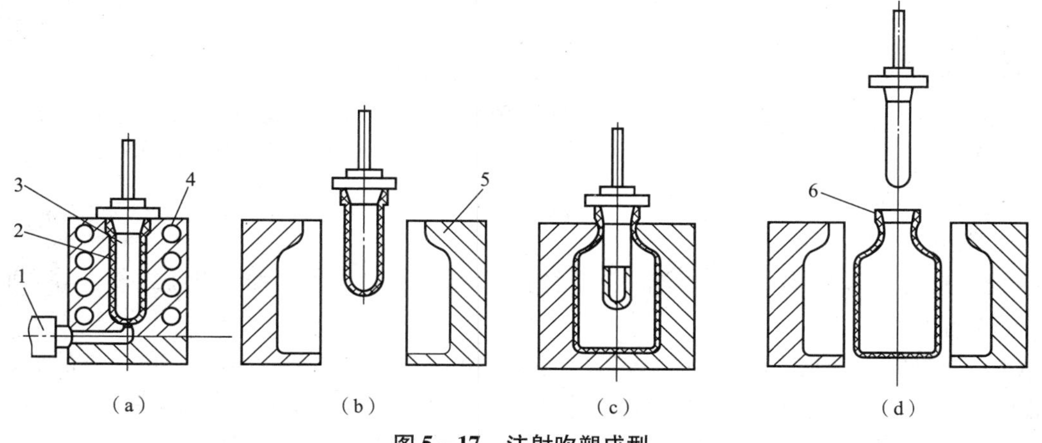

图5－17　注射吹塑成型

（a）注射型坯；（b）移入吹塑模内；（c）通入压缩空气、吹涨；（d）取出制件

1—注塑机喷嘴；2—注塑型坯；3—空心凸模；4—加热器；5—吹塑模；6—塑件

3）注射拉伸吹塑成型（见图5－18）

注射拉伸吹塑成型与注射吹塑成型比较，增加了延伸这一工序。首先注射一空心的有底的型坯；型坯移到拉伸和吹塑工位，进行拉伸；吹塑成型、保压；冷却后开模取出塑件。还有另外一种注射拉伸吹塑成型的方法，即冷坯成型法，型坯的注射和塑件的拉伸吹塑成型分别在不同设备上进行，型坯注射完以后，再移到吹塑机上吹塑，此时型坯已散发一些热量，需要进行二次加热，以确保型坯的拉伸吹塑成型温度，这种方法的主要特点是设备结构相对较简单。

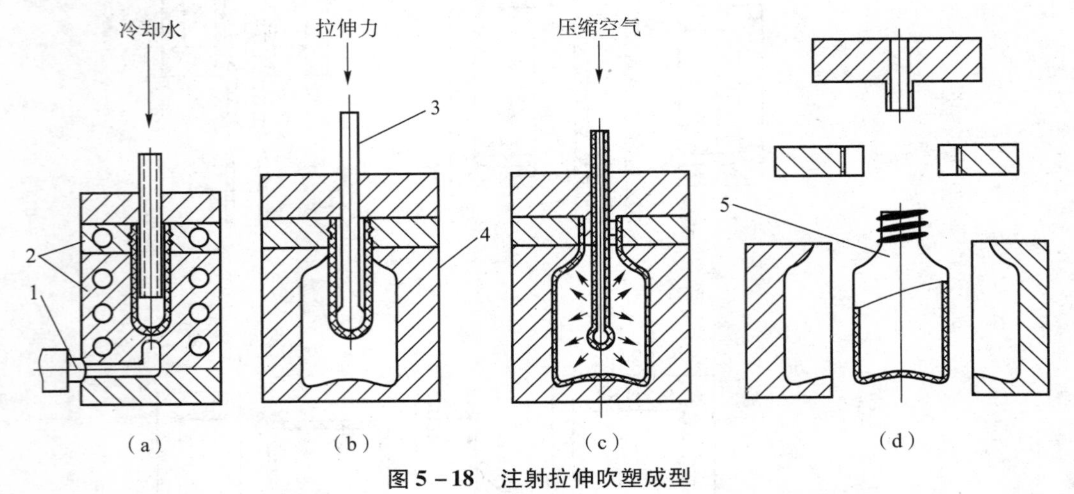

图5－18　注射拉伸吹塑成型

（a）注塑型坯；（b）拉伸型坯；（c）吹塑型坯；（d）塑件脱模

1—注塑机喷嘴；2—注塑模；3—拉伸芯棒（吹管）；4—吹塑模具；5—塑件

4）多层次吹塑成型

多层吹塑是指不同种类的塑料，经特定的挤出机头挤出一个坯壁分层而又黏结在一起的型坯，再经吹塑制得多层中空塑件的成型方法。发展多层吹塑的主要目的是解决单独使用一种塑料不能满足使用要求的问题。例如单独使用聚乙烯，但它的气密性较差，所以其容器不能盛装带有香味的食品，而聚氯乙烯的气密性优于聚乙烯，可采用外层为聚氯乙烯、内层为聚乙烯的容器，气密性好且无毒。

5）片材吹塑成型

片材吹塑成型如图5－19所示。将压延或挤出成型的片材再加热，使之软化，放入型腔，合模在片材之间通入压缩空气而成型出中空塑件。图5－19（a）所示为合模前的状态，图5－19（b）所示为合模后的状态。

2. 吹塑成型的发展趋势

吹塑将随着市场对其制品的需求，在材料、机械、辅助设备、控制系统、软件等方面有以下发展趋势。

（1）原材料为满足吹塑制品的功能、性能（医药、食品包装）要求，吹塑级的原料将更加丰富，加工性能更好。如PEN类材料，不仅强度高、耐热性好、气体阻隔性强、透明、耐紫外线照射，可适用于吹制各种塑料瓶体，并且填充温度高，对二氧化碳气体、氧气阻隔性能优良，且耐化学药品。

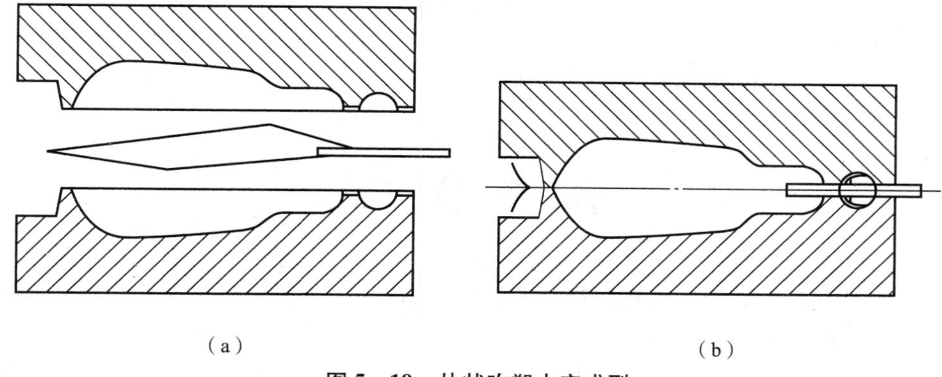

图 5－19　片状吹塑中空成型

(2) 制品包装容器、工业制品将有较大增长，而且注射吹塑、多层吹塑会有快速的发展。

(3) 吹塑机械及设备：吹塑机械的精密高效化；辅助生产（操作）设备的自动化。“精密高效”不仅指机械设备在生产成型过程中具有较高的速度和较高的压力，而且要求所生产的产品在外观尺寸波动和件重波动方面均能达到较高的稳定性，也就是说生产制品各个部位的尺寸和外形几何形状精度高，变形及收缩小，制品的外观及内在质量和生产效率等指标均要达到较高的水准。辅助操作包括去飞边、切割、称重、钻孔、检漏等，其过程自动化是发展的主要趋势之一。

(4) 吹塑成型模拟。吹塑机理的研究更加深入，吹塑模拟的数学模型的合理构建，数值算法的快速、准确是模拟的关键，吹塑成型模拟将会在制品质量预测和控制中发挥越来越重要的作用。

5.2.5　课内实践

(1) 分析塑料水管的成型工艺。

(2) 分析公共汽车座椅的成型工艺。

(3) 分析电源插线板的成型工艺。

(4) 归纳塑料的各种成型工艺。

参 考 文 献

[1] 中国机械工业教育协会. 塑料模设计及制造 [M]. 北京：机械工业出版社，2006.
[2] 杨志立，朱红. 塑料模具设计 [M]. 北京：机械工业出版社，2016.
[3] 王晖，刘军辉. 注塑模设计方法及实例解析 [M]. 北京：机械工业出版社，2012.
[4] 林振清. 塑料成型工艺及模具设计 [M]. 北京：北京理工大学出版社，2016.